国 家 科 技 重 大 专 项

大型油气田及煤层气开发成果丛书

（2008—2020）

卷51

沁水盆地南部高煤阶煤层气开发关键技术

吴建光　傅小康　李忠城　等编著

石油工业出版社

内 容 提 要

本书基于"十二五"和"十三五"期间国家科技重大专项的研究成果，重点论述了高煤阶煤层气地质气藏新认识、煤储层保护钻完井新技术、煤储层低伤害改造技术、煤层气动压调节增产技术、煤层气排采工艺技术和煤层气主动增压柔性集输技术，涵盖了高煤阶煤层气开发、生产、集输等环节，突出新技术的引进和工艺技术的集成创新。

本书可供从事煤层气开发生产的科技人员、高等院校煤层气相关专业师生参考和使用。

图书在版编目（CIP）数据

沁水盆地南部高煤阶煤层气开发关键技术 / 吴建光
等编著 . —北京：石油工业出版社，2023.1
（国家科技重大专项·大型油气田及煤层气开发成果丛书：2008—2020）
ISBN 978-7-5183-5351-4

Ⅰ . ① 沁… Ⅱ . ① 吴… Ⅲ . ① 盆地 – 煤层 – 地下气化
煤气 – 资源开发 – 研究 – 沁水县 Ⅳ . ① P618.11

中国版本图书馆 CIP 数据核字（2022）第 077445 号

责任编辑：张　贺　吴英敏
责任校对：张　磊
装帧设计：李　欣　周　彦

出版发行：石油工业出版社
　　　　　（北京安定门外安华里 2 区 1 号　　100011）
　　　　　网　　址：www.petropub.com
　　　　　编辑部：（010）64523546　图书营销中心：（010）64523633
经　　销：全国新华书店
印　　刷：北京中石油彩色印刷有限责任公司

2023 年 1 月第 1 版　　2023 年 1 月第 1 次印刷
787×1092 毫米　开本：1/16　印张：17.75
字数：450 千字

定价：180.00 元

《国家科技重大专项·大型油气田及煤层气开发成果丛书（2008—2020）》

编委会

《沁水盆地南部高煤阶煤层气开发关键技术》

◇◇◇◇ 编 写 组 ◇◇◇◇

组　长：吴建光

副组长：傅小康　李忠城

成　员：（按姓氏拼音排序）

薄海江	陈彦丽	邓志宇	豆高峰	冯　毅	韩文龙
胡　皓	胡秋萍	胡小鹏	琚宜文	阚　亮	孔　鹏
刘　度	刘广景	马新仿	马歆宁	慕耀光	唐书恒
王　力	王文升	王小东	王小明	王延斌	王宇川
闫欣璐	杨　昊	张芬娜	张浩亮	张松航	张亚飞

能源安全关系国计民生和国家安全。面对世界百年未有之大变局和全球科技革命的新形势，我国石油工业肩负着坚持初心、为国找油、科技创新、再创辉煌的历史使命。国家科技重大专项是立足国家战略需求，通过核心技术突破和资源集成，在一定时限内完成的重大战略产品、关键共性技术或重大工程，是国家科技发展的重中之重。大型油气田及煤层气开发专项，是贯彻落实习近平总书记关于大力提升油气勘探开发力度、能源的饭碗必须端在自己手里等重要指示批示精神的重大实践，是实施我国"深化东部、发展西部、加快海上、拓展海外"油气战略的重大举措，引领了我国油气勘探开发事业跨入向深层、深水和非常规油气进军的新时代，推动了我国油气科技发展从以"跟随"为主向"并跑、领跑"的重大转变。在"十二五"和"十三五"国家科技创新成就展上，习近平总书记两次视察专项展台，充分肯定了油气科技发展取得的重大成就。

大型油气田及煤层气开发专项作为《国家中长期科学和技术发展规划纲要（2006—2020年）》确定的10个民口科技重大专项中唯一由企业牵头组织实施的项目，以国家重大需求为导向，积极探索和实践依托行业骨干企业组织实施的科技创新新型举国体制，集中优势力量，调动中国石油、中国石化、中国海油等百余家油气能源企业和70多所高等院校、20多家科研院所及30多家民营企业协同攻关，参与研究的科技人员和推广试验人员超过3万人。围绕专项实施，形成了国家主导、企业主体、市场调节、产学研用一体化的协同创新机制，聚智协力突破关键核心技术，实现了重大关键技术与装备的快速跨越；弘扬伟大建党精神、传承石油精神和大庆精神铁人精神，以及石油会战等优良传统，充分体现了新型举国体制在科技创新领域的巨大优势。

经过十三年的持续攻关，全面完成了油气重大专项既定战略目标，攻克了一批制约油气勘探开发的瓶颈技术，解决了一批"卡脖子"问题。在陆上油气勘探、陆上油气开发、工程技术、海洋油气勘探开发、海外油气勘探开发、非常规油气勘探开发领域，形成了 6 大技术系列、26 项重大技术；自主研发 20 项重大工程技术装备；建成 35 项示范工程、26 个国家级重点实验室和研究中心。我国油气科技自主创新能力大幅提升，油气能源企业被卓越赋能，形成产量、储量增长高峰期发展新态势，为落实习近平总书记"四个革命、一个合作"能源安全新战略奠定了坚实的资源基础和技术保障。

《国家科技重大专项·大型油气田及煤层气开发成果丛书（2008—2020）》（62 卷）是专项攻关以来在科学理论和技术创新方面取得的重大进展和标志性成果的系统总结，凝结了数万科研工作者的智慧和心血。他们以"功成不必在我，功成必定有我"的担当，高质量完成了这些重大科技成果的凝练提升与编写工作，为推动科技创新成果转化为现实生产力贡献了力量，给广大石油干部员工奉献了一场科技成果的饕餮盛宴。这套丛书的正式出版，对于加快推进专项理论技术成果的全面推广，提升石油工业上游整体自主创新能力和科技水平，支撑油气勘探开发快速发展，在更大范围内提升国家能源保障能力将发挥重要作用，同时也一定会在中国石油工业科技出版史上留下一座书香四溢的里程碑。

在世界能源行业加快绿色低碳转型的关键时期，广大石油科技工作者要进一步认清面临形势，保持战略定力、志存高远、志创一流，毫不放松加强油气等传统能源科技攻关，大力提升油气勘探开发力度，增强保障国家能源安全能力，努力建设国家战略科技力量和世界能源创新高地；面对资源短缺、环境保护的双重约束，充分发挥自身优势，以技术创新为突破口，加快布局发展新能源新事业，大力推进油气与新能源协调融合发展，加大节能减排降碳力度，努力增加清洁能源供应，在绿色低碳科技革命和能源科技创新上出更多更好的成果，为把我国建设成为世界能源强国、科技强国，实现中华民族伟大复兴的中国梦续写新的华章。

中国石油董事长、党组书记
中国工程院院士

石油天然气是当今人类社会发展最重要的能源。2020 年全球一次能源消费量为 134.0×10^8 t 油当量，其中石油和天然气占比分别为 30.6% 和 24.2%。展望未来，油气在相当长时间内仍是一次能源消费的主体，全球油气生产将呈长期稳定趋势，天然气产量将保持较高的增长率。

习近平总书记高度重视能源工作，明确指示"要加大油气勘探开发力度，保障我国能源安全"。石油工业的发展是由资源、技术、市场和社会政治经济环境四方面要素决定的，其中油气资源是基础，技术进步是最活跃、最关键的因素，石油工业发展高度依赖科学技术进步。近年来，全球石油工业上游在资源领域和理论技术研发均发生重大变化，非常规油气、海洋深水油气和深层—超深层油气勘探开发获得重大突破，推动石油地质理论与勘探开发技术装备取得革命性进步，引领石油工业上游业务进入新阶段。

中国共有 500 余个沉积盆地，已发现松辽盆地、渤海湾盆地、准噶尔盆地、塔里木盆地、鄂尔多斯盆地、四川盆地、柴达木盆地和南海盆地等大型含油气大盆地，油气资源十分丰富。中国含油气盆地类型多样、油气地质条件复杂，已发现的油气资源以陆相为主，构成独具特色的大油气分布区。历经半个多世纪的艰苦创业，到 20 世纪末，中国已建立完整独立的石油工业体系，基本满足了国家发展对能源的需求，保障了油气供给安全。2000 年以来，随着国内经济高速发展，油气需求快速增长，油气对外依存度逐年攀升。我国石油工业担负着保障国家油气供应安全，壮大国际竞争力的历史使命，然而我国石油工业面临着油气勘探开发对象日趋复杂、难度日益增大、勘探开发理论技术不相适应及先进装备依赖进口的巨大压力，因此急需发展自主科技创新能力，发展新一代油气勘探开发理论技术与先进装备，以大幅提升油气产量，保障国家油气能源安全。一直以来，国家高度重视油气科技进步，支持石油工业建设专业齐全、先进开放和国际化的上游科技研发体系，在中国石油、中国石化和中国海油建立了比较先进和完备的科技队伍和研发平台，在此基础上于 2008 年启动实施国家科技重大专项技术攻关。

国家科技重大专项"大型油气田及煤层气开发"（简称"国家油气重大专项"）是《国家中长期科学和技术发展规划纲要（2006—2020 年）》确定的 16 个重大专项之一，目标是大幅提升石油工业上游整体科技创新能力和科技水平，支撑油气勘探开发快速发展。国家油气重大专项实施周期为 2008—2020 年，按照"十一五""十二五""十三五" 3 个阶段实施，是民口科技重大专项中唯一由企业牵头组织实施的专项，由中国石油牵头组织实施。专项立足保障国家能源安全重大战略需求，围绕"6212"科技攻关目标，共部署实施 201 个项目和示范工程。在党中央、国务院的坚强领导下，专项攻关团队积极探索和实践依托行业骨干企业组织实施的科技攻关新型举国体制，加快推进专项实施，攻克一批制约油气勘探开发的瓶颈技术，形成了陆上油气勘探、陆上油气开发、工程技术、海洋油气勘探开发、海外油气勘探开发、非常规油气勘探开发 6 大领域技术系列及 26 项重大技术，自主研发 20 项重大工程技术装备，完成 35 项示范工程建设。近 10 年我国石油年产量稳定在 $2×10^8t$ 左右，天然气产量取得快速增长，2020 年天然气产量达 $1925×10^8m^3$，专项全面完成既定战略目标。

通过专项科技攻关，中国油气勘探开发技术整体已经达到国际先进水平，其中陆上油气勘探开发水平位居国际前列，海洋石油勘探开发与装备研发取得巨大进步，非常规油气开发获得重大突破，石油工程服务业的技术装备实现自主化，常规技术装备已全面国产化，并具备部分高端技术装备的研发和生产能力。总体来看，我国石油工业上游科技取得以下七个方面的重大进展：

（1）我国天然气勘探开发理论技术取得重大进展，发现和建成一批大气田，支撑天然气工业实现跨越式发展。围绕我国海相与深层天然气勘探开发技术难题，形成了海相碳酸盐岩、前陆冲断带和低渗—致密等领域天然气成藏理论和勘探开发重大技术，保障了我国天然气产量快速增长。自 2007 年至 2020 年，我国天然气年产量从 $677×10^8m^3$ 增长到 $1925×10^8m^3$，探明储量从 $6.1×10^{12}m^3$ 增长到 $14.41×10^{12}m^3$，天然气在一次能源消费结构中的比例从 2.75% 提升到 8.18% 以上，实现了三个翻番，我国已成为全球第四大天然气生产国。

（2）创新发展了石油地质理论与先进勘探技术，陆相油气勘探理论与技术继续保持国际领先水平。创新发展形成了包括岩性地层油气成藏理论与勘探配套技术等新一代石油地质理论与勘探技术，发现了鄂尔多斯湖盆中心岩性地层大油区，支撑了国内长期年新增探明 $10 \times 10^8 t$ 以上的石油地质储量。

（3）形成国际领先的高含水油田提高采收率技术，聚合物驱油技术已发展到三元复合驱，并研发先进的低渗透和稠油油田开采技术，支撑我国原油产量长期稳定。

（4）我国石油工业上游工程技术装备（物探、测井、钻井和压裂）基本实现自主化，具备一批高端装备技术研发制造能力。石油企业技术服务保障能力和国际竞争力大幅提升，促进了石油装备产业和工程技术服务产业发展。

（5）我国海洋深水工程技术装备取得重大突破，初步实现自主发展，支持了海洋深水油气勘探开发进展，近海油气勘探与开发能力整体达到国际先进水平，海上稠油开发处于国际领先水平。

（6）形成海外大型油气田勘探开发特色技术，助力"一带一路"国家油气资源开发和利用。形成全球油气资源评价能力，实现了国内成熟勘探开发技术到全球的集成与应用，我国海外权益油气产量大幅度提升。

（7）页岩气、致密气、煤层气与致密油、页岩油勘探开发技术取得重大突破，引领非常规油气开发新兴产业发展。形成页岩气水平井钻完井与储层改造作业技术系列，推动页岩气产业快速发展；页岩油勘探开发理论技术取得重大突破；煤层气开发新兴产业初见成效，形成煤层气与煤炭协调开发技术体系，全国煤炭安全生产形势实现根本性好转。

这些科技成果的取得，是国家实施建设创新型国家战略的成果，是百万石油员工和科技人员发扬艰苦奋斗、为国找油的大庆精神铁人精神的实践结果，是我国科技界以举国之力团结奋斗联合攻关的硕果。国家油气重大专项在实施中立足传统石油工业，探索实践新型举国体制，创建"产学研用"创新团队，创新人才队伍建设，创新科技研发平台基地建设，使我国石油工业科技创新能力得到大幅度提升。

为了系统总结和反映国家油气重大专项在科学理论和技术创新方面取得的重大进展和成果，加快推进专项理论技术成果的推广和提升，专项实施管理办公室与技术总体组规划组织编写了《国家科技重大专项·大型油气田及煤层气开发成果丛书（2008—2020）》。丛书共 62 卷，第 1 卷为专项理论技术成果总论，第 2～9 卷为陆上油气勘探理论技术成果，第 10～14 卷为陆上油气开发理论技术成果，第 15～22 卷为工程技术装备成果，第 23～26 卷为海洋油气理论技术装备成果，第 27～30 卷为海外油气理论技术成果，第 31～43 卷为非常规油气理论技术成果，第44～62卷为油气开发示范工程技术集成与实施成果（包括常规油气开发7卷，煤层气开发5卷，页岩气开发4卷，致密油、页岩油开发3卷）。

各卷均以专项攻关组织实施的项目与示范工程为单元，作者是项目与示范工程的项目长和技术骨干，内容是项目与示范工程在2008—2020年期间的重大科学理论研究、先进勘探开发技术和装备研发成果，代表了当今我国石油工业上游的最新成就和最高水平。丛书内容翔实，资料丰富，是科学研究与现场试验的真实记录，也是科研成果的总结和提升，具有重大的科学意义和资料价值，必将成为石油工业上游科技发展的珍贵记录和未来科技研发的基石和参考资料。衷心希望丛书的出版为中国石油工业的发展发挥重要作用。

国家科技重大专项"大型油气田及煤层气开发"是一项巨大的历史性科技工程，前后历时十三年，跨越三个五年规划，共有数万名科技人员参加，是我国石油工业史上一项壮举。专项的顺利实施和圆满完成是参与专项的全体科技人员奋力攻关、辛勤工作的结果，是我国石油工业界和石油科技教育界通力合作的典范。我有幸作为国家油气重大专项技术总师，全程参加了专项的科研和组织，倍感荣幸和自豪。同时，特别感谢国家科技部、财政部和发改委的规划、组织和支持，感谢中国石油、中国石化、中国海油及中联公司长期对石油科技和油气重大专项的直接领导和经费投入。此次专项成果丛书的编辑出版，还得到了石油工业出版社大力支持，在此一并表示感谢！

中国科学院院士　贾承造

《国家科技重大专项·大型油气田及煤层气开发成果丛书（2008—2020）》

◇◇◇◇◇ 分卷目录 ◇◇◇◇◇

序号	分卷名称
卷 29	超重油与油砂有效开发理论与技术
卷 30	伊拉克典型复杂碳酸盐岩油藏储层描述
卷 31	中国主要页岩气富集成藏特点与资源潜力
卷 32	四川盆地及周缘页岩气形成富集条件、选区评价技术与应用
卷 33	南方海相页岩气区带目标评价与勘探技术
卷 34	页岩气气藏工程及采气工艺技术进展
卷 35	超高压大功率成套压裂装备技术与应用
卷 36	非常规油气开发环境检测与保护关键技术
卷 37	煤层气勘探地质理论及关键技术
卷 38	煤层气高效增产及排采关键技术
卷 39	新疆准噶尔盆地南缘煤层气资源与勘查开发技术
卷 40	煤矿区煤层气抽采利用关键技术与装备
卷 41	中国陆相致密油勘探开发理论与技术
卷 42	鄂尔多斯盆缘过渡带复杂类型气藏精细描述与开发
卷 43	中国典型盆地陆相页岩油勘探开发选区与目标评价
卷 44	鄂尔多斯盆地大型低渗透岩性地层油气藏勘探开发技术与实践
卷 45	塔里木盆地克拉苏气田超深超高压气藏开发实践
卷 46	安岳特大型深层碳酸盐岩气田高效开发关键技术
卷 47	缝洞型油藏提高采收率工程技术创新与实践
卷 48	大庆长垣油田特高含水期提高采收率技术与示范应用
卷 49	辽河及新疆稠油超稠油高效开发关键技术研究与实践
卷 50	长庆油田低渗透砂岩油藏 CO_2 驱油技术与实践
卷 51	沁水盆地南部高煤阶煤层气开发关键技术
卷 52	涪陵海相页岩气高效开发关键技术
卷 53	渝东南常压页岩气勘探开发关键技术
卷 54	长宁—威远页岩气高效开发理论与技术
卷 55	昭通山地页岩气勘探开发关键技术与实践
卷 56	沁水盆地煤层气水平井开采技术及实践
卷 57	鄂尔多斯盆地东缘煤系非常规气勘探开发技术与实践
卷 58	煤矿区煤层气地面超前预抽理论与技术
卷 59	两淮矿区煤层气开发新技术
卷 60	鄂尔多斯盆地致密油与页岩油规模开发技术
卷 61	准噶尔盆地砂砾岩致密油藏开发理论技术与实践
卷 62	渤海湾盆地济阳坳陷致密油藏开发技术与实践

近年来，随着科技的进步和产业政策的完善，我国的煤层气勘探开发取得了长足的发展和进步，已累计探明煤层气地质储量 $7462 \times 10^8 m^3$，实现年产量 $59.75 \times 10^8 m^3$，基本形成了沁水盆地南部和鄂尔多斯盆地东缘两大煤层气产业基地。"十二五"和"十三五"期间，中联煤层气有限责任公司（简称中联公司）持续加大煤层气勘探开发力度，并积极承担国家科技重大专项任务，取得了丰硕的成果。2020 年，中联公司已累计提交煤层气探明地质储量 $1725 \times 10^8 m^3$，实现年产量 $15 \times 10^8 m^3$，有力地推动了国内煤层气产业的发展。

本书针对沁水盆地南部高煤阶煤层气地质条件，基于"十二五"和"十三五"期间国家科技重大专项研究成果，系统阐述了该地区煤层气开发关键技术。全书共六章，第一章主要介绍国内外煤层气勘探开发的最新进展，第二章主要介绍沁水盆地南部高煤阶煤层气地质气藏特征及认识，第三章主要介绍基于煤储层保护的钻完井技术，第四章主要介绍煤层气动态调节增产技术，第五章主要介绍煤层气排采工艺技术，第六章主要介绍煤层气地面低压集输工程技术。

本书第一章由张亚飞、刘广景等编写，第二章由邓志宇、王延斌、唐书恒、王力、闫欣璐、刘度、韩文龙等编写，第三章由孔鹏、马新仿、胡秋萍、冯毅、王文升等编写，第四章由王宇川、琚宜文、陈彦丽等编写，第五章由胡皓、綦耀光、张浩亮等编写，第六章由杨昊、胡小鹏、豆高峰编写，全书由张亚飞统稿，李忠城校稿，傅小康进行技术指导，吴建光最终定稿。

在本书出版之际，向参加国家油气重大专项子项目"沁水盆地高煤阶煤层气高效开发示范工程""山西沁水盆地南部煤层气直井开发示范工程（二期）"及"煤层气田地面集输工艺及监测技术（二期）"煤层气开发关键技术研究的中联公司、中国矿业大学（北京）、中国地质大学（北京）、中国石油大学（北京）、中国科学院大学、中国石油大学（华东）及大连理工大学的有关技术人员和博士、研究生表示衷心的感谢，向为本书倾注心血的领导和同事表示真诚的谢意，也向本书引用参考文献的作者表示感谢。

由于笔者水平有限，书中难免存在不足之处，敬请读者批评指正。

目　录

第一章　国内外煤层气勘探开发新进展

随着"碳达峰、碳中和"的提出，非常规天然气的勘探开发被提到了前所未有的高度。煤层气作为一种以吸附状态赋存于煤层中的非常规天然气，资源量大，勘探开发潜力高，而且其甲烷含量大于 90%，可以用作工业燃料、化工原料和居民生活燃料，是一种热值高、无污染的清洁能源。本章主要介绍国内外煤层气勘探开发的进展情况和我国高煤阶煤层气开发前景。

第一节　国外煤层气勘探开发新进展

据国际能源机构（IEA）2002 年估计（曹艳等，2014），全球煤层气资源量达 $260 \times 10^{12} m^3$，其中 90% 的煤层气资源量分布在俄罗斯、加拿大、中国等 12 个主要产煤国（表 1-1-1）。

表 1-1-1　世界各国煤炭及煤层气资源量

国家	煤层气资源量 /$10^{12} m^3$
俄罗斯	17.0～113
加拿大	17.9～76
中国	36.8
美国	21.2
澳大利亚	8～14
德国	2.8
波兰	2.8
英国	1.7
乌克兰	1.7
哈萨克斯坦	1.1
印度	2.6
南非	1.7

据统计，全世界共有 30 余个国家和地区进行了煤层气勘探开发，美国、澳大利亚和加拿大是国外煤层气规模开发最成功的国家（李登华等，2018）。其中，美国的煤层气产地主要来自圣胡安（San Juan）、粉河（Powder River）和黑勇士（Black Warrior）

3 个盆地。1989 年美国煤层气产量为 $26 \times 10^8 m^3$，2008 年达到产量高峰 $556.7 \times 10^8 m^3$（图 1-1-1），2018 年产量回落至 $278 \times 10^8 m^3$。圣胡安盆地、粉河盆地的煤层气产量占全美总产量的 85%，以低煤阶、高渗透为主要特点，建立了以解吸—扩散—渗流为基础的煤层气勘探开发理论体系，形成了煤层气裸眼 / 洞穴完井开采技术、套管完井 + 压裂开采技术及多分支水平井开采技术体系。

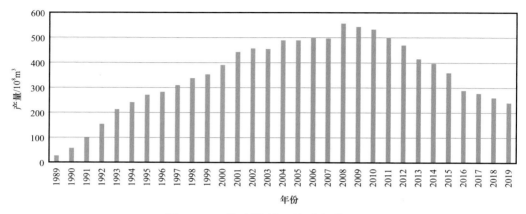

图 1-1-1 美国煤层气历年产量情况

近年来，澳大利亚煤层气产量突飞猛进，从 2015 年的 $182.2 \times 10^8 m^3$ 增长到 2018 年的 $392.6 \times 10^8 m^3$，一跃成为全球最大的煤层气产气国。澳大利亚煤层气产量主要来源于鲍温盆地和苏拉特盆地，这两大盆地具有低煤阶、埋藏浅、渗透率高的得天独厚的煤层气地质条件，镜质组反射率平均为 0.5%，渗透率可达 10mD 以上，直井通过裸眼完井平均产量可达 $2 \times 10^4 m^3/d$，形成了煤储层高渗透带评价与预测技术、高渗透煤层空气钻井和水平对接井（SIS）技术等一系列技术。

加拿大煤层气资源量居世界第二位，煤层气生产区域主要在西部的艾伯塔省，煤层气年峰值产量为 $94 \times 10^8 m^3$，2017 年煤层气产量降至 $58.4 \times 10^8 m^3$。艾伯塔省 91% 的煤层气开采层位为上白垩统马蹄谷组，为中—低煤阶、高渗透、多薄煤层叠置型煤储层，连续油管分段压裂产量高，平均单井产气 3500m³/d，中部最高达 12000～15000m³/d，形成了水平井连续油管分段压裂技术和氮气压裂技术。

第二节　国内煤层气勘探开发新进展

2018 年，我国已建成煤层气开发项目 10 个（表 1-2-1），已建成包括潘庄、潘河、樊庄—郑庄、枣园、柿庄南、寺河—成庄、韩城南、保德、阜新、延川南、筠连在内的多个煤层气田，这些煤层气田整体生产情况较好（张金山等，2018）。截至 2020 年底，主要煤层气生产项目集中于沁水盆地南部，其已成为我国重要的煤层气生产基地。沁水盆地拥有全国 1/10 的煤层气资源，拥有 1/5 的煤层气矿权登记面积，拥有 75% 的探明地质储量。

表 1-2-1　我国主要煤层气区开发情况

项目	开发井数 / 口	生产井数 / 口	年产量 /10⁸m³	平均单井产量 / (m³/d)
沁南寺河—成庄	198	163	1.16	2157
沁南樊庄—郑庄	1367	841	2.76	994
沁南潘庄	302	302	9.40	9432
沁南潘河	232	232	2.60	3396
沁南柿庄南	987	987	1.30	399
山西保德	1128	867	5.73	2003
沁南马必	591	456	1.40	930
三交	146	105	1.02	2944
陕西韩城南	1280	418	1.36	986
陕西延川南	928	928	3.94	1287

截至 2019 年底，全国累计探明煤层气地质储量 $7462 \times 10^8 m^3$（图 1-2-1），累计钻井 18000 余口，建设煤层气产能 $90 \times 10^8 m^3/a$，实现年产量 $59.75 \times 10^8 m^3$。中联公司、中国石油、晋煤集团和中国石化是目前国内 4 家从事煤层气勘探开发生产的大型国有企业，2019 年煤层气产量分别达到 $13.59 \times 10^8 m^3$、$20.73 \times 10^8 m^3$、$14.80 \times 10^8 m^3$ 和 $3.59 \times 10^8 m^3$（图 1-2-2），形成了沁水盆地南部和鄂尔多斯盆地东缘两大煤层气产业基地。

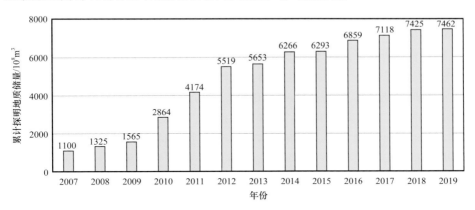

图 1-2-1　我国煤层气历年探明地质储量

中国石油在高煤阶、中煤阶煤层气勘探开发领域形成了一系列技术体系（徐凤银等，2019）。中国石油在保德区块建成了 $7 \times 10^8 m^3/a$ 产能的煤层气生产基地，建立了中—低煤阶煤层气"多源共生"富集理论，提出了可改造性评价指标（煤体结构和固结程度）和可采性评价指标（渗透率、扩散系数），构建了有效煤储层评价分类标准，形成煤层气开发地质评价技术，探明储量 $2993 \times 10^8 m^3$；研发了煤层气定向井轨道设计与轨迹控制系统，形成了煤层气丛式浅造斜钻完井技术，规模应用 1898 口井，按 $1 \times 10^8 m^3/a$ 产能建设，井场数量减少 4/5、成本降低 30%；建立了气—水两相流双孔单渗理论模型，形成煤层气双压箱型排采技术和六阶段排采控制法，改变了传统的多峰型排采模式，规模应用 2349 口井，连续 7 年实现高速上产稳产，年均增长率 113%。

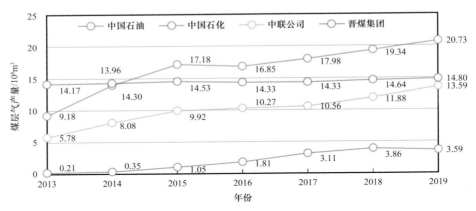

图 1-2-2　我国主要煤层气企业历年生产情况

中国石化在延川南区块（陈贞龙等，2018）中深层煤层（埋深大于 1000m）的勘探开发也取得了可观的效果，该区具有"高地应力、高地温、高储层压力"的"三高"地质条件，在深入分析深部煤层气地质条件的基础上，提出了"沉积控煤、构造控藏、水动力控气、地应力控缝、物性控产"的延川南深部煤层气田成藏富集高产五要素协同控制理论，形成了适用于深部煤层气勘探开发的四大关键技术体系，包括以"串枝化""井工厂"为特色的集约化大平台钻完井技术、适用于深层煤层开发的有效增产改造技术、基于解吸理论的智能化精细排采控制技术、适宜于复杂地貌的地面集输以及气田数字化技术。

晋煤集团依托自有煤矿矿区，创新煤矿井上井下煤层气立体抽采技术和采动区煤层气地面抽采技术，研发了适应晋城矿区的清水钻井、活性水压裂、定压排采、低压集输等关键技术，形成了煤矿区三区联动整体抽采理论与技术体系。

中联公司拥有陆上矿权面积 $1.64 \times 10^4 km^2$，煤层气资源量达 $2.08 \times 10^{12} m^3$。经过多年的煤层气勘探开发实践，基本形成了一整套集勘探、开发、生产于一体的技术系列。

在勘探选区方面，建立了煤层气勘探选区评价技术体系和评价指标，优选出了潘庄、柿庄南、柿庄北、寿阳、古交、柳林和临兴东 7 个煤层气富集区。构建了基于测井—生产—测试的煤储层开发地质参数精细评价方法，建立了高煤阶储层煤相和煤体结构测井解释模型，初步实现了地应力、含气量及煤体结构等煤储层关键参数定量表征。

在开发技术方面，建立了中—高煤阶煤层气开发技术体系，形成直井、丛式井、U型井、多分支水平井、L型水平井等钻完井技术和活性水加砂压裂技术，并在潘庄区块、枣园区块取得了很好的开发效果。基于储层保护的增产改造效果试验了一些新技术，包括低分子清洁压裂液、潜在酸压裂液、氮气泡沫压裂液等新型钻完井材料，以及水力波及压裂技术、射流分层压裂技术、封下压上分层压裂技术和水平井分段压裂技术等新型压裂工艺技术，但目前未取得明显突破。

在采气技术上，已形成直井/斜井以抽油机为主、水平井以螺杆泵为主的有杆举升工艺技术体系，以高煤阶煤层气生产相态认识为基础，建立了以井底流压为核心的"六段三压双控"（"六段"指六个排采阶段；"三压"指解吸压力、敏感压力和转折压力；"双控"指控流压和套压）定量排采控制技术，形成了基于井筒流场的排采自适应控制技术。在地面工程上，初步形成了适宜于低压、多井、复杂地形条件的"多点接入、柔性集输、主动增压"煤层气田规模化集输工艺技术和环道递进式分离增压技术，联合研制了煤层气橇装液化装置。

第三节　我国高煤阶煤层气开发前景

一、煤层气产业发展潜力

我国煤层气资源潜力巨大，勘查程度低。2000m以浅地质资源量为 $30.05 \times 10^{12} m^3$，可采资源量为 $12.50 \times 10^{12} m^3$，探明储量 $7100 \times 10^8 m^3$，尚有 87% 的资源赋存区未探明。"十三五"期间，国家在新疆规划建设产业试验区，在川南、黔西滇东规划建设开发示范区，以期推动低阶煤、构造煤及大埋深煤层气资源的动用程度。未来 10 年，地面和井下利用均将迎来黄金期。其中，地面利用伴随技术开发的成熟以及管道运输的健全将迎来量的集中爆发，应用领域也会更加多元化，主要是增量市场；井下利用主要伴随利用率的提升，存量市场仍将保持快速增长，但应用领域更多集中在发电侧（门相勇等，2018）。

我国煤层气产业所依托的发展背景、发展环境和发展趋势，决定了煤层气产业完全可以成为推动能源低碳清洁革命的排头兵。根据我国煤层气地质条件、资源潜力、勘探形势及技术发展趋势，综合预测未来我国地面开采煤层气存在 3 种发展情景（表 1-3-1）：

表 1-3-1　我国煤层气地面开采量规模预测

情景	产量与占比	2020 年	2025 年	2030 年
低情景	年产量 $/10^8 m^3$	60	80	100
	在天然气总产量中占比 /%	4	4.5	5
中情景	年产量 $/10^8 m^3$	80	100	120
	在天然气总产量中占比 /%	4.5	5	5.5
高情景	年产量 $/10^8 m^3$	100	150	200
	在天然气总产量中占比 /%	5.5	6.5	8

（1）低情景，维持现有技术水平，增加沁水盆地和鄂尔多斯盆地的煤层气矿权区，产量缓慢上升。

（2）中情景，技术水平有大幅提升，提高产量、降低成本，在沁水盆地和鄂尔多斯盆地推广应用，产量较快增长。

（3）高情景，不仅技术水平大幅提升，而且在新疆、云南、贵州、广西等地区发现了新的产能建设区，产量大幅增长。

因此，我国煤层气 2030 年生产规模有望达到（100～200）$\times 10^8 m^3$，届时将占我国天然气总产量的5%～8%，成为我国天然气生产的重要补充。

二、煤层气产业发展趋势

能源是国民经济和社会发展的重要基础。习近平总书记从保障国家能源安全的全局高度，提出"四个革命、一个合作"能源安全新战略。煤层气如何把握绿色低碳的能源需求带来的历史性市场机遇；如何发挥企业创新主体和科研院校智力支撑作用，技术协同攻关，破解煤层气产量瓶颈；如何加强煤层气产业整体性、系统性、协同性，把技术、管理、市场和政策配套整体推进，需要做好以下工作（赵谦，2016）：

（1）煤层气发展要坚持井下抽采和地面开发"两条腿走路"。

煤层气作为我国非常规油气资源中的一个重要组成部分，具有形成规模产业发展的诸多有利条件，对优化能源结构，实现科学、绿色、低碳能源战略具有重要作用。同时，煤层气是煤炭的伴生资源，煤矿区如不尽快大规模开发利用煤层气，这部分煤层气将随煤炭开采而逸散到大气中，资源浪费极大，也给环境保护造成巨大压力。此外，煤层气开发利用是降低煤矿瓦斯事故的重要途径。在过去相当长的一段时期内，我国煤矿一次死亡10人以上的特大事故中，瓦斯事故占到80%以上，造成很大的人员伤亡、经济损失和社会负面影响。因此，对煤层气开发采取集井下、地面于一体的"两条腿"开发模式，并通过不断努力进一步发展成为以地面预抽或开发为主，辅以井下抽采，实现煤层气的有序开发利用。

（2）加强煤层气技术与管理创新。

虽然我国煤层气地质条件不如美国优越，但是也建成了沁水盆地和鄂尔多斯盆地东缘两个千亿立方米煤层气产业基地。当前的主要问题是成本高、产量低，部分企业寄希望于国家加大补贴和政策扶持力度。实践证明，等、靠、要绝对不行。应该借鉴我国页岩气开发的成功经验，加强技术和管理创新，研发一套适合我国国情的核心技术和装备，不断优化管理机制，降本增效，开创煤层气发展的新天地。

（3）加快油气矿权体制改革和管网第三方准入。

开展煤层气勘探开发首先需要获得矿权，而我国煤层气的有利区大多分布在煤炭企业矿权区。以前由于国家能源供应需要，煤炭矿权区不断扩大，使得近10年很少新增煤层气矿权区。近几年来，国家持续加大供给侧结构性改革力度，压减煤炭产量，并着手油气行业矿权体制改革，应该借此良机，积极引入社会资本，新增一批煤层气矿权区，为煤层气产业发展奠定坚实基础。另外，部分企业生产的煤层气由于运输渠道不畅，不得不白白燃烧，因此需要加快实现天然气管网的第三方准入，使得中小企业生产的煤层气资源合理入网销售。

（4）严格和规范的监管是可持续发展的保障。

引入社会资本，放开煤层气勘探开发业务，一定要强化和规范监管。开发主体多、开发节奏快，一定要避免走"先污染、后治理"的老路。"既要金山银山，也要绿水青山"，环境问题应作为煤层气的监管重点。借鉴美国环境监管方面的成功经验，结合我国特点，及时出台有效的法律法规和管理办法，积极推进生态文明建设，建立全生命周期的环境监管体系，做到严格监管，保证有序开发。另外，需要规范监管体系，避免个别地方政府的短视行为，给各类煤层气企业创造公平、公正的发展环境。

第二章 高煤阶煤层气地质气藏认识

沁水盆地位于山西省东南部，含煤面积 29500km²，煤炭储量 5100×10⁸t，为特大型含煤盆地，其南部煤炭资源丰富，煤层气含量高，是我国最早投入煤层气勘探开发的区域，也是我国目前勘探开发程度最高的煤层气产业区（冀涛等，2007；赵贤正等，2016）。"十三五"期间，煤层气产业的重点是在沁水盆地建成我国高煤阶煤层气高效开发研究区，考虑产业化程度，选择在沁水盆地南部进行示范建设。

第一节 高煤阶煤层气研究区概况

研究区位于山西省晋城市沁水县，交通便利，为典型的丘陵山地地形，构造上位于沁南斜坡带，南部与樊庄北部相邻。研究区具有富气低渗的特征，含气量在 13m³/t 以上，平均渗透率为 0.02mD。由于前期开发技术的不适应性，导致低产井比例高、产能到位率低，已动用煤层气地质储量 228×10⁸m³，投产开发井 866 口，建成产能 10×10⁸m³/a。

沁水盆地南部研究区 3 号煤层构造如图 2-1-1 所示。

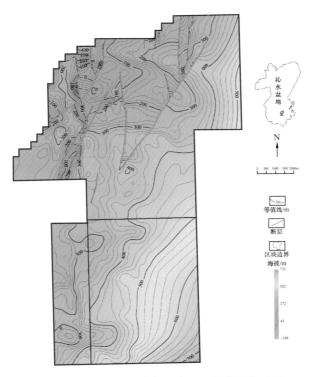

图 2-1-1 沁水盆地南部研究区 3 号煤层构造图

第二节 高煤阶煤层气地质气藏

一、高煤阶地质特征

1. 煤层地质

1）构造特征

沁水盆地为华北地台山西隆起上的一个中生代以来形成的构造型复式盆地，经历了海西—印支期沉降深埋、印支—燕山早期整体抬升、燕山中—晚期快速抬升、喜马拉雅期稳步抬升等构造运动，于燕山中期大量生烃。沁水盆地现今整体构造形态为一近北东—北北东向的大型复式向斜，轴线大致位于榆社—沁县—沁水一线，东西两翼基本对称，倾角在 4° 左右，次级褶皱发育。在北部和南部斜坡仰起端，以南北向和北东向褶皱为主，局部为近东西向和弧形走向的褶皱。断裂以北东、北北东、北东东向高角度正断层为主，主要分布于盆地的西部、西北部及东南缘。

研究区构造位置处于沁水盆地南部西北倾的斜坡带上，整体为一向西倾的单斜构造，北部发育两个较大的呈近南北方向的背斜和向斜，南部发育的檀山背斜、北甲向斜、上梁背斜轴向呈近东西向，规模小于北部褶曲，此外还发育有断层和陷落柱，其中断层以正断层为主，主要发育于寺头断层附近，区内构造相对简单。

地震资料显示研究区内较大褶曲有 18 个，走向基本以北东向和北北东向为主，幅度一般在 100～50m 之间，S6 向斜幅度最大为 200m；大部分延伸长度小于 2000m，S30 延伸长度最大为 4000m。区块北部有北北东向 L13 背斜和 L16 向斜，南部未发现断裂及陷落柱构造，只是有轴迹近东西向的背斜、向斜，总体呈弧形排列（图 2-2-1）。

（1）L13 背斜。

北起上杨庄东沟，经下杨庄东南、五亩则东，枣园东、常家庄、张庄西向西南拐至圪道村出南边界，全长 17km 左右。走向南段北北东向，中段及北段近南北向，轴部出露地层 P_2s_3、P_2sh_1、P_2sh_2、T_1l，两翼地层倾角为 3°～12°。

（2）L16 向斜。

北起龙王沟四等国家点，向南经刘武沟村西 1km，老凹掌东、模凹西、柳树湾南西出区南边界，长约 13.5km。走向南段北东向，中段北北西向，北段近南北向，轴部出露地层 P_2s_3、P_2sh_1、P_2sh_2、T_1l，两翼地层倾角为 2°～6°。

（3）檀山背斜。

位于石板道—檀山—佛儿背一带。轴迹方向由近东西向转为东南向，呈弧形，延伸长度约 5250m，区内延伸长度约 5000m，轴面略向南倾斜，枢纽倾伏方向北西西向，两翼地层倾角为 5°～11°。

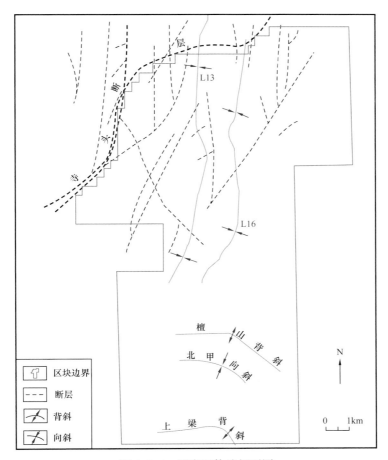

图 2-2-1 研究区构造纲要图

（4）北甲向斜。

轴迹方向近东西向，延伸长度约3000m，轴面略向北倾斜，枢纽倾伏方向西—北西向，两翼地层倾角为3°～9°。

（5）上梁背斜。

西部轴迹走向近东西向，东部轴迹走向近北西向，延伸长度约6250m，井田内延伸长度约5950m，轴面略向北及北东倾斜，枢纽倾伏方向西，两翼地层倾角为5°～10°。

区块断层以正断层为主，逆断层数量较少。共有可靠断层16条，占80%；较可靠断层4条，占20%；断层走向以北东向、北北东向和北西向为主。

寺头断层（Fsh）为区块内规模最大的边界正断层，地表多处有出露，区内延伸长度14.8km，走向北东向，倾向北西向。33号断层是区块延伸最长的断层，走向近南北向，向东倾斜，延伸长度为8260m，落差0～180m；另一条延伸长度大于5000m的断层是22号断层，走向为北北西向，倾向为南西西向，倾角为85°。区块内共有3条可靠的逆断层，分别为23号断层、25号断层和26号断层，走向均为北北西向，倾向为北东东向，断距为450m。

3 号和 15 号煤层与地层形态基本一致，总体为一单斜构造，走向近南北向，向西倾斜，地层倾角为 2°～37°，倾角最大处在 DF18 断层附近，倾角达到 37°，倾角最小处在西南部 L01 线上，倾角只有 2°。大部分地段地层倾角为 5°～10°，研究区内发育有次一级的褶曲。煤层埋深趋势为东部较浅，西部埋藏较深。

2）沉积特征

研究区主要目的煤储层为山西组 3 号煤层和太原组 15 号煤层。有利的沉积环境为该区煤层气藏的形成提供了有利的物质基础和生储盖组合。

（1）研究区山西组沉积特征。

山西组为发育于陆表海沉积背景之上的三角洲沉积，一般从三角洲河口沙坝、支流间湾过渡到三角洲平原相。由于陆表海海底地形平坦、坡度小、水浅，以河流作用为主的浅水三角洲的整体形状常呈朵叶状。在垂向上以三角洲平原相占优势，其中分流河道相又占主要地位，三角洲前缘相及前三角洲相相对不发育。泥炭沼泽相是三角洲平原上的成煤环境，聚煤条件较好，煤层分布连续但厚度变化较大，也常因分流河道冲刷而变薄或尖灭。

在高分辨率地层格架的控制下，研究区山西组以下三角洲平原沉积环境为主要特征，主要发育分流河道、分流间湾、泥炭沼泽，局部发育天然堤和决口扇沉积微相。垂向上自下而上以分流河道和分流间湾组合出现，并做规律性的旋回，分流间湾一般上覆于分流河道，局部地区有天然堤伴生于分流河道。泥炭沼泽通常发育在分流间湾上，是三角洲沉积体系的主要聚煤场所。

（2）研究区太原组沉积特征。

太原组为一套海陆交互相沉积，形成了陆表海台地碳酸盐岩沉积体系和障壁沙坝沉积体系的复合沉积体系。其中，开阔台地相形成时海水流通性较好，岩石类型主要为生物碎屑泥晶灰岩和泥晶生物碎屑灰岩。研究区 K_1—K_5，石灰岩多属开阔台地相沉积。局限台地相形成于开阔台地相的靠陆一方，主要为泥晶灰岩、生物碎屑泥晶灰岩和泥灰岩。开始开阔台地相分布广，沁水盆地东南部附城灰岩以及山垢灰岩多属局限台地相沉积。台地潮坪相是指在碳酸盐台地上直接成煤的环境，该环境成煤条件差，煤层灰分和硫分高；障壁体系潮坪相也可以形成较好的聚煤条件，形成连续分布的煤层，但煤层硫分相对较高。

在高分辨率层序地层格架的控制下，沉积环境以障壁海岸为特征，发育潮坪—潟湖—障壁沉积体系，在潟湖当中发育代表相对深水环境的开阔台地和局限台地。垂向上自下而上发育潮坪、潟湖、障壁—潟湖、潟湖—潮坪、潮坪沉积体系，表明水体由浅及深再到浅的演化过程。

（3）研究区沉积剖面展布特征。

研究区山西组自西向东沉积相的变化特征不明显，各个剖面特征有差别。以 3 号煤层的顶部作为等时地层格架基准面，山西组在 3 号煤层上下表现出了明显的差异，在 3 号煤层形成之后，分流河道的数量明显增多，砂体厚度明显增大，砂泥比也明显增高。以 3 号煤层的顶部作为最大海泛面进行研究，结果表明在 3 号煤层形成之后经历水体的明显撤退，覆水有所变浅，河流的回春作用增强，下切作用强烈。太原组自西向东中部覆水较深、两侧相对较浅，自下而上表现为水体由浅及深再向浅的演化规律。

从太原组的障壁海岸沉积体系到山西组的三角洲沉积体系，代表了沉积环境由相对深水的环境突变为过渡相的三角洲浅水环境，表明在山西组发育时期经历了海水的大规模撤退事件。

3）煤层发育特征

研究区内含煤地层为石炭系—二叠系，自下向上依次为本溪组、太原组、山西组、下石盒子组、上石盒子组和石千峰组，其中太原组和山西组含可采煤层，也是煤层气开发的目的层。

太原组含煤7～16层，下部煤层发育较好。石灰岩3～11层，以 K_2、K_3 和 K_5 三层石灰岩较稳定，具多种类型层理。泥岩及粉砂岩中富含黄铁矿、菱铁矿结核。动植物化石极为丰富。据岩性、化石组合及区域对比，自下而上将太原组分为一段、二段、三段。

山西组含煤4层，自上而下编号为1号—4号。其中，3号煤层全区稳定分布，为煤层气开发最重要的目的层。山西组与下伏太原组 K_6 顶—K_7 砂岩底构成一个完整的进积型三角洲沉积旋回。

沉积相及沉积旋回结构特征、动植物化石、太原组底界砂岩（K_1）、山西组底界砂岩（K_7）、下石盒子组底界砂岩（K_8）及太原组 K_2—K_6 石灰岩层在研究区发育较好，且厚度较大的含化石浅海相石灰岩标志层和层位稳定的3号、15号主煤层的分布特征及电测曲线组合特征显著，为研究区煤系地层及煤层对比提供了可靠依据。

2. 水文地质

1）含水层与隔水层

研究区主要发育第四系松散沉积物孔隙潜水、下三叠统刘家沟组—上二叠统石千峰组—上石盒子组砂岩裂隙潜水及承压水、下二叠统下石盒子组—山西组砂岩裂隙承压水、上石炭统太原组石灰岩—砂岩岩溶裂隙承压水和中奥陶统石灰岩岩溶承压水5套含水层（张松航等，2015）。

第四系松散沉积物含水层主要由黏土和砂、砾石层组成，水补给主要来源于大气降水和河流湖泊，径流条件相对较好，排泄途径较多，含水性变化较大，影响范围相对局限。

下三叠统刘家沟组—上二叠统石千峰组—上石盒子组砂岩含水层在煤系地层之上，由碎屑砂岩组成，主要是 K_{10}、K_{12} 等砂岩层，水补给主要来源于大气降水。碎屑砂岩含水层的富水性受埋深条件的制约，一般情况下，随着埋深增加，岩溶裂隙发育程度和富水性逐渐变弱，径流条件变差。

下二叠统下石盒子组—山西组砂岩含水层是煤系地层之中的含水层，与3号煤层关系密切，是其主要的补给水源。这一套含水层岩性为 K_7、K_8、K_9 等中—细粒砂岩，水主要来源于大气降水及上覆地层水补给，裂隙一般不发育，富水性相对较弱。距离3号煤层较近的含水层有上面的 K_8 砂岩和下面的 K_7 砂岩，其中 K_7 砂岩距离3号煤层相对较远，而 K_8 砂岩距离较近，尽管含水性弱，但如果压裂裂缝与之连通，会对煤层气产出带来不利影响，研究区块的生产实践也表明，3 号煤层上覆砂岩含水层对煤层气生产影响较大。

上石炭统太原组石灰岩—砂岩含水层岩性以石灰岩和砂岩为主，包括 K_2、K_3、K_4、K_5 石灰岩和 K_6 砂岩，其间夹有泥岩隔水层，将含水层分隔成层状分布且近似独立的含水体，水补给主要来源于大气降水，通过构造裂隙可以接受奥陶系含水层及上覆地层的水补给。K_2、K_3、K_4 石灰岩含水层是 15 号煤层的主要补给水源，其中 K_2 石灰岩是直接充水含水层，K_3、K_4 石灰岩是间接充水含水层。石炭系—二叠系含水层受岩溶裂隙发育的控制，承压地下水的径流排泄条件一般都较差。

中奥陶统石灰岩含水层为研究区的主要含水层，主要由石灰岩、泥灰岩和白云岩等组成，水补给主要来自大气降水、河流和泉水等，同时也接受上覆岩层地下水的补给。

研究区主要隔水层为上石炭统隔水层、太原组和山西组泥岩和砂质泥岩隔水层、上石盒子组中下部及下石盒子组隔水层组。隔水层主要为泥质岩类，某些地段特定层位的致密碳酸盐岩也能起到一定的阻水作用。上石炭统隔水层主要为本溪组铝质泥岩、太原组泥岩或煤层。太原组和山西组所含的泥岩和砂质泥岩，在局部地段也起着一定的隔水作用。上石盒子组中下部及下石盒子组隔水层组的厚度为几十米到 200m 不等，由泥岩、砂质泥岩夹砂岩构成，在高平一带垂向分布呈现平行复合结构，裂隙不甚发育，为山西组顶部的相对隔水层组（王红岩，2001；李灿等，2013；时伟等，2017）。

2）水文地质单元及周界特征

东部边界为晋获褶断带，走向北 23°～25° 东，为呈阶梯状向西倾斜的高角度张扭性正断层，倾角约 70°，由断裂和之与平行的褶皱组成，内部存在着一条为煤层气富集高产条件具有明显影响的寺头断层。抽水试验、水化学、煤层含气性等方面的证据表明，寺头断层是一条封闭性的断裂，导水、导气能力极差。但是，该断层断距较大，延伸较长，与其他断层相连，故不能排除局部导水、导气的可能性。

研究区地下水等势面具有北高南低的总体态势。然而，由于上述内部水文地质界线的客观存在，使得区内地下水动力条件并不是如此简单，发育若干个相对"低洼"的汇水中心。

太原组含水层等势面态势：含水层以太原组石灰岩为主，下主煤层的顶板或直接盖层为 K_2 石灰岩，该层石灰岩也是区内太原组含水层系中的主要含水层。研究区在寺头断裂与晋获断裂之间，等势面显著要低于东、西两侧地区，以斜坡地带形成了一个等势面低地。在这一低地中，含水层显然富水但径流条件极弱，其意义不仅在于进一步显示寺头断裂和晋获断裂南段的高阻水以及"低地"部位地下水滞流的特性，更为重要的是低地位置恰好处于沁水盆地中南部主煤层含气量最高的地带（王红岩，2001）。

3）主要含水层补给、径流和排泄条件

研究区各含水层基本自成系统，因而各自具有不同的补给、径流、排泄特征。

（1）奥灰岩溶地下水：奥灰含水层主要接受大气降水的补给，补给区主要位于研究区东部边界外，研究区奥灰岩溶地下水自西北流向东南，这与区域奥灰岩溶地下水流场相一致。

（2）山西组、太原组含水层在区内地表无出露，埋藏较深，与上覆各含水层、下伏奥陶统含水层均有一定厚度的隔水层相隔，无水力联系。含水层相对独立，水力联系微弱。从区域上看，山西组、太原组地下水主要接受区块东边界外地层出露处的大气降水补给，沿地层倾向方向向北径流。由于出露面积较小，接受补给条件较差，使地下水径流微弱，含水性较差。

（3）下三叠统刘家沟组、上二叠统石千峰组、上石盒子组砂岩裂隙地下水：主要接受大气降水的补给，区内中部局部地段内还接受地表水和基岩风化裂隙带地下水的补给。含水层主要为 K_{12} 砂岩，其埋藏浅，补给条件好。岩层厚度大，岩性主要为粗砂以上粒级的砂岩组成，裂隙面宽，含水性和透水性相对较强。地下水流向大致顺岩层倾向。

（4）第四系砂砾石层孔隙地下水：主要接受大气降水和固县河、丹河河水的补给。其补给区、径流区和排泄区基本一致。区内主要通过水井进行人工排泄和通过河床冲积层中地下径流补给下游。

总体上看，石炭系、二叠系含水层岩溶裂隙发育程度和富水性由浅埋区往深埋区逐渐变弱，径流条件越来越差。区内石炭系、二叠系含水层，受岩溶、裂隙发育程度的控制，承压地下水径流排泄条件均较差。基岩风化带裂隙水及第四系砂砾岩孔隙水受地形控制，经短途径流排向河道或渗入下伏岩层裂隙中，径流条件相对较好，排泄途径也较多，可以通过泉、地面蒸发和人工采水等方式排泄。

4）煤层气开发煤层补水因素分析

研究区煤层处于深埋区，煤系内及以上邻近基岩含水层远离露头区，与地表水体和第四系含水层无水力联系，地下水补给条件差，含水层富水性较弱。

3 号煤层位于山西组上部，为最上一层可采煤层，K_8 下砂岩为直接顶板，上距 K_8 砂岩 9.80～35.40m，平均 23.00m，下距 K_7 砂岩一般为 25m。主要充水含水层为其上覆砂岩裂隙含水层，富水性弱，正常情况下对 3 号煤层影响不大。15 号煤层顶板 K_2 下石灰岩是煤层的直接充水含水层，K_3、K_4 石灰岩则是间接充水含水层，富水性弱。煤层顶板上距 K_4 石灰岩 50m 左右，下距奥灰顶面平均 95.45m。

综上所述，主要充水含水层为上覆太原组石灰岩的岩溶含水层，含水性较弱。其下伏中奥陶统含水层，虽水头高度高，但是由于峰峰组含水层及上马家沟组上部含水层不发育，含水性差，正常情况下对煤层气赋存和开发影响不大。

3. 煤层特征

1）煤层厚度

3 号煤层位于山西组下部，上距 K_8 砂岩 30m，下距 K_7 砂岩 8m，厚 4.45～8.75m，平均 6.35m；厚度最小区位于东部只有 4m。3 号煤层的厚度一般在 6m 左右。3 号煤层一般含夹矸 1～3 层，夹矸厚度一般不大于 0.50m，单层厚度一般小于 0.30m，夹矸岩性多为泥岩或粉砂质泥岩。结构属简单—较简单型。

2）煤层埋深

3 号煤层总体埋深在 600～750m 之间，呈南浅北深、中部埋深小于两侧的趋势。四个局部埋深 750m 的区域呈北东向分布，其中北部埋深较大，一般大于 900m。

3）煤层顶底板特征

3 号煤层顶板多为泥岩和粉砂质泥岩，其次为粉砂岩、细砂岩，直接顶板厚度多在 10m 以上，经统计以往施工钻孔，区内山西组 3 号煤层直接顶板泥质岩单层厚度介于 3.0～12m，空间上连续稳定分布，封盖能力较强，对煤层气的保存十分有利。底板多为黑色泥岩、砂质泥岩、粉砂岩，局部为细粒砂岩，厚度发育较稳定。

4）煤岩、煤质特征

研究区宏观煤岩类型主要为半亮煤和半暗煤，其次为光亮煤和暗淡煤，似金属光泽，具条带状和均一状结构，贝壳状及眼球状断口。煤岩成分以亮煤和暗煤为主，其次为镜煤。

根据研究区煤的显微组分和矿物定量鉴定结果，煤中显微组分以镜质组为主，其次为惰质组。由于煤化程度高，壳质组已消失无法辨认。太原组镜质组含量普遍比山西组高，变化范围分别为 41.15%～81.15% 和 51%～78.3%。太原组惰质组含量比山西组低，分别为 9%～24.8% 和 14.3%～36.5%。15 号煤层的矿物含量明显大于 3 号煤层，3 号煤层一般小于 10%，主要为黏土矿物，其次硫化物，黏土多呈微粒状、细条带状或团块状。

研究区煤质主要为低中灰分、低挥发分煤。3 号煤层水分产率低，平均为 0.72%；灰分产率低—中等，为 11.55%～17.66%，平均为 14.09%；挥发分产率低，平均为 12.0%。15 号煤层水分产率低，平均为 0.52%；灰分产率为 16.08%～36.20%，平均为 20.81%；挥发分产率低，为 9.59%～20.23%。

煤的镜质组反射率（$R_{o, max}$）为 2.92%～3.02%，氢含量（H_{daf}）为 3.99%～4.24%，按 GB/T 5751—2009《中国煤炭分类》标准，主要为无烟煤Ⅲ号。

二、高煤阶煤层气储层特性

1. 煤储层含气性

1）含气量和含气饱和度

3 号煤层含气量总体西部大于东部，北部高于南部；一般在 8～21m³/t 之间；低值区主要位于东南部。

据研究区参数井组实测资料，3 号煤层含气饱和度为 49.44%～85.67%，属欠饱和状态。

2）气体成分特征

根据煤田勘探和煤层气钻井勘探的煤层气样的气体成分测试结果，煤层气主要组分为甲烷，基本在 90% 以上，个别测定达 100%；其次为氮气，一般不到 5%；二氧化碳含量一般不足 3%。一些样品中亦可检出微量的重烃。

2. 煤储层物性

1）煤储层孔隙度

研究区 3 号煤层孔隙度介于 4.72%～5.96%，平均为 5.41%。

2）裂隙特征

构造特征对煤层的裂隙分布与渗透性有着重要影响，通过对煤层气井煤心观察，3 号煤层碎裂结构和原生结构共存，裂隙比较发育，无充填物，一般发育两组裂隙，使得煤储层总体上具备了较好的渗透性和导流能力。从整体上来说，研究区的煤层割理和裂隙在亮煤和半亮煤中发育，在暗煤和半暗煤中不发育。3 号煤层主裂隙一般为 8～15 条 /5cm，长度在 3cm 左右，次裂隙 10～20 条 /5cm。

3）煤储层吸附性

研究区采集煤样的等温吸附试验结果（图 2-2-2）显示，研究区主要煤层对甲烷具有很强的吸附能力。3 号煤层干燥无灰基兰氏体积为 33.76～47.16m³/t，兰氏压力介于 1.94～3.07MPa，平均为 2.39MPa；3 号煤层临界解吸压力为 0.7～3.32MPa，平均为 1.35MPa。研究区中部区域的兰氏压力和兰氏体积相对较高。

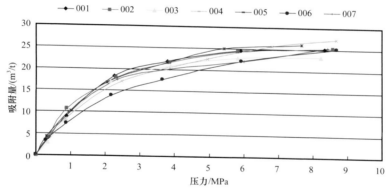

图 2-2-2　储层温度下 3 号煤层的等温吸附曲线

4）煤储层渗透率

注入 / 压降试井测试结果表明，研究区煤层渗透率较低，其中 3 号煤层的实测渗透率一般为 0.01～1.2mD。研究区主要参数井试井测试结果见表 2-2-1。

表 2-2-1　研究区主要参数井注入 / 压降试井测试结果

井号	煤层编号	渗透率 /mD	储层压力 /MPa	破裂压力 /MPa	破裂压力梯度 /MPa/100m	调查半径 /m	表皮系数	储层温度 /℃
QN1	3	0.05	1.75	8.79	1.55	3.95	−0.22	20.58
QN5	3	0.01	2.12	10.82	1.88	2.69	−0.33	20.50
QN6	3	0.035	2.06	11.88	2.16	3.78	−1.71	22.00
QN9	3	0.04	2.93	16.62	3.02	4.85	−1.28	21.40

5）煤储层压力

3 号煤层储层压力介于 1.75～6.14MPa，平均为 3.00MPa。压力梯度介于 0.31～0.70MPa/100m，平均为 0.48MPa/100m。临界解吸压力为 0.7～3.32MPa，临储压力比为 0.25～0.83，煤储层处于欠压状态。

储层压力与埋深呈正相关关系，埋深越大，上覆岩层重力越大，储层压力越大（图 2-2-3）。

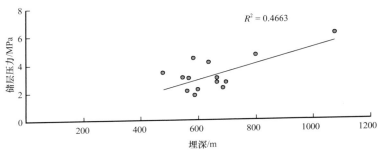

图 2-2-3　储层压力与埋深关系

6）煤储层温度

储层温度直接影响到煤层气的吸附能力和解吸速度。从储气角度来看，温度低，吸附量大；从开发角度来看，温度升高有利于煤层气解吸。储层温度与埋深呈正相关关系（图 2-2-4）。

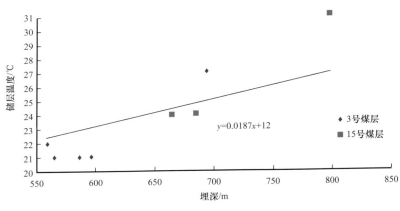

图 2-2-4　储层温度与埋深关系

研究区属地温正常区，恒温带深度为 60～80m。区块地处北方，地表温度在 12℃左右。研究区的 5 口煤层气参数井与生产试验井实测储层温度与埋深的关系见表 2-2-2。

3 号煤层的实测储层温度在 21～27℃之间，埋深在 559.0～694.0m 之间（煤层中点深度），柿庄区块 4 口煤层气参数井和生产试验井实测储层温度与埋深的关系表明，3 号煤层的地温梯度约为 1.87℃/100m。

由此可见，储层温度较低，在埋深为 350～1000m 开发深度范围内，储层温度在 20～30℃之间变化。

表 2-2-2　实测储层温度与埋深关系

井别	井号	煤层中点深度 /m	储层温度 /℃
参数井	QN01	586.5	21
	QN05	596.6	21
	QN06	559	22
	QN03	475.5	23
生产试验井	QN09	565	21

三、高煤阶煤层气的赋存与富集条件

（1）高煤阶煤层气的赋存特征。

沁水盆地南部山西组和太原组含煤层系共发育煤层 6～11 层，煤层厚度较大、全区分布稳定的有山西组 3 号煤层和太原组 15 号煤层，是煤层气勘探和生产的主力煤层。3 号煤层平均净厚度约 5.90m，其顶板的岩性以泥岩、粉砂质泥岩为主，局部为细—中粒砂岩，底板有粉砂岩和泥岩。15 号煤层平均净厚度约 3.60m，直接顶板为泥岩或钙质泥岩，老顶为 K_2 石灰岩，底板为泥岩。煤层横向上连续，个别地方有冲刷或分岔现象，横向分布的稳定性较 3 号煤层差。

研究区内煤层埋深总体变化呈北深南浅、中部深东部浅的趋势。主力煤层的埋深总体变化趋势相似，3 号煤层埋深 450～570m；15 号煤层埋深 550～670m；15 号煤层的埋深比 3 号煤层深 100～110m。区内主力煤层厚度大，结构简单且分布稳定，埋深一般小于 1000m，深度适中，适合进行大规模的煤层气勘探与开发。

（2）煤层厚度大，含气量及含气饱和度高。

煤层气资源的丰富程度与煤系地层的分布、厚度及含气量呈正相关关系，煤系地层这几项参数越大，煤层气越丰富。聚煤盆地的煤层气丰富程度是评价其有无煤层气勘探价值的重要指标。

（3）镜质组含量高、灰分含量低。

煤的显微组分含量、灰分含量和煤阶不仅影响煤的生烃潜力，还影响煤层对甲烷的吸附能力和煤层气的开采能力。根据热模拟实验，壳质组产气能力最强，镜质组次之，惰质组最差。因煤的显微组分以镜质组为主，一般情况下均大于 50%，所以它是产气的最大贡献者，也是吸附甲烷的主要参与者；镜质组含量越高，煤层割理就越发育，渗透性越好，煤层气越易于开采。对每一个煤阶来说，其含气量都有一定的变化范围，但从总体上看，含气量随煤阶的增大而增高。低煤阶煤的含气量一般为 2.5～7m³/t，高煤阶煤的含气量可达 35m³/t。煤的灰分是指煤中的矿物质，据其含量可划分为 4 个级别，灰分含量小于 15% 的为低灰分，灰分含量为 15%～25% 的为中灰分，灰分含量为 25%～40% 的为较高灰分，灰分含量大于 40% 的为高灰分。灰分含量越低，煤质越好，甲烷吸附量越高。综合考虑煤岩显微组分含量、灰分含量和煤阶三种因素认为，煤岩镜质组含量高、

灰分含量低、演化程度适中的煤层一般具有生气率高、吸附量大、可解吸率高的"三高"特点，有利于煤层气富集。

（4）煤层割理发育，构造裂缝适中。

煤层割理系统的发育程度决定了煤层渗透性的好坏，影响着煤层气井的产量及勘探后期井网设计和强化处理方案的实施。煤层割理发育，渗透率高，有利于大面积疏通吸附于煤颗粒基质表面的气态吸附烃解吸。成煤后期的构造运动对煤层气的保存有重要影响。一般认为，构造变形强烈的地区，由于构造破碎，裂缝极为发育，在缺乏有利的盖层条件下，容易形成强水网络状动力流动，在煤层内渗滤，使气态烃散失严重或运移走，煤层吸附气不易保存，致使含气量低。因此，煤层割理发育，构造裂隙适中，有利于煤层气的富集高产。

（5）有利的盖层条件。

封盖层对于煤层气的保存与富集具有十分重要的作用。良好的封盖层可以减少煤层气的向外渗流运移和扩散散失，保持较高的地层压力，维持最大的吸附量，减弱地层水对煤层气造成的散失。在不同沉积环境下形成的不同类型封盖层具有不同的封盖能力。泥岩微孔发育，封盖能力强，且性能稳定，是良好的封盖岩类。致密砂岩与石灰岩的封盖性能则有强有弱，这取决于后期成岩作用的影响，如果在生气高峰期以前为致密岩性，则对煤层气封盖有效。另外，由于地区不同，地质作用的影响程度不同，同类型盖层的封盖性能也不一样。因此，应根据具体地区的地质条件区别对待、具体分析，以评价其对煤层气保存与富集的影响程度。

一般情况下，煤层上覆泥页岩等直接盖层厚 5m 以上，平面上连续稳定分布，其上又有区域性盖层，有利于阻止上部网络状渗滤水对吸附气洗刷造成的散失，故对煤层气保存最为有利。

（6）煤层处于构造斜坡带或埋藏适中的向斜区。

靠近煤层上倾部位煤层剥蚀带，往往存在强水动力网状循环，气态烃散失严重，加之处于甲烷风化带，煤层气保存条件不利；构造轴部应力集中，易产生应力变质，出现构造煤，气态烃散失严重，可解吸率低，同时不利于排水降压采气；向斜底部可能煤层埋藏过深，储层物性差；斜坡中部煤层埋深适中，位于煤层气运移指向区，又远离甲烷风化带，含气饱和度较高，有利于煤层气富集。另外，经构造抬升，煤层埋藏适中的向斜区也是煤层气高产富集的有利部位。

（7）煤层处于地层相对高压区。

煤层气主要是吸附气，压力越高，吸附量越大。泥质岩发育、盖层条件好的承压区或煤层侧向尖灭区容易形成高压，煤层气吸附量大，是煤层气富集高产的最有利部位。

四、高煤阶煤层气藏

1. 高煤阶煤层气成因

高煤阶煤层气的成因以热成因为主，随着埋深、温度、压力的增大和煤化作用的增强，煤变成富碳和富氢的挥发性物质，而甲烷、二氧化碳和水是去挥发分作用过程中的主要产物。我国高煤阶地区的煤层都经历了两次煤化作用，在经过高煤阶煤层气典型的生成模式（图 2-2-5）后，一般都经历 1～2 个生气高峰，并在异常高的古地温场下发生二次生气作用，为煤层气成藏富集提供了强大的气源。

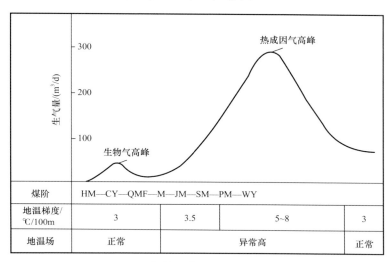

图 2-2-5　高煤阶煤层气典型的生成模式

2. 高煤阶煤层气藏含气性

煤的变质程度决定了煤层气生成量和煤的吸附能力，因而对煤层气含气量起着决定性的作用。煤阶越高，煤层气的生成量越大，吸附能力随着煤阶增高经历了低—高—低 3 个阶段，在 R_o 为 3.5% 左右时达到极大值。高煤阶煤层气藏含气量最高，沁南煤层气藏含气量一般为 10～20m^3/t，最高可达 37m^3/t。除了煤阶影响外，保存条件也起到了一定的作用（赵群，2007）。因此，高煤阶煤层气藏吸附能力强，含气量高。

3. 高煤阶煤层气藏物性

高煤阶的沁南煤层气藏，储层渗透率为 0.1～5.7mD，一般不超过 2mD。煤层孔隙主要为微孔和过渡孔，中孔和大孔比较罕见，孔隙度为 1.15%～7.69%，一般小于 5%，对渗透率几乎没有贡献。割理严重闭合或被充填，对渗透性的贡献微弱。构造裂隙是渗透性的主要贡献者，这种孔裂隙的发育特征决定了煤层气由基质孔隙解吸向裂隙扩散困难，吸附时间长，达到产量高峰时间短，稳定低产时间长。因此，高煤阶变质程度高，基质致密，煤层物性渗透率低。

4. 高煤阶煤层气藏水文地质条件

研究表明，高矿化度对高煤阶煤层有较好的保存条件。沁水盆地东部边界晋获断裂褶皱带的北段对中奥陶统含水层组起到明显的横向阻水作用，中段导水性及水动力条件强烈，南段地下水径流条件极差，不导水。南部边界由东部导水段、中部阻水段以及西部导水段组成，特别是中段的阻水性质，对晋城一带煤层气的保存与富集起到了重要作用。西部边界以安泽为界分为两段，北段为霍山隆起阻水边界，南段则由导水性断层组成，内部存在着 4 条重要的水文地质边界。其中，寺头断裂是一条封闭性的断裂，导水、导气能力极差；在沁水盆地中南部寺头断裂和晋获断裂南段之间的大宁—潘庄—樊庄地区，山西组和太原组含水层的等势面明显高于断裂东西两侧地区，地下水显然以静水压力形式将煤层中的煤层气封闭起来。在寺头断裂西侧的郑庄及其附近地区，地下水径流强度较弱，有利于煤层气保存。因此，高煤阶滞流水区域为富气区。

5. 高煤阶煤层气藏成藏过程

高煤阶煤层气藏成藏过程复杂。无论是否存在二次生烃，区域岩浆热变质作用都是高煤阶煤层气藏形成的必要条件。煤层气的形成具有明显的阶段性，在达到最高演化程度后就不再有煤层气生成，进入煤层气藏的调整改造阶段。以沁水盆地南部晋城地区的高煤阶煤层气藏成藏过程为例，该地区煤层气藏成藏过程主要经历了两个关键时期：三叠纪末期第一次煤系生烃结束，此时煤层的 R_o 为 0.9%～1.3%。晚侏罗世—早白垩世，由于燕山中期异常热事件，尽管地层处于抬升剥蚀阶段，但是仍然存在煤层的再次热演化和二次生烃，此时煤层的 R_o 达到 2.4%～4.2%。正因为这次区域热变质，该地区煤层的 R_o 可以达到 2.5%～4.2%，该地区煤层具有较高的兰氏体积。因此，高煤阶煤层气藏的成藏过程复杂。

第三节　高煤阶煤层气开发地质单元划分及地质主控因素分析

一、开发地质单元划分

开发地质单元研究的基本内容是详细描述煤储层三维空间的变化特征及地质规律，阐明储层特征对地下流体运动和气井产能的控制和相互作用，寻找提高煤层气田开发效果和最终采收率的最佳方法。

煤层气开发地质单元的研究方法是一套综合性、多学科结合的方法，综合利用多种数学方法和计算手段，开展由宏观到微观、由定性到定量的系统研究，静动结合地利用录井、测井、测试、试井和开发先导实验等数据，采用计算和模拟相结合，反复验证和反演地质成果，做到准确认识和反演储层固有特征和微细地质变化，指导煤层气田的精细开发。在具体工作中，由于探井和取心井的数量限制，已有数据很难覆盖全区，满足精细化的评价需求，需要大量采用覆盖面较广的测井数据。在使用中，通过与已有实验测试数据的拟合、校正，建立合理的基于多种测井曲线的评价模型，形成具有一定覆盖面的评价网格。

要建立单元划分的指标体系，需要从影响煤层气富集—高产角度入手，逐一分析不同地质因素的影响，进而从地质、资源、储层、开发等方面选定煤层气开发地质单元划分的指标体系。上文提出了研究工作的主要内容，但是在具体的工作中，由于有限的钻探井和测试分析化验资料，很难保证所有资料齐全。在当前煤层气勘探技术规范和标准条件下，开发地质单元的有效划分可分如下两个步骤：

第一步：地质模型的构建。

综合地球物理、测井、实验测试数据依次建立构造、相、裂缝、属性等模型，明确研究层位含气量、孔渗分布规律等基础信息。

第二步：有效资源潜力综合评价和开发地质条件约束。

如没有完整的地震数据解释资料，也可直接进行此步骤，主要包括有效资源潜力综合评价和开发地质条件约束。其中，有效资源潜力综合评价部分，基于层次分析与模糊评价等方法，围绕资源条件、产出条件和可改造性3个一级指标划分煤层气开发地质单元。在二级指标上，结合区域地质资料，根据煤层厚度或煤层含气量变化的大小排序。对产出条件而言，临储压力比为临界解吸压力与储层压力之比，其大小往往决定地面煤层气开采中排水降压的难易程度，渗透率决定了气、水能否有效产出，地下水流体势影响排水降压的快慢和难易，含气饱和度和储层压力梯度影响气体解吸产出的速率。可改造性条件：煤体结构是决定能否压裂的先决条件；脆性指数反映压裂的难易程度；主应力差系数决定裂缝延伸的长度。

1. 开发地质单元划分参数

渗透率是煤层气产出的关键参数，决定了煤层气产出能力。临储压力比，即临界解吸压力与煤层原始储层压力之比。由欠饱和煤层气藏开发储层动态效应可知，煤储层临储压力比越大，临界解吸压力越接近原始储层压力，见气时间越短，后期产气量相对较高；而临储压力比越低的煤储层，需要大幅度地降低煤储层压力才能使吸附气解吸，相同条件下的气井产能也就越差。故选取渗透率和临储压力比两个参数评价煤层气产出条件。

煤体结构的发育情况是压裂设计的基础，关系着压裂施工的成败；地应力的条件对于压裂裂缝具有较强的控制作用，是煤层气开发不可或缺的参数；而构造曲率对于原始裂缝的刻画，也能为开发条件的改造提供依据。因此，选取煤体结构、水平主应力差系数和构造曲率3个参数来评价煤层气的开发条件。

1）渗透率

作为有别于常规天然气的特殊储层，煤储层的孔隙、吸附、渗透特征都与常规天然气有很大的不同。渗透率不仅要受到原始的孔、裂隙发育条件的制约，开发过程中渗透率因原始平衡的打破而出现不可确定的变化。首先，在排水降压过程中，一部分气、水被排出地面，造成储层内的压力变小，相应的有效应力会上升，渗透率也就变差；其次，伴随着一部分物质的排出，煤体呈现出收缩的趋势，从这个角度来看，渗透率在排采过程中会增大，在这两种完全相反的作用的作用下，其综合作用结果决定了煤层气能否顺利产出。故在开发单元的划分中需对渗透率进行评价，研究认为 0.05mD 是一个重要的分界点：当渗透率大于 0.05mD 时，对于开发较为有利；反之，则对气体的产出不利。

2）临储压力比

煤层气主要在压力的作用下吸附在煤体的微孔隙中，只有当压力降低到临界解吸压力之下时才能从煤层中解吸释放出来，这个过程就是工程上常常采用的排水降压的煤层气生产方法。决定这个过程的常用参数即为临储压力比，这个变量反映了气体可以产出的压力状态与煤体此时所处的压力状态的比值，两者的差值越小，煤层气析出的时间也就越短，这对于煤层气生产井产出的效率与企业的经济效益都具有重要的影响，因此开发地质单元的划分，应考虑不同地区产气的难易程度。即如何实现较短时间内煤层气的高效稳定生产，临储压力比是一个重要的影响因素。此次研究采用 0.4 作为一个重要的分界点，当临储压力比大于 0.4 时，对于煤层气开发较为有利；而当其小于 0.4 时，则煤层气开发就会较为困难。

3）煤体结构

煤体结构是煤层气开发地质学研究的关键问题，与煤层气的渗透率有着较好的相关性，可用于渗透率条件的求取，是煤层气开发条件中的基础性参数。同时，不同的煤体结构发育条件在储层的改造决策中发挥着重要作用。煤体结构的发育条件不仅影响压裂过程中裂缝延展的情况，也决定着压裂工艺方式的选择。不合理的压裂改造方式，往往成为无效的工程措施，不仅费时费力，也难以改变煤层的产气条件。在煤层中煤体结构往往呈现出混合的叠加状态，这就要求对煤层中硬、软煤的发育条件有着清晰认识，针对不同的发育条件采取不同的压裂改造措施，往往对开发条件的改变较为理想。针对不同组合的煤层需要采用不同的工艺，才能切实地达到改造的效果。本书采用碎裂煤厚度作为开发地质单元的划分指标，以 0.5m 为分界点划分煤体结构，数值较大认为对煤层的开发较为有利；反之，则不利于煤层气的开发。

4）水平主应力差系数

地应力对压裂也具有强烈的控制作用。根据唐书恒等（2011）的相关研究，主应力分布的方向与大小关系着压裂过程中开始产生裂缝的压力、裂缝的分布及延伸方向。不同的水平主应力差系数，往往使得天然裂缝与最大主应力间的夹角对破裂压力的作用更强。根据水平主应力差系数的不同，会产生不同的裂缝：如果水平主应力差系数较大，会产生平直的水平裂缝；中等条件下产生的裂缝与原生的缝隙相关；水平主应力差系数较小，则会生成网状裂缝。地应力剖面也常常作为射孔方式选择、压裂工艺选择及其参数选择的重要依据。其他学者也对地应力与压裂关系有着较多的研究。由此可见，在进行开发地质单元划分时，地应力条件也是开发过程中较为关键的参数，此次研究选取水平主应力差系数进行开发地质单元的划分。以主应力差系数 2 为分界点，大于 2 有利于煤层气开发，反之则较为不利。

5）构造曲率

作为一种描绘构造弯曲程度的变量，构造曲率在一定程度上能够反映煤体中裂缝的发育程度与分布状况，是煤层气产出运移条件的指标。煤层气主要赋存于原生的孔隙系统中，裂缝系统则是煤层气产出的路径，但往往原生的煤层中这两者之间无法形成有效的连通，致使无法形成具有经济价值的煤层气产量，这时就需要煤储层的压裂改造。其目的在于连通原生裂隙，加大原生裂隙的导流能力，甚至形成新的通道，为煤层气的排采提供高效的裂隙条件。水力压裂的目的在于改善煤层原始的裂缝条件，这个过程需要建立在对原有裂隙系统清晰的认识上，而构造曲率常常被用来刻画煤体构造裂缝的发育程度。正的构造曲率值反映了一种拉张的应力状态，多分布于背斜的轴部；而负的构造曲率值则对应着挤压的应力条件，多分布于向斜的轴部，其绝对值对应着受到的作用力的大小，绝对值越大，则相应的作用越强烈。此次划分采用构造曲率分界点为 $200m^{-1}$，小于 $200m^{-1}$，煤体发育较为完整，改造作用的效果也较好，对煤层气的开发有利，反之则不利。

为划分开发地质单元，分别选取渗透率和临储压力比约束开发条件的优劣，构造曲率、碎裂煤厚度及水平主应力差系数进行约束。开发地质单元划分的参数临界值见表 2-3-1。

表 2-3-1 关键参数临界值

项目	分值级别	有利	不利
产出条件	渗透率 /mD	>0.05	<0.05
	临储压力比	>0.4	<0.4
开发条件	构造曲率 /m^{-1}	<200	>200
	碎裂煤厚度 /m	>0.5	<0.5
	水平主应力差系数	>2	<2

2. 开发地质单元划分方法及指标体系

为了解决研究区生产井产量较低的问题，需要对其成因进行分析，而地质单元的划分需要在对其基础地质参数有着清晰认识的基础上，对多种参数的分布条件在平面上进行叠加分析，从而对低效井地质上的可能成因做出解释，也为后期有针对性的生产井产量提高的改造措施选择提供参考依据。开发地质单元划分采用层次分析、关键参数叠加及关键参数阈值的方法进行划分，具体流程如图 2-3-1 所示。

首先，将影响煤层气开发的地质条件划分为产出条件和开发条件两个一级指标，再进一步选取二级指标参数，其中渗透率和临储压力比为产出条件的二级参数，构造曲率、碎裂煤厚度和水平主应力差系数为开发条件的二级参数。建立出指标体系后，根据上文确定的关键参数阈值，将产出条件的两个临界值等值线图进行叠加，然后分析叠加区产出条件的优劣，并用Ⅰ、Ⅱ、Ⅲ代表产出条件优劣。其中，Ⅰ型表示两参数均有利，产出条件好；Ⅱ型表示两参数只有一个有利，产出条件一般；Ⅲ型表示两参数均不利，产出条件差。其次，将开发条件的三个参数临界值等值线图进行叠加，然后分析叠加区开发条件的优劣。并用1、2、3代表开发条件优劣，当同时出现两个数时，1型表示三参数有三个有利，开发条件好；2型表示三参数只有两个有利，开发条件一般；3型表示三参数至多有一个有利，开发条件差。最后，将划分好的产出条件和开发条件单元进行叠加后划分出最终的开发地质单元，并将两个级别进行组合，例如"Ⅲ₂"表示"产出条件差且开发条件一般"。

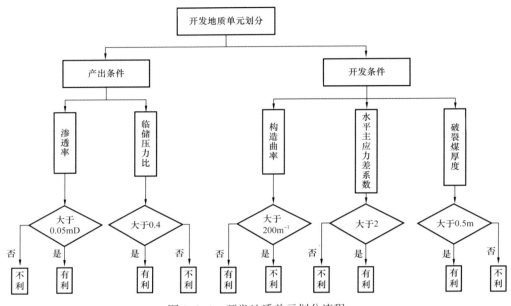

图 2-3-1 开发地质单元划分流程

3. 研究区开发地质单元划分结果

在研究区中的 2、3、5 区采用多参数叠加方法，共划分出 15 个开发地质单元，又根据开发条件的优劣划分出三个大类，分别为：Ⅰ型（三参数有三个有利，开发条件好）、Ⅱ型（三参数只有两个有利，开发条件一般）和Ⅲ型（三参数至多有一个有利，开发条件差）。

从图 2-3-2 可以看出，开发地质条件好的区域出现在中部和西部，为图中黄色区域；5 区北部受地质构造影响，开发地质条件较差，多为Ⅲ型，其中Ⅱ型区域多出现在研究区南部和东部，局部差异性较小。

二、不同开发地质单元划分及地质主控因素分析

根据相关分析，选择单元内相关性较大的参数为主控类型，将研究区划分出含气量—临界解吸压力、渗透率—临界解吸压力、含气量—含气饱和度、含气量—储层压力、渗透率、渗透率—储层压力、含气量—渗透率和断层的 8 种地质主控类型，如图 2-3-3 所示。

从图 2-3-3 可以看出，研究区的东南部为含气量—临界解吸压力主控型，北部为断层控制型，中部为含气量—含气饱和度、含气量—渗透率、含气量—储层压力和渗透率—临界解吸压力控制型；中西部则为渗透率、渗透率—储层压力主控型。

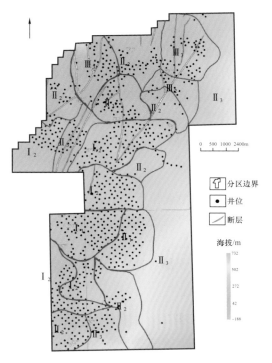

图 2-3-2 研究区 3 号煤层开发地质单元划分

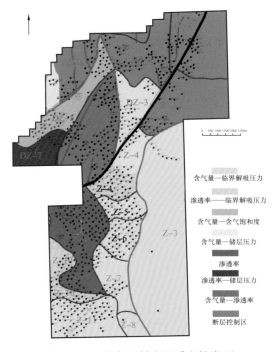

图 2-3-3 研究区低产地质主控类型

1. 含气量—渗透率主控型

如图 2-3-4 所示，该开发地质单元位于研究区的中东部，该区域西侧以发育的一条大断层为界，东部在区内发育两条断层。从图 2-3-4 可看出，煤层气井产气量主要受含气量和渗透率的变化影响较大；其次是临界解吸压力、临储压力比和含气饱和度，煤厚、埋深、储层压力、储层压力梯度、煤层标高和地下水等地质参数对其影响较小。因此，将该开发地质单元划分为含气量—渗透率主控型。

2. 含气量—含气饱和度主控型

如图 2-3-5 所示，该开发地质单元位于研究区的西北部，该区域东侧以发育的一条大断层为界。从图 2-3-5 可看出，煤层气井产气量主要受含气量和含气饱和度的变化影响较大，其次是临界解吸压力、储层压力和临储压力比，渗透率、煤厚、埋深、储层压力梯度、煤层标高和地下水等地质参数对其影响较小。因此，将该开发地质单元划分为含气量—含气饱和度主控型。

3. 渗透率—临界解吸压力主控型

如图 2-3-6 所示，共有两个开发地质单元为渗透率—临界解吸压力主控型，主要位于研究区的中部和西南部。从图 2-3-6 可看出，煤层气井产气量主要受渗透率和临界解吸压力的变化影响较大，其次是含气量、含气饱和度和临储压力比，储层压力、煤厚、埋深、储层压力梯度、煤层标高和地下水等地质参数对其影响较小。因此，将该开发地质单元划分为渗透率—临界解吸压力主控型。

4. 含气量—临界解吸压力主控型

如图 2-3-7 所示，共有 6 个开发地质单元为含气量—临界解吸压力主控型，主要位于研究区的东南部和东部埋藏较浅地区。从图 2-3-7 可看出，煤层气井产气量主要受含气量和临界解吸压力的变化影响较大，其次是储层压力、水头标高和渗透率，含气饱和度、临储压力比、煤厚、埋深以及煤层标高等地质参数对其影响较小。因此，将该开发地质单元划分为含气量—临界解吸压力主控型。

5. 渗透率主控型

如图 2-3-8 所示，共有两个开发地质单元为渗透率—临界解吸压力主控型，主要位于研究区的中南部。从图 2-3-8 可看出，煤层气井产气量主要受渗透率的变化影响较大，其次是含气量和临界解吸压力，含气饱和度、储层压力、临储压力比、煤厚、埋深、储层压力梯度、煤层标高和地下水等地质参数对其影响较小。因此，将该开发地质单元划分为渗透率主控型。

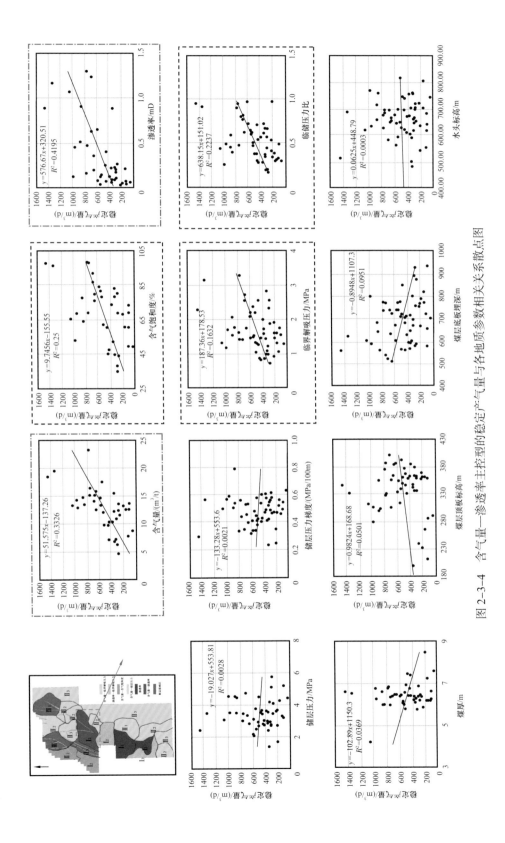

图 2-3-4 含气量—渗透率主控型的稳定产气量与各地质参数相关关系散点图

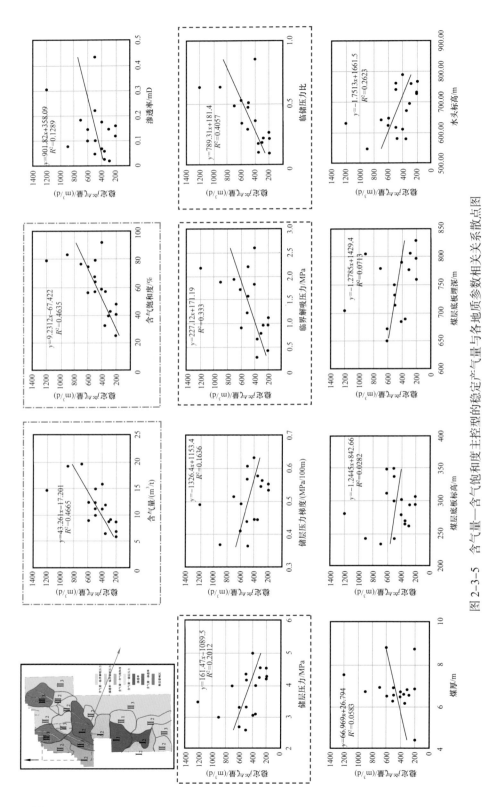

图 2-3-5 含气量—含气饱和度主控型的稳定产气量与各地质参数相关关系散点图

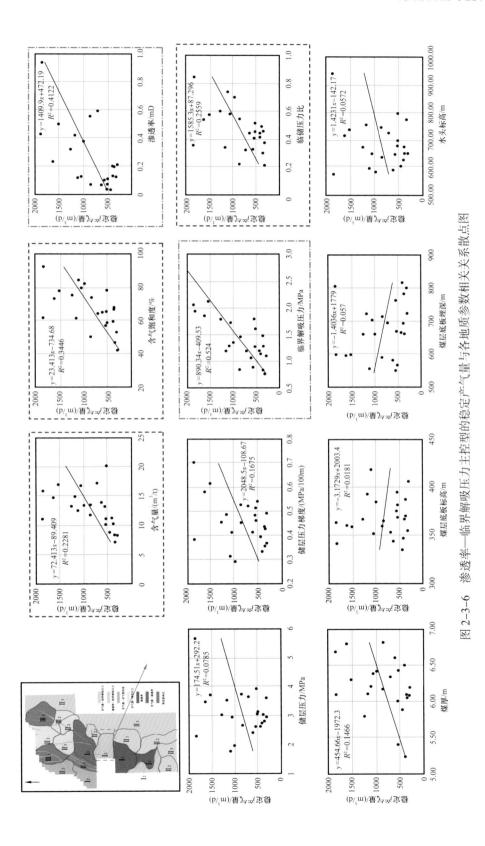

图 2-3-6　渗透率—临界解吸压力主控型的稳定产气量与各地质参数相关系关系散点图

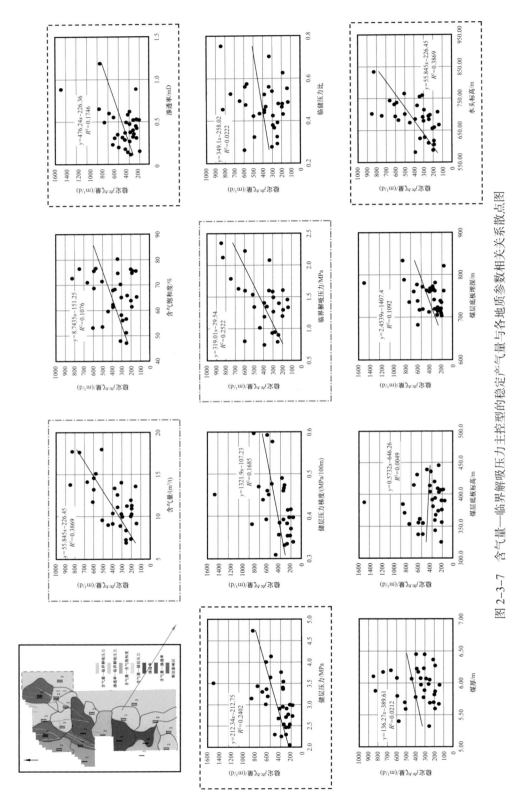

图 2-3-7　含气量—临界解吸压力主控型的稳定产气量与各地质参数相关关系散点图

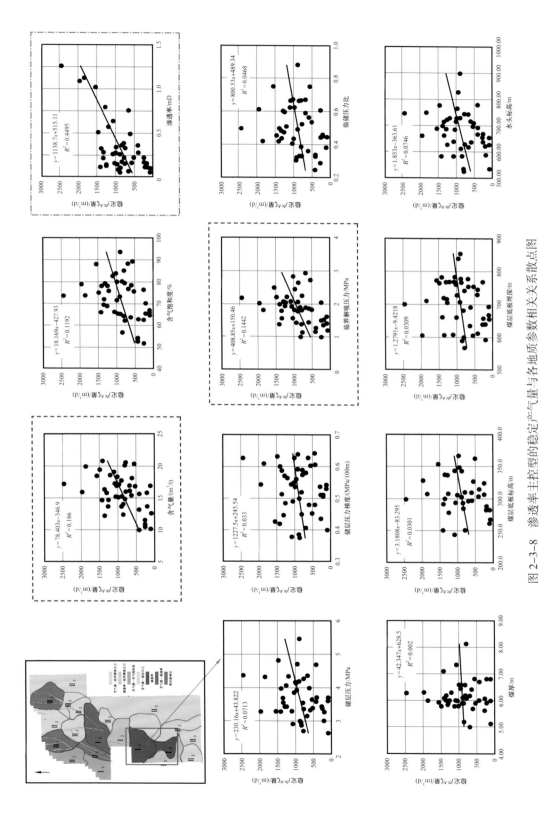

图 2-3-8　渗透率主控型的稳定产气量与各地质参数相关关系散点图

第四节　高煤阶储层动态评价

一、储层压力动态变化模型

研究区煤储层为欠饱和煤层，生产过程可分为饱和单相水流、非饱和单相水流和气水两相流三个阶段。由于欠饱和煤储层只有在储层压力降至临界解吸压力以下时才会产生商业量的煤层气，煤层气生产井必须经历长时间的排水降压阶段，因此煤储层能否充分降压是煤层气生产的关键。

目前，计算储层压力的方法主要有如下两种：

（1）通过渗流方程计算压力传播规律。这种方法是通过建立煤层压力分布的数学模型，然后将储层渗透率数据与生产过程中的产水量数据相结合。该方法的优点是考虑了排采范围的动态变化，并计算了生产过程中不同区域的储层压力变化。但由于煤储层非均质性强，渗透率参数不准确，没有充分利用产气数据，导致压力计算不准确。

（2）利用煤储层物质平衡方程，结合储层基本参数和实际生产资料，求取煤储层平均压力。King（1993）首先建立了煤层气的物质平衡方程，后来通过后续研究加以改进。Penuela 等（1998）提出了煤储层普遍的物质平衡方程，考虑了解吸气体向割理系统的扩散过程。此外，Ahmed 等（2006）提出了考虑初始游离气、水膨胀、朗缪尔等温线和地层压缩性的广义物质平衡方程，以估算原地原始天然气。随后，胡素明等（2010）将煤层划分为基质和裂缝的双重介质，并提出了一种改进的物质平衡方程，该物质平衡方程涉及煤层的自我调节效应。Shi 等（2018）建立了考虑各种影响因素的物质平衡方程，如初始储层压力与临界解吸压力之差、孔隙压缩性、水压缩性、煤基质收缩性、溶解气体和游离气体等。之前建立的煤层气物质平衡方程主要是为了预测单井控制区和储层原始含气量。利用物质平衡方程法计算储层平均压力的优点是充分利用了生产资料，使煤储层所需的地质参数更加准确。遗憾的是，以往的研究在计算储层平均压力时并没有充分考虑排采面积的动态变化。也就是说，排采面积是人为设定的，而不是开发过程的实际范围，这意味着计算的储层压力可能是不切实际的。

为了解决煤层气物质平衡方程的局限性，基于煤储层物质平衡方程建立了一种新的储层压力预测模型。该模型考虑了煤储层的自调节效应和等效排采面积的动态变化。以沁水盆地南部研究区 14 口井为例，分析了该模型与传统模型的差异，在建立储层压力计算模型的基础上，利用生产数据求取煤层气生产过程中的动态平均储层压力，进一步研究了地质因素对储层压力的影响。

1. 储层平均压力模型的建立

改进储层压力计算模型有三个步骤：一是根据体积守恒原理，在生产过程中建立气相物质平衡方程；二是改变水相物质平衡方程的形式，使等效排采面积随产水量的增加而增加；三是将等效排采面积公式代入气相物质平衡方程。因此，可以推导出考虑等效排采面积动态变化的煤储层压力计算模型。

　　煤层气主要以吸附态、游离态和溶解态气体的形式存在。然而，溶解气体的比例很小，因此在推导气相物质平衡方程时不考虑溶解气体。累计产气量的体积 = 基质中吸附气体的原始地质储量 − 基质中吸附气体的剩余地质储量 + 裂缝中游离气体的原始地质储量 − 裂缝中游离气体的剩余地质储量。

　　此外，煤层中的地层水主要存在于裂缝和孔隙中。由于储层压力的变化，水的压缩性和弹性膨胀发生变化，导致水量增加。根据地层水量守恒原理，储层剩余地层水量 = 原始条件下裂缝中的水量 + 弹性膨胀增加的水量 − 累计产水量（水量为地下条件下的水量）。随着排采面积的增加，压降漏斗在开发过程中不断扩大。当储层压力降到临界解吸压力以下时，煤储层内的吸附气体开始解吸。如果将压降漏斗视为井筒周围的等效圆柱形几何形状，则等效排采面积可用于表征压降区域，气体解吸量与等效排采面积密切相关。

　　将等效排采面积方程［式（2-4-1）］代入煤层气物质平衡方程［式（2-4-2）］，即可得到考虑了等效排采面积的动态变化煤储层的物质平衡方程模型：

$$A = \frac{W_\mathrm{p} B_\mathrm{w}}{h\phi_\mathrm{fi} S_\mathrm{wi}\left[1 + C_\mathrm{w}\left(p_\mathrm{i} - p\right)\right] - h\phi_\mathrm{f} S_\mathrm{w}} \tag{2-4-1}$$

$$G_\mathrm{p} = Ah\rho\frac{V_\mathrm{L} p_\mathrm{i}}{p_\mathrm{i} + p_\mathrm{L}} - Ah\rho\frac{V_\mathrm{L} p}{p + p_\mathrm{L}} + \frac{Ah\phi_\mathrm{fi}\left(1 - S_\mathrm{wi}\right)}{B_\mathrm{gi}} - \frac{Ah\phi_\mathrm{f}\left(1 - S_\mathrm{w}\right)}{B_\mathrm{g}} \tag{2-4-2}$$

$$\frac{G_\mathrm{p}}{W_\mathrm{p} B_\mathrm{w}} = \frac{\dfrac{\rho V_\mathrm{L} p_\mathrm{i}\left(p_\mathrm{i} p_\mathrm{L} - p_\mathrm{L} p\right)}{\left(p_\mathrm{i} + p_\mathrm{L}\right)\left(p_\mathrm{i} p_\mathrm{L} - p_\mathrm{i} p\right)} + \dfrac{\phi_\mathrm{fi}\left(1 - S_\mathrm{wi}\right)}{B_\mathrm{gi}} - \dfrac{\phi_\mathrm{f}\left(1 - S_\mathrm{w}\right)}{B_\mathrm{g}}}{\phi_\mathrm{fi} S_\mathrm{wi}\left[1 + C_\mathrm{w}\left(p_\mathrm{i} - p\right)\right] - \phi_\mathrm{f} S_\mathrm{w}} \tag{2-4-3}$$

式中　　A——等效排采面积，m^2；

　　　　B_gi——初始压力条件下气体体积系数；

　　　　B_w——地层水体积系数，近似等于 1；

　　　　C_w——地层水压缩系数，MPa^{-1}；

　　　　G_p——地表状态下的累计产气量，$10^8\mathrm{m}^3$；

　　　　W_p——地表状态下的累计产水量，$10^8\mathrm{m}^3$；

　　　　h——煤层厚度，m；

　　　　p_i——初始储层压力，MPa；

　　　　p——储层压力，MPa；

　　　　p_L——兰氏压力，MPa；

　　　　ρ——煤储层密度，$\mathrm{g/cm}^3$；

　　　　S_wi——初始含水饱和度；

　　　　S_w——束缚水饱和度；

　　　　V_L——兰氏体积，m^3/t；

ϕ_{fi}——地层初始孔隙度；

ϕ_f——动态孔隙度。

应用该模型计算煤储层压力时，不应忽略储层孔隙度的动态变化。孔隙发育过程中的动态变化主要分为两个阶段：第一阶段为饱和单相水流阶段，在此阶段，只有地层水排出，储层上覆应力增大，孔隙度降低；第二阶段为气水两相流，该阶段存在有效应力效应。同时，煤层气从煤基质中解吸，导致煤基质收缩。当有效应力效应大于基体收缩效应时，孔隙度减小，反之则增大。根据生产资料和储层地质参数，新的储层压力计算模型可用于计算开发过程中的平均储层压力。

2. 新模型与传统模型的对比

传统的储层压力计算模型不考虑排采面积的动态变化，而是将排采面积的固定值代入计算模型。首先，传统模型中面积的固定值表示单井控制范围，它具体指井间距。而井距不是压降范围，这意味着压降范围不能用井距来代替。其次，生产井的工作制度是排水降压，排采面积随着生产的进展而不断变化。在计算储层压力时，如果用固定面积代替动态排采面积，则计算结果是不合理的。以 QN-297 井为例，采用两种模型分别计算储层压力。采用传统预测模型计算储层压力时，井控半径分别设定为 100m、150m 和 200m，两种模型的平均储层压力计算结果如图 2-4-1 至图 2-4-3 所示。

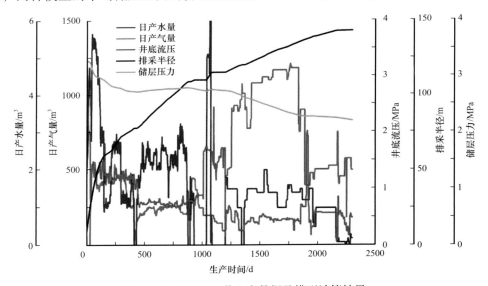

图 2-4-1　QN-297 井生产数据及模型计算结果

在不考虑动态排采面积的情况下，代入不同的排采面积计算得到的储层压力结果相差很大；等效排采面积越大，储层压力下降越慢。750 天左右，等效排采半径达到 100m，当恒定的排采半径设为 100m 时，模型计算结果与传统模型一致。这表明，如果该区域的固定值小于实际排采范围，则计算出的储层压力将大大下降；反之，如果代入的固定面积大于实际排采范围，则储层压力的计算结果为实际排采范围和未开发范围内的平均压力，且整体的压降速率较慢。随着设定排采面积增大，未降压的储层范围增大，压力计算结果变大。然而，当用该模型计算煤储层压力时，排采面积会随着实际产水量的变化而变化，从而更有效地利用产水数据。因此，用该模型计算的结果更符合实际情况。

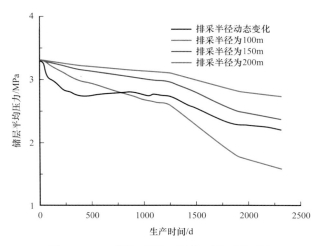

图 2-4-2　不同压降模型计算平均压力对比

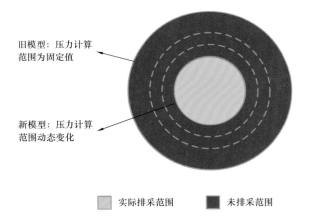

图 2-4-3　平均压力计算模型中排采面积变化对比

应用该模型计算 QN-297 井平均储层压力时，压降曲线与实际生产曲线吻合得较好。从投产到生产 300 天，储层平均压力迅速下降。此后，300～1200 天，储层平均压力相对稳定。最后，储层压力又持续下降。对应该井的生产数据表明，由于排水降压作用，初期井筒周围压力迅速下降，排采范围由井筒向远处延伸。当生产进入中期时，煤层气井的产水、产气量稳定，排采范围逐渐向远处延伸。此时，由于远井地带的流体不断补充储层压力，使储层平均压力保持在较为稳定的水平。后期等效排采面积稳定，该区储层压力迅速下降，煤层气大量解吸，产气量迅速增加。

3. 储层压力敏感性分析

煤层压力受地质、排水和工程等多种因素的控制。然而，由于工程因素具有不确定性和偶然性，它们对储层压力的影响难以用定量的方式评估。因此，本节重点讨论地质参数对储层压力的影响。首先，选取典型井作为研究对象，其产能特征为实际的生产曲线。其次，以储层孔隙度、束缚水饱和度、兰氏体积、兰氏压力为目标参数，设计了四因素三水平正交试验。最后，采用直观分析的方法，分析了开发过程中地质因素对煤储层压力的影响。

正交试验设计是研究多变量的最有效、最省时的方法之一，可以找出哪些因素（或多个变量）对目标因素属性的影响程度最大。在所有的试验因素组合中，选择一个具有部分代表性的组合进行设计。然后，通过对部分试验结果的分析，从而达到研究综合试验的目的，最终实现了最优水平组合的优选。正交试验设计的基本特点一方面是用一些特征试验代替综合试验，另一方面是通过分析一些试验结果来研究综合试验的情况。

在该研究中，以 QN-297 井为典型井，其产能特征为 QN-297 井的生产曲线。目标地质参数为初始孔隙度、束缚水饱和度、兰氏体积和兰氏压力。其中，初始孔隙度和束缚水饱和度控制煤储层的含水量，兰氏体积和兰氏压力控制煤储层的含气量。各参数之间相互独立，其耦合关系对试验结果影响不大，因此忽略了参数之间的交互作用。各参数的水平分量按照 1 : 1.5 : 2 的比例取值，并且正交试验按标准正交阵列 $L_9(3^4)$ 设计（表 2-4-1、表 2-4-2）。

表 2-4-1　储层压力敏感性正交试验参数

参数	$V_L/(m^3/t)$	p_L/MPa	$\phi_{fi}/\%$	S_w
1	20	1	2	0.4
2	30	1.5	3	0.6
3	40	2	4	0.8

表 2-4-2　正交试验设计及试验结果

试验	$V_L/(m^3/t)$	p_L/MPa	ϕ_{fi}	S_w	Δp
1	20	1	0.02	0.4	53.75%
2	20	1.5	0.03	0.6	48.52%
3	20	2	0.04	0.8	31.13%
4	30	1	0.03	0.8	21.48%
5	30	1.5	0.04	0.4	59.49%
6	30	2	0.02	0.6	25.53%
7	40	1	0.04	0.6	40.58%
8	40	1.5	0.02	0.8	10.08%
9	40	2	0.03	0.4	39.80%
K_1	133.40%	115.81%	89.37%	153.04%	

续表

试验	$V_L/（m^3/t）$	p_L/MPa	ϕ_{fi}	S_w	Δp
K_2	106.50%	118.10%	109.80%	114.63%	
K_3	90.46%	96.45%	131.20%	62.68%	
k_1	44.47%	38.60%	29.79%	51.01%	
k_2	35.50%	39.37%	36.60%	38.21%	
k_3	30.15%	32.15%	43.73%	20.89%	
R	14.32%	7.22%	13.94%	30.12%	

注：K_i 代表相应参数相同水平分量的计算结果之和；k_i 是 K_i 的平均值；R 表示相应参数的级差，用于判断不同因素影响结果的顺序。级差越大表示该因素对试验结果的影响越大，$R=\max（k_i）-\min（k_i）$。

根据正交试验结果（图 2-4-4），运用直观分析的方法，分析了地质因素对储层降压的影响。直观分析法通过比较每个因素的级差来比较各因素的影响程度，最终确定影响试验结果的主要因素。结果表明，束缚水饱和度对储层降压的影响最大，其次是兰氏体积、初始孔隙度，最后是兰氏压力。从级差的变化趋势来看，束缚水饱和度和兰氏体积与储层压降呈负相关，而孔隙度与储层压降呈正相关。

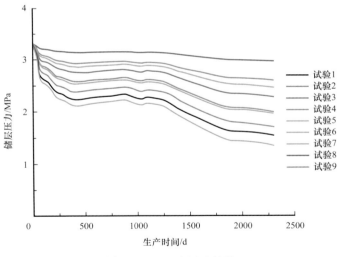

图 2-4-4　正交试验结果

束缚水饱和度和孔隙度是决定煤储层含水量和产水量的主要因素。孔隙度越小，表明储层中的含水量越弱；束缚水饱和度越大，表明储层中的可采水量越小。在计算过程中，当煤储层含水量较少时，等效排采半径较大，即等效排采面积也相对较大。尽管等效排采面积较大，但储层压力变化较小，表明这口井仍具有较高的生产潜力。结合先前的研究，中国和美国的煤炭具有明显差异。具体来说，中国的煤层具有较高的束缚水饱和度。这就解释了与美国部分盆地相比，为什么在沁水盆地研究区钻了很多煤层气井，并且测试得到的煤层气井的含气量相对较高，但是产气量却较低。在这种情况下，研究区的煤层气井通常会表现出早期煤层气井达到高产，但其生产时限却比较短的问题。

兰氏体积是控制煤层气含量的关键因素。兰氏体积大表明煤储层的吸附能力强，含气量高。当单井井控范围和产气率恒定时，兰氏体积较大，储层压力下降速度较慢，表明该储层具有良好的生产潜力。相反，储层压力快速下降表明储层的生产潜力较差。

二、储层渗透率动态分析

煤储层渗透性是控制流体运移能力的关键性质，许多研究和生产经验表明，渗透性对煤层气的开采至关重要。值得注意的是，煤层气开发过程中由于受到有效应力、基质收缩和气体滑脱等效应的强烈影响，煤储层的渗透率不是恒定的，而是显著动态变化的。具体来说，在整个降压过程中煤储层的压力敏感性较强，因此储层渗透率随有效应力的增加呈指数下降的趋势。当储层压力降至临界解吸压力以下时，煤层气从煤基质中解吸，孔隙结构变形，导致渗透率增加。此外，气体滑脱效应是低渗透煤储层普遍存在的现象，其作用增加了煤储层的视渗透率，但对渗透率的影响很小。

在建立煤的渗透率动态模型时，首先考虑有效应力对渗透率的影响，然后将吸附诱导应变对煤渗透性的影响代入渗透率动态变化模型中。前人所建立的一些模型已经被证明普遍适用，例如 Seidle 模型、P&M 模型、S&D 模型、Pan 和 Connell 模型等。这些模型在建立时有的考虑更复杂的地质条件，有的采用不同的解释方法，逐渐被广泛用于历史拟合生产数据。值得注意的是，大多数学者得到了渗透率与储层压力之间的抛物线关系，表明渗透率往往随着储层压力和含气量的降低而先降后升。然而，实际情况却是复杂的：有的煤岩在气体解吸后储层渗透率并没有增加，而是随着储层压力的降低而不断降低。或者相反，在整个生产过程中储层渗透率单调增加。因此，煤储层渗透率动态变化的先进表征仍是一个亟待解决的问题。

在其他工作中，煤的物理和化学性质对渗透率动态的作用也进行了研究。例如，在煤化过程中由于割理逐渐发育，因此渗透率与煤岩的类型和煤阶有关。割理压缩性是渗透率动态模型中最重要的参数之一，它直接关系到割理的孔隙度和弹性性质。此外，在恒定围压条件下，基质收缩效应也是控制煤渗透率演化的重要因素，基质收缩效应对渗透率的影响程度取决于基质的吸附膨胀应变和膨胀应变的非均质性。虽然前期做了大量的工作研究渗透率的影响因素，并取得了显著的效果，但仍然缺乏各种因素对储层渗透率的综合影响研究。

基于有效应力和基质收缩效应的影响，研究了单相水流阶段和气体解吸阶段渗透率的动态特征，并详细分析了地质参数对渗透率动态变化的影响。最后，以沁水盆地南部研究区 25 口井为例，对煤层气储层进行了分类，有利于煤层气井产能潜力的研究。

1. 单相水流阶段储层类型划分

对于非饱和煤储层，当储层压力大于临界解吸压力时，煤层气无法从煤基质中解吸出来，孔隙被煤层水充填，生产阶段为单相水流阶段。煤储层在此阶段仅受有效应力影响，因此建立原位煤储层条件下渗透率变化的数学模型。此外，渗透率伤害率定义为渗透率的导数，通常用于表征储层压降对渗透率的影响。

$$K_1 = K_i e^{-C_f\left(\frac{1+v}{1-v}\right)(p_i - p)}$$　　　　　　（2-4-4）

式中　K_i——初始渗透率，mD；

　　　K_1——不同储层压力条件下渗透率，mD；

　　　p_i——初始储层压力，MPa；

　　　p——储层压力，MPa；

　　　v——煤层泊松比；

　　　C_f——煤层压缩系数，MPa^{-1}。

为了更直观地分析曲线的变化趋势，各参数首先取值：$K_i=0.2$mD，$C_f=0.9$MPa^{-1}，$v=0.3$，$p_i=4$MPa。

$$K' = C_f\left(\frac{1+v}{1-v}\right)K_i e^{-C_f\left(\frac{1+v}{1-v}\right)(p_i - p)}$$　　　　　（2-4-5）

由图 2-4-5 可见，随着压力的降低，储层渗透率及其伤害率单调下降。也就是说，在高储层压力条件下，有效应力对煤储层渗透率的影响明显。此后，渗透率伤害率随储层压力的降低而降低，说明有效应力对渗透率的影响逐渐减小。当储层压力降到低水平时，渗透率伤害率几乎为零。由于渗透率小于 0.1mD 的煤储层是非渗透的，因此无伤压力（p_d）定义为渗透率伤害率等于 0.1mD/MPa 的压力。当储层压力小于无伤压力时，有效应力对渗透率的伤害极小，可以忽略不计。

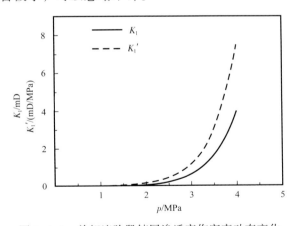

图 2-4-5　单相流阶段储层渗透率伤害率动态变化

一般来说，动态渗透率曲线的曲率与渗透率伤害率呈正相关。此外，从图 2-4-6 中可以看出，曲率的形状与抛物线相似，即动态渗透率曲线的曲率随着压力的下降而先上升后下降，说明渗透率伤害率由快速下降变为缓慢下降。K' 和 K'' 分别是渗透率动态变化公式的一阶导数和二阶导数，K_q 为渗透率动态变化曲线的曲率，如图 2-4-6 所示。

另外，曲线上还有两个极值点，对应的压力分别定义为敏感压力（p_s）和缓和压力（p_r），极值点的计算结果可以通过计算 $K_q''=0$ 得到。

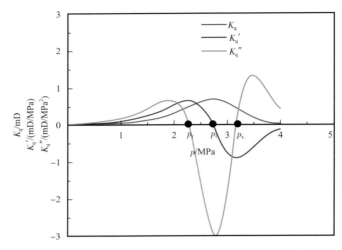

图 2-4-6　单相流阶段储层渗透率曲率及其一阶、二阶导数

综上所述，若不考虑煤层气解吸，仅在单相流阶段，随着煤储层压力降低，煤岩渗透率伤害率先后经历急剧下降、快速下降、慢速下降、缓慢下降和稳定 5 个阶段，敏感压力、转折压力、缓和压力和无伤害压力为这 5 个阶段对应的分界点。此外，当 $p_i >$ p_t 时，储层在单相流阶段为易伤害型储层；当 $p_d < p_i < p_t$ 时，储层为缓伤害型储层；当 $p_i < p_d$ 时，储层为无伤害型储层（图 2-4-7）。

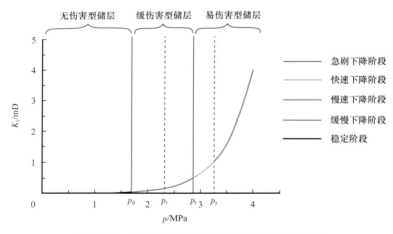

图 2-4-7　单相流阶段储层渗透率分类及分界点

2. 单相流阶段储层精细描述

单相流阶段储层渗透率动态变化可以分为急剧下降阶段、快速下降阶段、慢速下降阶段、缓慢下降阶段以及稳定阶段，并且通过计算得到的敏感压力、转折压力、缓和压力以及无伤压力是 5 个阶段的压力分界点。

煤储层渗透率在单相流降压过程中并没有全部经历这 5 个阶段，这与煤储层本身的特性密切相关。当初始储层压力 p_i 大于敏感压力 p_s 时，储层渗透率才会经历急剧下降阶段。若要满足这个条件 $\dfrac{\ln\left[\dfrac{2C_f K_i\left(\dfrac{1+v}{1-v}\right)}{\sqrt{5+\sqrt{21}}}\right]}{C_f\left(\dfrac{1+v}{1-v}\right)}>0$，即 $C_f K_i\left(\dfrac{1+v}{1-v}\right)>\dfrac{\sqrt{5+\sqrt{21}}}{2}$。然而，如果

$p_t<p_i<p_s$ 时，储层在初始降压阶段渗透率不会经历急剧下降阶段，而是从快速下降阶段

开始。此时，储层条件满足 $\dfrac{\sqrt{2}}{2}<C_f K_i\left(\dfrac{1+v}{1-v}\right)<\dfrac{\sqrt{5+\sqrt{21}}}{2}$。类似地，其余阶段满足条件见

表 2-4-3。

此外，将压力分界点的公式代入渗透率动态变化公式以及渗透率伤害率公式中，可
以得到压力分界点对应的渗透率和渗透率伤害率表达式（表 2-4-3）。压力分界点对应的
储层渗透率与初始渗透率 K_i 无关，而是与储层性质有关。此外，压力分界点的储层渗透
率伤害率为常数，压力越低，渗透率伤害率越低。

表 2-4-3　单相流阶段储层渗透率特征

阶段划分及分界压力 p	满足条件	储层渗透率 K	渗透率伤害率 K'
急剧下降阶段（$p_i>p_s$）	$C_f K_i\left(\dfrac{1+v}{1-v}\right)>\dfrac{\sqrt{5+\sqrt{21}}}{2}$	$K_i>K_s$	$K'_i>K'_s$
敏感压力 $p_s=p_i\dfrac{\ln\left[\dfrac{2C_f K_i\left(\dfrac{1+v}{1-v}\right)}{\sqrt{5+\sqrt{21}}}\right]}{C_f\left(\dfrac{1+v}{1-v}\right)}$	$C_f K_i\left(\dfrac{1+v}{1-v}\right)>\dfrac{\sqrt{5+\sqrt{21}}}{2}$	$K_m=\dfrac{\sqrt{5+\sqrt{21}}}{2C_f\left(\dfrac{1+v}{1-v}\right)}$	$K'_m=\dfrac{\sqrt{5+\sqrt{21}}}{2}$
快速下降阶段（$p_t<p_i<p_s$）	$\dfrac{\sqrt{2}}{2}<C_f K_i\left(\dfrac{1+v}{1-v}\right)<\dfrac{\sqrt{5+\sqrt{21}}}{2}$	$K_t<K_i<K_m$	$K'_t<K'_i<K'_m$
转折压力 $p_s=p_i\dfrac{\ln\left[\sqrt{2}C_f K_i\left(\dfrac{1+v}{1-v}\right)\right]}{C_f\left(\dfrac{1+v}{1-v}\right)}$	$C_f K_i\left(\dfrac{1+v}{1-v}\right)=\dfrac{\sqrt{2}}{2}$	$K_t=\dfrac{\sqrt{2}}{2C_f\left(\dfrac{1+v}{1-v}\right)}$	$K'_t=\dfrac{\sqrt{2}}{2}$
慢速下降阶段（$p_r<p_i<p_t$）	$\dfrac{\sqrt{5-\sqrt{21}}}{2}<C_f K_i\left(\dfrac{1+v}{1-v}\right)<\dfrac{\sqrt{2}}{2}$	$K_r<K_i<K_t$	$K'_r<K'_i<K'_t$
缓和压力 $p_r=p_i\dfrac{\ln\left[\dfrac{2C_f K_i\left(\dfrac{1+v}{1-v}\right)}{\sqrt{5-\sqrt{21}}}\right]}{C_f\left(\dfrac{1+v}{1-v}\right)}$	$C_f K_i\left(\dfrac{1+v}{1-v}\right)=\dfrac{\sqrt{5-\sqrt{21}}}{2}$	$K_r=\dfrac{\sqrt{5-\sqrt{21}}}{2C_f\left(\dfrac{1+v}{1-v}\right)}$	$K'_h=\dfrac{\sqrt{5-\sqrt{21}}}{2}$
缓慢下降阶段（$p_d<p_i<p_r$）	$0.1<C_f K_i\left(\dfrac{1+v}{1-v}\right)=\dfrac{\sqrt{5-\sqrt{21}}}{2}$	$K_d<K_i<K_r$	$K'_d<K'_i<K'_r$

阶段划分及分界压力 p	满足条件	储层渗透率 K	渗透率伤害率 K'
无伤压力 $p_\mathrm{d} = p_\mathrm{i} \dfrac{\ln\left[10C_\mathrm{f}K_\mathrm{i}\left(\dfrac{1+v}{1-v}\right)\right]}{C_\mathrm{f}\left(\dfrac{1+v}{1-v}\right)}$	$C_\mathrm{f}K_\mathrm{i}\left(\dfrac{1+v}{1-v}\right) = 0.1$	$K_\mathrm{d} = \dfrac{1}{10C_\mathrm{f}\left(\dfrac{1+v}{1-v}\right)}$	$K'_\mathrm{d} = 0.1$
稳定阶段（$p_\mathrm{i} < p_\mathrm{d}$）	$C_\mathrm{f}K_\mathrm{i}\left(\dfrac{1+v}{1-v}\right) < 0.1$	$K_\mathrm{i} < K_\mathrm{d}$	$K'_\mathrm{i} < K'_\mathrm{d}$

3. 两相流阶段储层类型划分

对于储层压力低于临界解吸压力的饱和煤储层或非饱和煤储层，煤层气随着压力的降低从煤基质中解吸出来。孔隙不仅被煤层水充满，也被甲烷充满。此时煤层气的开发处于煤层气解吸阶段。储层渗透率不仅受到有效应力效应的破坏作用，还受到基质收缩效应和气体滑脱效应的恢复作用。值得注意的是，气体滑脱对渗透率的影响很小（天然气滑脱对渗透率的影响是基质收缩效应的 1/10），而且气体滑脱效应通常只有在低压（小于 1MPa）下明显，因此不考虑气体滑脱对渗透率的影响。煤层气解吸阶段储层渗透率动态变化公式如下：

$$K_2 = K_\mathrm{cd}\mathrm{e}^{-C_\mathrm{f}\left(\frac{1+v}{1-v}\right)(p_\mathrm{cd}-p)} + K_\mathrm{cd}\left[\frac{\frac{\pi S_\mathrm{v}\rho^3}{162}\left(R(p_\mathrm{cd})^3 - R(p)^3 + \phi_\mathrm{i}\right)}{\phi_\mathrm{i}}\right]^3 - K_\mathrm{cd} \qquad (2\text{-}4\text{-}6)$$

$$R(p) = \frac{10^{-3}V_\mathrm{L}p}{S_\mathrm{v}(p_\mathrm{L}+p)} + r_\mathrm{i} \qquad (2\text{-}4\text{-}7)$$

$$r_\mathrm{i} = \frac{3\times10^{-3}}{S_\mathrm{v}\rho} \qquad (2\text{-}4\text{-}8)$$

式中　K_2——气水两相流阶段动态渗透率，mD；

$\quad\quad K_\mathrm{cd}$——临界解吸压力对应的储层渗透率，mD；

$\quad\quad p_\mathrm{cd}$——临界解吸压力，MPa；

$\quad\quad S_\mathrm{v}$——比表面积，m²/kg；

$\quad\quad r_\mathrm{i}$——基质半径，m；

$\quad\quad R(p)$——等效基质半径，m；

$\quad\quad \phi_\mathrm{i}$——储层孔隙度；

$\quad\quad V_\mathrm{L}$——兰氏体积，m³/t；

$\quad\quad p_\mathrm{L}$——兰氏压力，MPa；

$\quad\quad \rho$——煤层密度，g/cm³。

从图 2-4-8 可以看出，当储层压力从临界解吸压力开始下降时，有效应力作用占据主导，储层渗透率逐渐下降。当储层压力降低至某一临界点时，储层渗透率降至最小值。随着储层压力继续降低，基质收缩效应占据主导，渗透率逐渐上升。此临界点为渗透率的反弹压力，其值可以利用 Matlab 编程进行求解：

$$K'_2 = C_f \left(\frac{1+\nu}{1-\nu} \right) K_{cd} e^{-C_f \left(\frac{1+\nu}{1-\nu} \right)(p_{cd} - p_{rb})} -$$

$$\frac{9\pi S_v^3 \rho^3}{162} K_{cd} R(p_{rb})^2 R(p_{rb})' \left[\frac{\frac{\pi S_v^3 \rho^3}{162} \left(R(p_{cd})^3 - R(p_{rb})^3 \right) + \phi_i}{\phi_i} \right]^2 = 0 \qquad (2-4-9)$$

式中　p_{rb}——反弹压力，为渗透率下降至最低点对应的压力。

煤层气解吸阶段储层渗透率方程的一阶导数随储层压力的增大单调增大，说明反弹压力至多有一个解。当反弹压力介于 0～p_{cd} 时，表明两相流阶段储层渗透率为反弹型，即在前期有效应力效应对渗透率的影响大于基质收缩效应，后期基质收缩效应大于有效应力效应；当反弹压力不大于 0 时，整个降压阶段有效应力大于基质收缩效应，渗透率持续下降；当反弹压力不小于 p_{cd} 时，整个降压阶段基质收缩效应大于有效应力，渗透率持续增加。

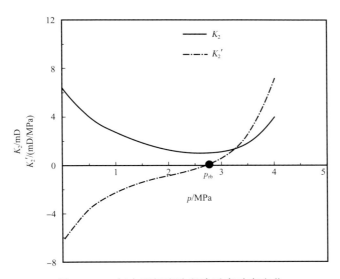

图 2-4-8　气水两相流阶段渗透率动态变化

对于非饱和煤层，整个排采阶段储层渗透率动态变化既包括单相流阶段，也包括气水两相流阶段。通常引用恢复压力来定量分析储层渗透率的恢复能力。恢复压力是指储层渗透率在生产过程中恢复到初始渗透率时对应的压力。当恢复压力大于 0 时，储层渗透率在生产阶段可以恢复至初始水平，表明储层为易恢复型储层。当恢复压力小于 0 时，储层渗透率在整个生产阶段无法恢复至初始水平，表明储层为难恢复型储层。储层恢复压力可由如下公式利用 Mapgis 编程求解：

$$K_3=\begin{cases} K_i e^{-C_f\left(\frac{1+v}{1-v}\right)(p_i-p)} & (p>p_i) \\ K_i e^{-C_f\left(\frac{1+v}{1-v}\right)(p_i-p)}+K_i e^{-C_f\left(\frac{1+v}{1-v}\right)(p_i-p_{cd})}\left[\dfrac{\dfrac{\pi S_v^3 \rho^3}{162}\left(R(p_{cd})^3-R(p)^3\right)+\phi_i}{\phi_i}\right]^3 - K_i e^{-C_f\left(\frac{1+v}{1-v}\right)(p_i-p_{cd})} & (p<p_i) \end{cases}$$

$$(2-4-10)$$

$$e^{-C_f\left(\frac{1+v}{1-v}\right)(p_i-p_{cd})}\left\{e^{-C_f\left(\frac{1+v}{1-v}\right)(p_{cd}-p_{rc})}+\left[\dfrac{\dfrac{\pi S_v^3 \rho^3}{162}\left(R(p_{cd})^3-R(p_{rc})^3\right)+\phi_i}{\phi_i}\right]^3-1\right\}=1 \qquad (2-4-11)$$

综上所述，煤层气井在开发过程中，储层在单相流阶段可分为易伤害型储层、缓伤害型储层和无伤害型储层，在两相流阶段可分为易恢复型储层和难恢复型储层（图2-4-9）。对储层类型的划分，有助于研究煤层气开发的地质条件和排采制度制定。

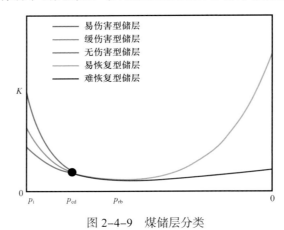

图 2-4-9 煤储层分类

4. 两相流阶段储层精细描述

上文已推导了反弹压力和恢复压力的计算公式，根据储层基础参数可以定量计算反弹压力和恢复压力。研究设计了正交试验具体分析各地质参数对反弹压力和恢复压力的影响程度。在设计正交试验时，目标参数为地层压缩系数、泊松比、临界解吸压力、孔隙度、兰氏体积、兰氏压力以及煤的密度。其中，兰氏体积、兰氏压力、临界解吸压力可以反映煤层的吸附性能，而储层压缩系数、泊松比、孔隙度和密度可以反映储层物性。目标参数之间相互独立，因此不考虑交互作用的影响。每个参数的水平组合的取值都在研究区实际地层范围内。最终，根据标准正交表 $L_9(3^4)$ 设计了正交试验（表2-4-4至表2-4-6）。值得注意的是，研究反弹压力的性质时仅分析两相流阶段的渗透率动态变化，即 $p_i=p_{cd}$。然而，研究恢复压力的性质时，前期单相流阶段不能被忽视，因此 $p_i \geqslant p_{cd}$。储层初始压力设定为4MPa。

表 2-4-4　正交试验参数

序号	$C_f/$ MPa^{-1}	ν	$p_{cd}/$ MPa	ϕ_i	$V_L/$ m^3/t	$p_L/$ MPa	$\rho/$ g/cm^3
1	0.1	0.2	2	0.02	20	2	1.2
2	0.2	0.3	3	0.03	30	3	1.4
3	0.3	0.4	4	0.04	40	4	1.6

表 2-4-5　正交试验设计及结果

序号	参数							结果		
	$C_f/$ MPa^{-1}	ν	$p_{cd}/$ MPa	ϕ_i	$V_L/$ m^3/t	$p_L/$ MPa	$\rho/$ g/cm^3	$p_{rb}/$ MPa	p_{rb}/p_{cd}	$p_{rc}/$ MPa
1	0.1	0.2	2	0.02	20	2	1.2	2.61	1.31	0.4
2	0.1	0.3	3	0.03	30	3	1.4	3.00	1.00	1.4
3	0.1	0.4	4	0.04	40	4	1.6	3.39	0.85	3.6
4	0.2	0.2	2	0.03	30	4	1.6	1.94	0.97	0.2
5	0.2	0.3	3	0.04	40	2	1.2	2.06	0.69	0
6	0.2	0.4	4	0.02	20	3	1.4	2.62	0.66	1.3
7	0.3	0.2	3	0.02	40	3	1.6	2.95	0.98	1.9
8	0.3	0.3	4	0.03	20	4	1.2	1.88	0.47	−0.9
9	0.3	0.4	2	0.04	30	2	1.4	1.16	0.58	−0.9
10	0.1	0.2	4	0.04	30	3	1.2	2.98	0.74	1.1
11	0.1	0.3	2	0.02	40	4	1.4	3.25	1.63	1.1
12	0.1	0.4	3	0.03	20	2	1.6	2.29	0.76	1.1
13	0.2	0.2	3	0.04	20	4	1.4	1.31	0.44	−0.9
14	0.2	0.3	4	0.02	30	2	1.6	3.36	0.84	3.4
15	0.2	0.4	2	0.03	40	3	1.2	1.62	0.81	−0.8
16	0.3	0.2	4	0.03	40	2	1.4	2.94	0.74	2
17	0.3	0.3	2	0.04	20	3	1.6	0.87	0.43	−1.2
18	0.3	0.4	3	0.02	30	4	1.2	2.07	0.69	−0.6

表 2-4-6　正交试验结果

结果		$C_f/$ MPa^{-1}	ν	$p_{cd}/$ MPa	ϕ_i	$V_L/$ m^3/t	$p_L/$ MPa	$\rho/$ g/cm^3
p_{rb}	K_1	17.52	14.73	11.44	16.87	11.56	14.42	13.21
	K_2	12.90	14.41	13.68	13.67	14.51	14.04	14.28
	K_3	11.87	13.15	17.16	11.75	16.21	13.83	14.80
	k_1	2.92	2.45	1.91	2.81	1.93	2.40	2.20
	k_2	2.15	2.40	2.28	2.28	2.42	2.34	2.38
	k_3	1.98	2.19	2.86	1.96	2.70	2.31	2.47
	R	0.94	0.26	0.95	0.85	0.77	0.10	0.27
影响顺序		②	⑥	①	③	④	⑦	⑤
相关性		负相关	负相关	正相关	负相关	正相关	负相关	正相关
p_{rb}/p_{cd}	K_1	6.29	5.17	5.72	6.10	4.06	4.91	4.70
	K_2	4.40	5.05	4.56	4.75	4.82	4.63	5.03
	K_3	3.89	4.35	4.29	3.72	5.69	5.04	4.84
	k_1	1.05	0.86	0.95	1.02	0.68	0.82	0.78
	k_2	0.73	0.84	0.76	0.79	0.80	0.77	0.84
	k_3	0.65	0.72	0.72	0.62	0.95	0.84	0.81
	R	0.40	0.14	0.24	0.40	0.27	0.07	0.05
影响顺序		①	⑤	④	①	③	⑥	⑦
相关性		负相关	负相关	负相关	负相关	正相关	—	—
p_{rc}	K_1	8.70	4.70	−1.20	7.50	−0.20	6.00	−0.80
	K_2	3.20	3.80	2.90	3.00	4.60	3.70	4.00
	K_3	0.30	3.70	10.50	1.70	7.80	2.50	9.00
	k_1	1.45	0.78	−0.20	1.25	−0.03	1.00	−0.13
	k_2	0.53	0.63	0.48	0.50	0.77	0.62	0.67
	k_3	0.05	0.62	1.75	0.28	1.30	0.42	1.50
	R	1.40	0.17	1.95	0.97	1.33	0.58	1.63
影响顺序		③	⑦	①	⑤	④	⑥	②
相关性		负相关	负相关	正相关	负相关	正相关	负相关	正相关

试验结果表明，地质参数对反弹压力的影响程度由大到小依次为临界解吸压力、地层压缩系数、孔隙度和兰氏体积；对反弹压力与临界解吸压力之比的影响程度由大到小依次为地层压缩系数、孔隙度、兰氏体积和临界解吸压力；对恢复压力的影响程度由大到小依次为临界解吸压力、密度、割理体积压缩性和兰氏体积。此外，地层压缩系数、孔隙度和兰氏压力与反弹压力和恢复压力成反比。相比之下，较大的临界解吸压力、兰氏体积和密度都有利于煤渗透率的反弹和恢复。值得注意的是，临界解吸压力与反弹压力和恢复压力正相关，与反弹压力与临界解吸压力之比呈负相关。

上述试验结果可以合理地解释煤层气实际生产所面临的问题：

（1）地层压缩系数越高，说明煤储层越容易压实，导致煤储层在开发过程中更容易受到破坏。

（2）孔隙度越大，煤层含水量越大。因此，高产井产气量低的原因与渗透率恢复困难密切相关。

（3）兰氏体积越大，说明煤层含气量高，煤层气的解吸有利于储层渗透率的恢复。

（4）临界解吸压力越高，反弹压力和恢复压力越大，但反弹压力与临界解吸压力的比值越小。这意味着，对于临界解吸压力较高的煤层，反弹压力与临界解吸压力之间存在较大差距，因此在生产初期应控制产气量，防止气锁。但对于临界解吸压力较低的煤层，产气后渗透率会逐渐增大。

5. 研究区渗透率动态分析

为了研究研究区煤储层类型，选取 26 口井作为目标井，进一步分析煤储层渗透率的动态变化。这些目标井分布在整个区域，有高产量井和低产量井（图 2-4-10、表 2-4-7）。

根据上述方法，对煤储层进行了分类。由于渗透率的伤害性质，北部地区煤层受断层和埋深的影响较大，多为低渗透构造煤，初始渗透率较低，同时也不易受到伤害。因此，北部地区的煤储层为难伤害型储层。相比之下，中部和西南部地区的煤储层较浅，受构造作用影响较小，煤层的渗透率很高，储层为缓伤害型储层。根据渗透率的恢复性质，中部地区的动态渗透率由于具有高含气量、低含水量的特点，在压力衰竭过程中可以恢复到初始渗透率，因此储层为易恢复型储层，但由于北部地区煤储层具有含气量低、含水量高的特点，渗透率无法恢复到初始阶段，因此储层为难恢复型储层。

结合煤层气井的储层类型和产气特点，可以得出中部地区煤储层在开发过程中渗透率虽然在前期逐渐降低，但煤层气解吸后储层渗透率可以恢复到初始水平甚至更高的结论。因此，该区煤层气井产量较高。相反，北部地区的储层渗透率虽然不易受伤害，但在煤层气解吸后无明显升高，甚至范围更低。此外，储层受天然断层控制，煤层气的产量低（图 2-4-11）。

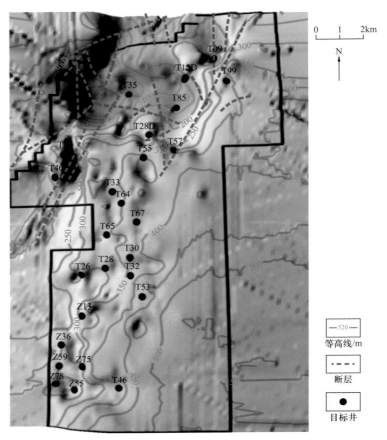

图 2-4-10 目标井分布

表 2-4-7 目标井地质参数

代号	埋深 / m	煤厚 / m	孔隙度	p_i / MPa	p_{cd} / MPa	V_L / m³/t	p_L / MPa	K_i / mD
T99	672.3	7.1	0.08	3.3	3.1	26.8	3.3	0.08
T09	1082.1	6.8	0.08	6.0	2.7	33.4	3.0	0.01
T15D	990.0	7.0	0.06	4.5	3.2	35.8	1.7	0.03
T85	958.9	6.6	0.08	5.5	3.8	26.8	3.1	0.03
T35	962.3	5.9	0.08	4.9	1.2	28.8	2.6	0.05
T51	703.7	7.5	0.02	3.5	2.2	33.6	2.8	0.13
T40	743.0	7.3	0.02	3.8	1.8	33.4	3.1	0.16
T55	620.6	6.6	0.015	3.5	3.2	34.4	2.4	0.58
T28D	857.8	6.8	0.06	4.6	1.3	34.0	2.6	0.12

代号	埋深 / m	煤厚 / m	孔隙度	p_i / MPa	p_{cd} / MPa	V_L / m³/t	p_L / MPa	K_i / mD
T33	608.5	4.2	0.015	3.0	1.3	34.5	2.1	0.44
T64	557.7	6.6	0.015	3.0	1.5	36.6	1.5	0.38
T65	689.7	6.3	0.015	3.7	1.6	28.0	1.8	0.56
T67	658.0	5.8	0.05	3.0	1.8	33.6	2.8	0.33
T30	734.7	6.2	0.02	3.4	1.8	35.6	1.8	0.48
T28	768.2	6.3	0.015	3.4	2.7	36.3	2.1	0.57
T26	661.3	6.1	0.02	3.3	3.0	36.7	1.5	0.42
T32	782.4	6.2	0.02	3.5	1.9	35.5	2.4	0.88
T53	778.2	6.1	0.02	3.0	0.8	34.0	1.5	0.20
Z13	769.7	5.9	0.02	3.1	1.7	34.0	1.8	0.48
Z36	712.4	5.9	0.03	4.3	2.1	27.8	1.5	0.16
Z59	764.5	6.9	0.04	4.4	1.9	35.2	2.0	0.41
Z75	785.8	6.8	0.03	3.2	2.3	33.2	3.1	0.14
Z78	700.3	6.5	0.03	3.7	2.3	34.0	2.8	0.34
Z55	750.3	6.6	0.04	4.1	2.3	34.7	2.2	0.46
T46	770.5	6.7	0.03	3.4	1.3	33.5	3.0	0.13
T57	724.8	7.0	0.06	2.7	1.0	34.4	2.4	0.08

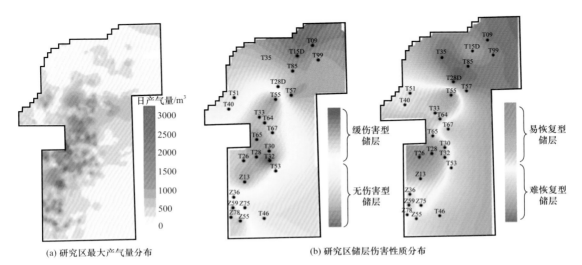

图 2-4-11　研究区储层类型分布

三、煤储层动态相对渗透率对产能的影响

1. 相对渗透率特征

相对渗透率是多相介质渗流研究的一个重要特征，是煤层气开发过程中重要的关系曲线，影响到煤层气井的排采速度和产能。因此，了解煤储层相对渗透率曲线对预测煤层气井气、水产量以及进行煤层气经济评价十分必要。

煤层气主要以吸附态的形式赋存在煤储层中，特别是高煤阶储层，95%以上的煤层气吸附在煤储层中。另外，煤储层在原始条件下饱和水，只有通过排水降压将储层压力降到临界解吸压力以下，煤层气才能解吸出来。气水相对渗透率曲线可以分为单相水流区、气水同流区和单相气流区3个阶段。

1）单相水流区

这一阶段的典型特征为产水量大、产气量小。对于欠饱和煤层气藏，含气饱和度低于100%，产气必须经历较长时间的排水降压阶段。随着储层压力的降低，煤层气尚未发生解吸，而储层中含气饱和度在逐渐上升，当储层压力降到临界解吸压力时，储层含气饱和度达到饱和。在此之前，只有单相水的产出，水相相对渗透率为最大值，气相相对渗透率为0。随着储层压力的进一步降低，煤层气开始解吸，形成游离气，但因为游离气饱和度低于残余气饱和度，以孤立的气泡形式存在于储层中，不具有流动性，但是对于水相的流动造成一定影响，水相相对渗透率开始下降，气相相对渗透率仍然为0。

2）气水同流区

储层压力降到临界解吸压力之后，吸附气不断解吸，游离气饱和度不断增加，当游离气饱和度超过残余气饱和度时，原来孤立的气泡形成连续的气流，气井开始产出煤层气，气相相对渗透率增加，水相相对渗透率降低，但是此时水相相对渗透率仍然大于气相相对渗透率，水相仍占据着优势渗流通道。随着储层压力的进一步降低，气水渗透率相等，到达等渗点。而后，气相占据主要的流动通道。此外，煤储层受到明显的基质收缩效应影响，气相相对渗透率迅速增加，水相相对渗透率逐渐降低。

3）单相气流区

在这一阶段，排水降压逐渐困难，随着含水饱和度的降低，水相逐渐由连续相变为非连续相，分布在微小孔隙、死孔和颗粒表面形成水膜，丧失流动性，水相相对渗透率变为0，气相相对渗透率逐渐达到最大值。

根据相对渗透率曲线经验公式法，柯里气水相对渗透率经验统计公式：

$$K_{rg} = \left(\frac{\dfrac{S_g}{S_g + S_w} - S_{gr}}{1 - S_{gr} - S_{wr}} \right)^{n_g}$$

（2-4-12）

$$K_{rw} = \left(\frac{\dfrac{S_w}{S_g + S_w} - S_{wr}}{1 - S_{gr} - S_{wr}} \right)^{n_w}$$

（2-4-13）

式中　K_{rg}——气相相对渗透率；

$\quad\quad K_{rw}$——水相相对渗透率；

$\quad\quad S_{gr}$、S_{wr}——气、水残余饱和度；

$\quad\quad n_g$、n_w——气、水相对渗透率指数；

$\quad\quad S_g$、S_w——气、水饱和度。

2. 敏感性分析

1）束缚水饱和度

束缚水，就是在煤储层开发过程中，随着排水降压阶段的进行，残存在煤储层中的不流动水，束缚水饱和度即束缚水在煤储层孔隙中所占的体积与孔隙体积之比。通过调节束缚水饱和度值，分析气水相对渗透率曲线的变化以及产气量、产水量的变化（表2-4-8）。

表2-4-8　束缚水饱和度敏感性分析

实验号	束缚水饱和度 /%	残余气饱和度 /%	气相相对渗透率指数	水相相对渗透率指数	等渗点相对渗透率 /mD	等渗点含气饱和度 /%
1	0.3	0.1	2	2	0.225	40
2	0.4	0.1	2	2	0.225	35
3	0.5	0.1	2	2	0.225	30
4	0.6	0.1	2	2	0.225	25

由模拟结果（图2-4-12）可见，束缚水饱和度越高，在同等条件下，气相相对渗透率越高，水相相对渗透率越低，且相对渗透率曲线的变化幅度越大，相对渗透率曲线两相区域变窄，等渗点相对渗透率的数值不变，等渗点含气饱和度越低。同时，束缚水饱和度越高，稳产期产气量越高，产水量越低。

2）残余气饱和度

随着煤层气的开发，储层能量衰竭，即使经过降压还会在储层孔隙中存在着尚未采出的煤层气，这部分煤层气称为残余气，它在储层孔隙中所占体积的百分数称为残余气饱和度。残余气饱和度敏感性分析见表2-4-9。

调节残余气饱和度的值进行模拟，由模拟结果（图2-4-13）可见，在束缚水饱和度一定时，欠饱和储层的残余气饱和度越大，等渗点相对渗透率越低，等渗点含气饱和度越高，气水相对渗透率曲线两相区域越小，同等条件下，气相相对渗透率越低，水相相对渗透率越高。残余气饱和度越大，产气量越低，见气时间越晚。

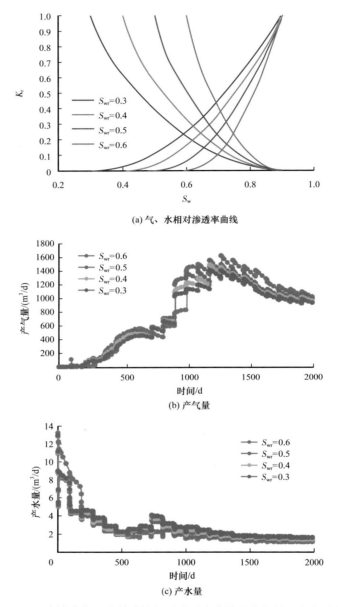

(a) 气、水相对渗透率曲线

(b) 产气量

(c) 产水量

图 2-4-12 束缚水饱和度敏感性相对渗透率曲线及产气量、产水量曲线

表 2-4-9 残余气饱和度敏感性分析

实验号	束缚水饱和度 /%	残余气饱和度 /%	气相相对渗透率指数	水相相对渗透率指数	等渗点相对渗透率 /mD	等渗点含气饱和度 /%
1	0.5	0	2	2	0.25	25
2	0.5	0.05	2	2	0.24	28
3	0.5	0.1	2	2	0.22	30

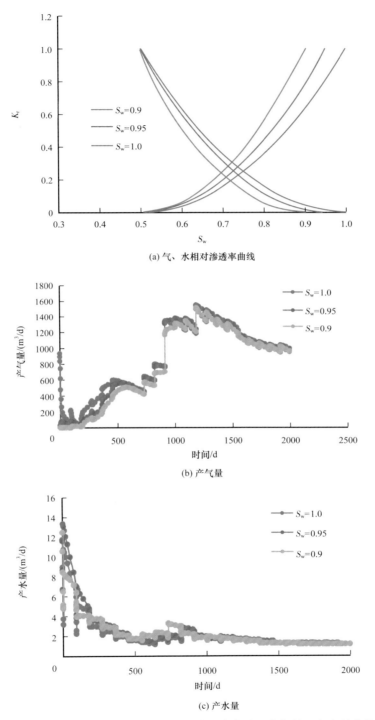

图 2-4-13 残余气饱和度敏感性相对渗透率曲线及产气量、产水量曲线

3）气相相对渗透率指数

气相相对渗透率指数敏感性分析见表 2-4-10，调节气相相对渗透率指数进行模拟，

由模拟结果（图 2-4-14）可见，水相相对渗透率曲线一定时，孔径越大，气体流动空间越大，气相相对渗透率越高，气相相对渗透率曲线曲率越小，等渗点相对渗透率越高，等渗点含气饱和度越低，产气量越高，产水量越低。

表 2-4-10　气相相对渗透率指数敏感性分析

实验号	束缚水饱和度 /%	残余气饱和度 /%	气相相对渗透率指数	水相相对渗透率指数	等渗点相对渗透率 /mD	等渗点含气饱和度 /%
1	0.5	0.1	2	2	0.28	30
2	0.5	0.1	3	2	0.2	34
3	0.5	0.1	4	2	0.16	35
4	0.5	0.1	5	2	0.12	36

4）水相相对渗透率指数

水相相对渗透率指数敏感性分析见表 2-4-11。调节水相相对渗透率指数进行模拟，由模拟结果（图 2-4-15）可见，对于欠饱和储层，气相相对渗透率一定时，储层压力越大，地层水的流动能力越强，水相相对渗透率曲线曲率越小，同等情况下，水相相对渗透率越大。

表 2-4-11　水相相对渗透率指数敏感性分析

实验号	束缚水饱和度 /%	残余气饱和度 /%	气相相对渗透率指数	水相相对渗透率指数	等渗点相对渗透率 /mD	等渗点含气饱和度 /%
1	0.5	0.1	2	2	0.25	30
2	0.5	0.1	2	3	0.18	28
3	0.5	0.1	2	4	0.13	26
4	0.5	0.1	2	5	0.11	24

水相相对渗透率曲线曲率越小，等渗点相对渗透率越高，等渗点含气饱和度越高，产气量越高，前期产水量越高，后期产水量低。等渗点相对渗透率越大，表明水的渗流能力越强。

5）气、水相相对渗透率指数

气、水相相对渗透率指数耦合敏感性分析见表 2-4-12。改变相对渗透率指数进行模拟，由模拟结果（图 2-4-16）可见，孔隙喉道大，储层渗透性好，等渗点相对渗透率越高，等渗点含气饱和度不变。气、水相对渗透率曲线的曲率越小，产气量越高。等渗点相对渗透率越高，越有利于气相流动。

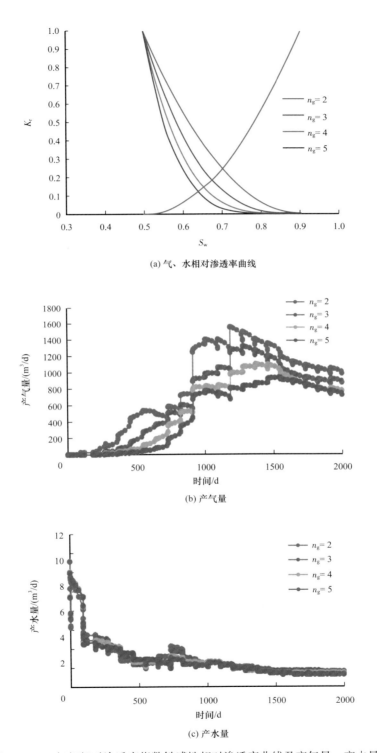

(a) 气、水相对渗透率曲线

(b) 产气量

(c) 产水量

图 2-4-14 气相相对渗透率指数敏感性相对渗透率曲线及产气量、产水量曲线

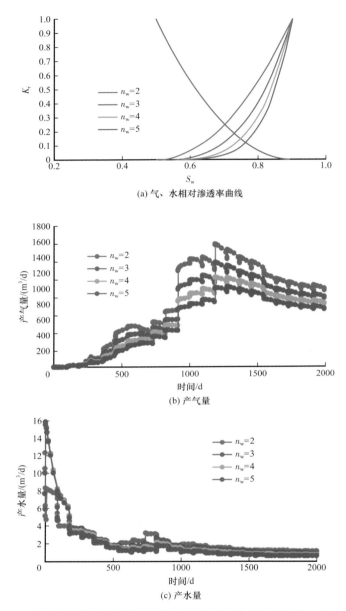

(a) 气、水相对渗透率曲线

(b) 产气量

(c) 产水量

图 2-4-15　水相相对渗透率指数敏感性相对渗透率曲线及产气量、产水量曲线

表 2-4-12　气、水相相对渗透率指数耦合敏感性分析

实验号	束缚水 饱和度 /%	残余气 饱和度 /%	气相相对 渗透率指数	水相相对 渗透率指数	等渗点相对 渗透率 /mD	等渗点含气 饱和度 /%
1	0.5	0.1	2	2	0.28	30
2	0.5	0.1	3	3	0.125	30
3	0.5	0.1	4	4	0.06	30

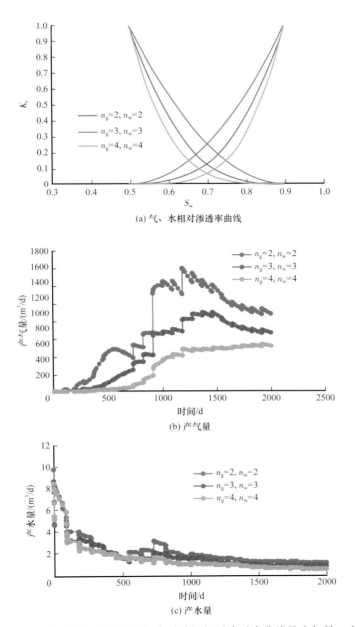

(a) 气、水相对渗透率曲线

(b) 产气量

(c) 产水量

图 2-4-16　气、水相相对渗透率指数耦合敏感性相对渗透率曲线及产气量、产水量曲线

第三章 煤储层保护钻井、压裂新技术

井筒是连通地面与井下煤储层的通道，也是进行排采以及后续各种增产改造措施的唯一通道。煤储层完全不同于常规油气层，具有低孔、低渗、低压、易吸附、井壁稳定性差等特点，需要在钻井工程设计和施工过程中特别注意储层的保护以及防止井壁失稳坍塌。同时煤层具有致密、低压的特点，必须经过增产改造才能获得有工业价值的煤层气产量，而压裂是实现煤层气井增产目标的关键技术。因此，为了有效地保护煤储层，需研究针对煤储层特点的低伤害钻井、压裂工艺技术。

第一节 欠平衡钻井液技术

研究针对煤储层的特点，开展了空气及空气泡沫欠平衡钻井技术的研究与应用，并在"十一五"研究的基础上，进一步改进了中空玻璃微珠低密度钻井液的配方。现场应用证明，新配方具有较强的封堵和防漏作用，防塌性能与保护储层效果均较好。

一、空气或空气泡沫欠平衡钻井技术的优势

空气、空气泡沫钻井（黄勇，2008）是以空气或空气泡沫作为循环介质，采用潜孔锤冲击钻进工艺技术进行钻井。首先用空压机对空气进行初级加压，然后经过增压机增压将高压气体通过立管三通压入钻具内，同时一台钻井泵在立管三通处泵入泡沫基液，与进入立管中的空气混合发泡，空气泡沫通过钻头时对钻头进行冷却，同时完成携带岩屑的任务。空气泡沫携带着钻屑通过井口进入排砂管线，最后进入岩屑池，同时在排砂管线出口取砂样，其工艺流程如图3-1-1所示。

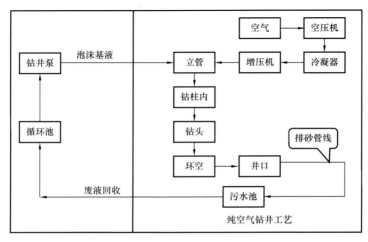

图 3-1-1 空气及空气泡沫钻井工艺流程

实际施工表明，空气或空气泡沫欠平衡钻井技术钻进效率高，成本低，孔内安全，最为重要的是保护目标煤层原生结构不受伤害，显示出了多工艺空气钻进技术（韩强，2010）极大的优越性，取得了较好的经济效益和社会效益（林洪德等，2009）。

（1）钻进效率高。

由于高压气态循环介质循环速度快，上返速度高达 900~1000m/min，同时气态循环介质黏度小，又高速吹过井底，使孔底净化程度高，几乎没有重复破碎。试验数据和生产实践证明，空气作为循环介质，清洗孔底效果要好于普通钻井液。固相含量大大降低，钻效大幅度提升。主要原因是井底岩石不承受井孔内液柱的压力，而空气柱的压力仅为水柱压力的 1/800 左右，这就使钻头下的岩石在地层压力的"反压差"作用下最大限度地释放残余应力，岩屑以爆裂的形式崩离母岩体，从而提高了钻进效率。

（2）可较经济地钻穿复杂地层，减少处理复杂地层的时间、材料和人力等消耗。

由于空气、空气泡沫钻进时，井内空气压力多小于地层压力，一般不会出现漏失现象，即使在破碎带或裂隙中有漏失、渗漏，因泡沫不需循环重复使用损失也不大，加上空气、泡沫循环快，漏失、渗漏时携带的岩粉、岩屑泡沫会迅速充填裂隙破碎带，自动堵漏。

（3）钻头（潜孔锤）寿命长。

由于高压空气经过钻头时，压力突然降低，便于吸收切削面与岩石的摩擦热，不但能防止烧钻，而且为钻头提供了较好的工作环境，延长了钻头（潜孔锤）寿命。

（4）有利于保护煤层原生结构不受伤害，提高产气量。

空气泡沫钻进能使孔壁岩层，特别是目的煤层免受液体介质的侵蚀、冲刷和污染，保持原有的强度和天然结构，有利于煤层的产气量和研究精度。

（5）降低单位成本，提高经济效益。

多工艺空气钻进技术钻头使用寿命长，钻进时不需供水，直接消耗少，再加上施工工期短、搬家方便等因素，单位成本降低，经济效益明显。

二、主要钻井设备

空气（或空气泡沫）钻井所用的钻机主要包括 T685WS 车载顶驱钻机和 T130XD 车载顶驱钻机（魏晓东，2011），其主要设备及附属设备见表 3-1-1 和表 3-1-2。

表 3-1-1　T685WS 车载顶驱钻机主要设备及附属设备

序号	名称	型号	制造厂商	使用年限 /a
1	车载顶驱钻机	T685WS	美国雪姆公司	15
2	空压机	WF-1-6/24-100	美国寿力	10
3	主机动力机	QSK-19	康明斯	10
4	柴油机	6135	贵州柴油机厂	10
5	柴油机	4135	上海柴油机厂	10

序号	名称	型号	制造厂商	使用年限 /a
6	钻井泵	TBW-850/50	石家庄煤机厂	10
7	除砂器	ZQJ190		10
8	测斜仪	DX-3（单点）		10

表 3-1-2　T130XD 车载顶驱钻机主要设备及附属设备

序号	名称	型号	制造厂商
1	车载顶驱钻机	T130XD	美国雪姆公司
2	空压机	1150	美国寿力
3	钻井泵	F800	兰州石油机械厂
4	柴油机	8V-190	济南柴油机厂
5	发电机组	MY.150	
6	发电机组	4100	
7	除砂器	ZQJ254×2	石家庄煤机厂
8	除泥器	NCN125×2	石家庄煤机厂
9	测斜仪	DX-3（单点）	

三、钻井技术参数

不同钻井阶段采用各种钻机的钻井参数情况见表 3-1-3 和表 3-1-4。

表 3-1-3　T685WS 车载顶驱钻机钻井参数

序号	层位	钻头		钻井液	钻进参数			
		型号	尺寸 / mm		钻压 / kN	转速 / r/min	气量 / m³/min	气压 / MPa
一开	Q/P_2s	潜孔锤	311.15	空气	0~16	0~143	0~35.8	0~2.41
二开	P_2s/P_1x/P_1s/C_3t	潜孔锤	215.9	空气 + 泡沫	0~16	0~143	0~35.8	0~2.41

表 3-1-4　T130XD 车载顶驱钻机钻井参数

序号	层位	钻头		钻井液	钻进参数			
		型号	尺寸 / mm		钻压 / kN	转速 / r/min	排量 / m³/min	泵压 / MPa
一开	Q/P_2s	潜孔锤	311.15	空气	0~6	0~143	0~38	0~2.2
二开	P_2s/P_1x/P_1s/C_3t	潜孔锤	215.9	空气 + 泡沫	0~22	0~143	0~38	0~2.2

第二节 低密度水泥浆固井技术

一、纳米 SiO_2 对水泥石低温强度发展的影响

1. 油井水泥低温性能概述

油井水泥是固井的基础材料，常用的有 API（American Petroleum Institute）波特兰水泥。根据 API 规范，API 波特兰水泥现已简化为 A、B、C、G、H 级 5 种，其中 A 级水泥主要用于温度较低的中浅井固井，G 级和 H 级水泥可通过加入促凝剂或缓凝剂而适用于不同的井深和温度范围，G 级和 H 级水泥是目前使用最广泛的油井水泥。油井水泥的主要矿物熟料为硅酸三钙（C_3S）、硅酸二钙（C_2S）（冯茜，2013）。1990 年，Erik 等人的研究结果表明，C_3S、C_2S 在低温条件下水化反应速率非常缓慢，如图 3-2-1、图 3-2-2 所示，当温度低至 5℃ 时，C_3S、C_2S 在 12h 内基本无水化反应发生，水化反应速率基本保持不变。C_3S、C_2S 低温水化能力弱的特性决定了油井水泥低温抗压强度发展缓慢的特点。

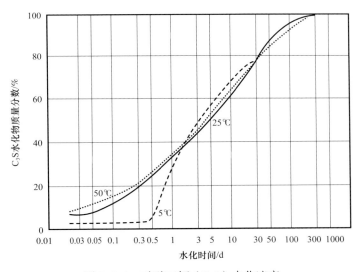

图 3-2-1 硅酸三钙（C_3S）水化速率

温度是影响水泥水化速率的主要因素。煤层气井由于井浅，固井常面临着低温环境。特别是在潘河地区，由于 3 号、15 号煤层埋深较浅，其储层温度较低。低温将使水泥水化速率严重降低，水泥浆稠化时间变得特别长，水泥石抗压强度发展也缓慢，环空水泥石无法在较短时间内达到足够的剪切应力以支撑套管重量，延长建井周期，增大建井成本。理想的水泥浆体系不仅稠化时间合适，而且在候凝过程中能较快地从液体状态转变为固体状态并表现出优良的力学性能，保证注水泥施工后能快速实现套管重量支撑和层间封隔，缩短固井候凝时间（王成文等，2006）。

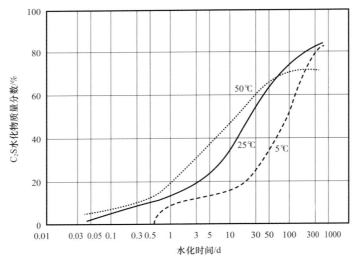

图 3-2-2　硅酸二钙（C_2S）水化速率

为了缩短水泥浆稠化时间、提高水泥石早期抗压强度，最常用的方法就是在油井水泥中加入早强促凝剂，如氯化钙、氯化钾和铝酸钠等金属盐。但是早强促凝剂常有较大的副作用：使水泥初始水化放热很大、水泥浆流变性变差等，甚至出现"闪凝"现象，使水泥浆失去流动性，另外也会使水泥石后期抗压强度下降、渗透率增大、耐腐蚀性能变差等。为了进一步提高超低密度水泥浆的低温早强、水泥石致密性等综合性能，有针对性地开展了纳米 SiO_2 对油井水泥低温强度发展影响的研究。

2. 纳米 SiO_2 对水泥石低温早强油井水泥低温性能概述

测试了纳米 SiO_2（NS.1）对水泥浆流变性能、水泥石抗压强度的影响，结果见表 3-2-1。纳米 SiO_2（NS.1）对水泥石抗压强度影响的对比如图 3-2-3 所示。由表 3-2-1 和图 3-2-3 可见，加入纳米 SiO_2（NS.1）后，水泥浆不断变稠，这有利于提高水泥浆体的稳定性，减小了水泥浆析水量，有助于防止水泥石体积收缩。

图 3-2-4 为不同纳米 SiO_2（NS.1）加量时的水泥石外观，明显可看出随着纳米 SiO_2（NS.1）加量增加，水泥石体积收缩率逐渐变小，当纳米 SiO_2（NS.1）加量达到 1.5% 后，水泥石体积基本无收缩现象；加入纳米 SiO_2（NS.1）后，水泥石强度提高显著，并且随纳米 SiO_2（NS.1）加量增加，水泥石强度不断增大，当纳米 SiO_2（NS.1）加量达到 1.5% 后，水泥石强度增加幅度变缓。这主要是因为纳米 SiO_2（NS.1）的粒径小、比表面积大，具有很高的水化反应活性，能够与水泥水化产物氢氧化钙发生反应，不断促进水泥的水化，有利于提高水泥石早期抗压强度，同时纳米 SiO_2 能够有效地填充在水泥产物空隙处，使水泥石微观结构非常致密，这可从水泥原浆水化产物图（图 3-2-5）、水泥原浆 +1.5% 纳米 NS.1 水化产物微观结构扫描电镜图（图 3-2-6）的对比中清楚可见，这有助于提高水泥石最终抗压强度和致密性。综合纳米 SiO_2（NS.1）对水泥浆黏、水泥石强度的影响规律，纳米 SiO_2（NS.1）的最优加量为 1.5%～2.0%。

表 3-2-1　纳米 NS.1 对水泥浆流变性能、水泥石强度的影响（温度 40℃）

油井水泥 /g	纳米 NS.1/g	水灰比	水 /g	密度 /g/cm³	Φ_{300}/mPa·s	Φ_{200}/mPa·s	Φ_{100}/mPa·s	Φ_{6}/mPa·s	Φ_{3}/mPa·s	抗压强度 /MPa	
										24h	48h
600	0（0%）	0.44	264	1.908	55	45	32.5	15.1	11	19.12	24.5
600	3（0.5%）	0.44	264	1.92	72	58	41	17	13	20.8	26.7
600	6（1.0%）	0.44	264	1.935	83	65	50	20	15	23.2	28.9
600	9（1.5%）	0.44	264	1.94	91	76	67	24	18	25.4	32.3
600	12（2.0%）	0.44	264	1.94	105	92	73	26	20	25.7	33.5
600	15（2.5%）	0.44	264	1.94	121	102	87	35	25	25.9	33.0

注：Φ_{300}、Φ_{200} 等表示不同黏度计转速下的黏度。

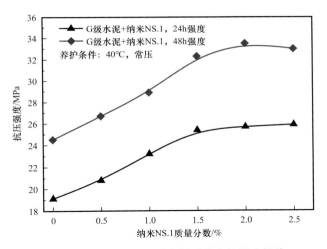

图 3-2-3　纳米 NS.1 对水泥石强度的影响规律

图 3-2-4　纳米 NS.1 对水泥石体积收缩的影响

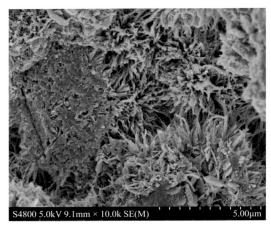

图 3-2-5　水泥原浆水化产物的微观结构电镜图　　图 3-2-6　水泥原浆＋1.5% 纳米 NS.1 的水化产物
微观结构电镜图

二、超低密度水泥浆体系配方优化

根据纳米 SiO_2（NS.1）对水泥浆黏度、水泥石强度的影响规律，进一步改良了活性填料 CM.RF 的组分及含量，并完善超低密度水泥浆体系配方，现场固井试验超低密度水泥浆体系的具体成分和组成见表 3-2-2。

表 3-2-2　超低密度水泥浆体系配方组成

配方组成	水泥	T40 玻璃漂珠 /%	活性填料 CM.RF/%	胶凝剂 CM.G/%	降失水剂 CM.L/%	分散剂 CM.D/%	早强剂 CM.A/%	水灰比	密度 / g/cm^3
原配方	林州 G 级	19	17	2.5	2.7	0.92	8.2	0.92	1.34
改良配方	林州 G 级	19	14	2.5	2.7	0.92	8.2	0.92	1.34

按标准 GB/T 19139—2012《油井水泥试验方法》制备超低密度水泥浆并测定水泥浆性能，结果见表 3-2-3。结果表明，改良后的超低密度水泥浆体系在保持其原体系性能特点〔无游离液、浆体稳定性、API 失水量小（不大于 45mL/30min）、稠化时间合理、低温早强〕基础上，其抗压强度值更高，更有利于提高超低密度水泥石的封固性能。

表 3-2-3　超低密度水泥浆体系性能

性能指标	密度 / g/cm^3	流变参数		析水率 / %	API 失水量 / mL	稠化时间（40℃，10MPa）/ min	25℃抗压强度 / MPa		40℃抗压强度 / MPa		
		n	$K/$ $Pa \cdot s^n$				48h	72h	24h	48h	72h
原配方	1.34	0.794	0.326	0	42	215	7.05	10.56	12.4	16.5	24.6
改良配方	1.34	0.783	0.352	0	40	197	8.32	11.24	13.2	17.8	26.2

三、超低密度水泥浆的稳定性研究

在超低密度固井过程中，超低密度水泥浆体系稳定性非常关键。对于超低密度水泥浆来说，本身水灰比很大，同时减轻剂与水泥等材料的密度相差特别大，这都不利于水泥浆的稳定性。水泥浆的固相颗粒沉降会使井筒上部水泥胶结疏松、强度下降，严重时可导致对地层封固失效和地层流体运移。在固井施工过程中，如果水泥浆的沉降稳定性差，必将使水泥柱的密度发生动态变化，同样地相应于不同地层的水泥浆的流变性也呈现出动态变化，给注水泥浆的流变学设计和高效率顶替带来一定困难，严重者将使驱替压力升高，造成憋泵、压漏等严重事故（冯茜等，2013）。因此，超低密度水泥浆的沉降稳定性对体系的析水率、抗压强度、胶结强度、凝结时间和流变性能等都有重要的影响，测试超低密度水泥浆体系的沉降稳定性具有重要意义。

在水泥浆体系中，各种粒子间的作用力较多，也较复杂。除了重力作用外，还有粒子间的范德华力、静电作用力和粒子的布朗运动等，这些都对体系的稳定性有一定的影响。通常水泥浆的沉降表现在自由水、自由液和固体颗粒的差异沉降三方面。体系的沉降稳定性差，必将导致自由水或自由液相应增大。为了评价超低密度水泥浆体系的稳定性，测试了在不同水灰比条件下超低密度水泥浆体系的沉降稳定性，结果见表3-2-4。结果表明，超低密度水泥浆体系具有非常好的稳定性，在增大水灰比时，浆体无析水、无沉降，说明超低密度水泥浆的稳定性非常好，并且对水灰比不敏感，这有利于保证现场施工安全和固井质量。

表 3-2-4　水灰比对超低密度水泥浆体系稳定性的影响

水灰比	流变性能							密度 / g/cm³	稳定性
	Φ_{300}/ mPa·s	Φ_{200}/ mPa·s	Φ_{100}/ mPa·s	Φ_6/ mPa·s	Φ_3/ mPa·s	η_p/ Pa·s	τ_0/ Pa		
0.92	91	68	38.5	11	9	0.0788	6.234	1.34	无析水、无沉降
1.0	68	46	27	7	6	0.0615	3.322	1.28	无析水、无沉降
1.05	50	35	22	7	7	0.042	4.088	1.26	无析水、无沉降
1.1	40	29	17	5	5	0.0345	2.810	1.25	无析水、无沉降
1.17	35	25	15	5	5	0.03	2.555	1.22	无析水、无沉降
1.23	29	21	13	4	4	0.024	2.555	1.20	无析水、无沉降
1.28	25	19	11	4	3	0.021	2.044	1.19	无析水、无沉降

注：η_p为宾汉塑性流体的塑性黏度；τ_0为宾汉塑性流体的屈服应力。

为了进一步说明超低密度水泥浆体系的稳定性，测试了水灰比高达 1.28 时的超低密度水泥石强度性能，结果见表 3-2-5。测试结果表明，高水灰比时体系仍具有较好的抗压强度值，进一步说明了超低密度水泥浆体系具有非常好的稳定性。

表 3-2-5　高水灰比时超低密度水泥石的强度性能

水灰比	密度 / g/cm³	40℃抗压强度 /MPa		
		24h	48h	72h
1.28	1.19	2.56	8.82	12.40

四、超低密度水泥石的力学性能测试

固井水泥作业的主要目的就是对套管外环形空间进行有效封隔，防止增产作业和生产过程中的地层流体窜流；为套管提供有效支撑和保护，减小和缓和地层围岩对套管的作用，改变套管的受力状况；保护套管免受地层流体的腐蚀，延长油气井寿命；确保油气生产的正常进行（王成文等，2006）。油井水泥具有力学性能稳定的优点，但凝固后水泥石却存在两个明显的缺点：较大体积收缩率和高脆性。100 多年来，如何改善水泥石的这两个缺点，一直是固井研究的热点和难点。国内外对于改善水泥石的高脆性，研究出了无机矿物纤维、有机矿物纤维、弹性颗粒材料、胶乳、聚合物颗粒、油 / 水膨胀颗粒等外加剂，发展了泡沫水泥浆、塑性水泥浆和自修复水泥浆等技术，有效地降低了水泥石的弹性模量，增加了水泥石的韧性和抗冲击性能。用于压裂井固井中比较有优势的水泥浆主要是塑性水泥浆和泡沫水泥浆体系，它们均具有低抗压强度、低弹性模量的特点，柔性水泥浆与泡沫水泥浆的性能对比见表 3-2-6。由于泡沫水泥浆设计难度大、后勤供应困难等不足，塑性水泥浆体系在现场应用得广泛，并且以纤维和胶乳增韧材料为主。

表 3-2-6　泡沫水泥浆与塑性水泥浆体系性能对比

水泥浆体系	水泥石特性	主要适用方向	其他优点	设计难度
泡沫水泥浆	低抗压强度、低弹性模量、导热率低	低压易漏地层、长封固井段、稠油热采井、压裂井固井	水泥浆中的气泡有助于阻止裂缝延伸	由于气体的可压缩性，水泥浆设计复杂
塑性水泥浆	低抗压强度、低弹性模量、抗冲击性能好	存在温度压力波动的井，如稠油热采井、压裂井等	水泥浆中弹性颗粒有助于阻止裂缝延伸	可以针对具体的井眼状况调节水泥浆的性能来满足要求

在此测试了超低密度水泥石于 40℃、48h 养护后的各项力学性能参数，结果见表 3-2-7 和图 3-2-7。

弹性模量是衡量材料产生弹性变形难易程度的指标，其值越大，使材料发生一定弹性变形的应力也越大，即材料刚度越大，亦即在一定应力作用下，发生弹性变形越小。超低密度水泥石的力学性能参数测试结果表明：超低密度水泥石具有低弹性模量、低泊松比的特点，说明超低密度水泥石的刚度小，水泥石脆性小，水泥石在受压时易发生柔性变形而不易破坏，有利于保证水泥石的封隔完整性。

表 3-2-7　超低密度水泥石的力学性能参数

岩心编号	直径 / mm	高度 / mm	质量 / g	密度 / g/cm³	围压 / MPa	强度 / MPa	弹性模量 / GPa	泊松比
3	25.24	47.98	32.15	1.34	8	22.89	4.27	0.13

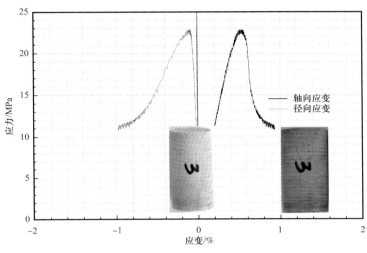

图 3-2-7　超低密度水泥石的应力—应变图

五、超低密度固井工艺优化

1. 水泥浆附加系数设计优化

煤储层压力低，并且裂缝、割理发育，固井易发生漏失现象。煤储层是双孔隙结构，储层压力为欠压或常压，属低压范畴，孔隙压力梯度一般小于 0.01MPa/m，属于低压地层，即使用清水钻进，煤层漏失现象也时有发生。沁水盆地煤炭资源以岩浆热变质作用下形成的无烟煤为主，其割理、裂隙发育，钻井过程中漏失也时常发生，后期固井时水泥浆滤饼无法在裂缝、割理处形成有效封堵，造成水泥浆直接大量地漏失入煤储层中，严重影响水泥浆设计返排高度和固井质量（王楚峰等，2016）。如何合理地设计水泥浆附加系数，保证水泥浆返高达到要求，是煤层气井固井设计的关键。

针对研究区开发 15 号煤层必须钻探过 3 号煤层，固井同时须封固 3 号、15 号两套煤层，而 3 号煤层经过压裂和几年排采后，煤层压力梯度低到 0.4～0.6MPa/100m，易发生低压易漏、裂缝性漏失等问题，固井水泥浆附加系数的设计难度极大。为了合理地进行水泥浆附加系数的设计，在此统计分析了过去项目组在示范区超低密度固井数据，结果见表 3-2-8。由表 3-2-8 可知，在研究区对埋藏较深的 3 号煤层进行固井作业时，超低密度水泥浆在煤层气固井时仍存在一定的漏失，其水泥浆平均漏失率为 12.54%。而在研究区将同时封固 3 号、15 号煤层，3 号煤层更易发生漏失。综合考虑水泥浆漏失、水泥浆液柱压力和水泥浆返高要求等因素，并参考研究区超低密度固井设计的水泥浆附加系数30%，对超低密度固井水泥浆附加系数设计值进行了优化：

（1）当井下无漏失等复杂情况时，水泥浆附加系数值设计为 50%。

（2）当井下有漏失等复杂情况时，根据漏失量大小及漏失情况记录，将水泥浆附加系数值设计为 70.10%。

表 3-2-8　柿庄南超低密度固井数据统计分析

井号	井深 / m	钻头 / mm	套管 / mm	平均井径 / cm	井径扩大率 / %	平均环容 / L/m	水泥浆体积 / m³	封固段长 / m	水泥浆漏失量 / m³	水泥浆漏失率 / %
ZL-622D1	818.42	215.9	139.7	23.02	6.62	26.28	10	380	0.014	0.136
QN31-03D1	973.0	215.9	139.7	22.48	4.12	24.35	10.23	343.3	1.871	18.286
QN-155D1	967.0	215.9	139.7	22.28	3.18	23.63	8.55	285	1.815	21.233
ZL-623D3	806.0	215.9	139.7	23.06	6.8	26.42	9.19	332	0.419	4.555
QN52-06D1	810.0	215.9	139.7	21.89	1.41	22.31	9.87	359	1.861	18.852
QN-188X3	1410.0	215.9	139.7	23.12	7.1	26.65	10.85	354	1.416	13.05
QN-306X1	1292.0	215.9	139.7	23.92	10.8	29.6	13.9	405	1.912	13.755
QN65-3D	1120.0	215.9	139.7	22.83	5.72	25.58	10	350	1.047	10.47
水泥浆平均漏失率 /%										12.54

2. 现场固井工艺措施优化

根据在煤层气超低密度固井方面所积累的丰富经验，结合潘河地区的超低密度固井可能面临的困难，优化了现场固井工艺。

（1）固井前加强现场"诊断"：固井前认真观察钻井液循环，测量钻井液密度和黏度，根据不同钻井液类型、漏失情况，采用不同的前置液设计方案。

对于以清水为主的低黏钻井液，直接采取 2.4m³ 堵漏型前置液的前置液设计方案；针对聚合物高黏钻井液，采取"2.4m³ 清水 +2.4m³ 堵漏型前置液"的前置液设计方案。如果有漏失现象，一方面将堵漏型前置液的浓度提高，另一方面多注入堵漏型前置液，堵漏型前置液可设计为 4.6m³ 用量。

（2）针对漏失量较大、漏失较严重的井，采用两段不同密度的超低密度水泥浆体系进行固井作业。

利用超低密度水泥浆体系的"宽容忍"性，通过调整水灰比，使固井过程中水泥浆领浆密度保持在较低的密度范围（$1.0 \sim 1.2\text{g/cm}^3$），有效减小固井浆柱压力，防止固井漏失；尾浆保持在较高的密度范围（$1.35 \sim 1.45\text{g/cm}^3$），有利于缩短煤储层段尾浆段水泥浆的凝结时间，有效减少固井漏失，并且水泥石强度满足封固产层的强度要求。

（3）注水泥过程坚持"小排量、稳打稳替"方针：合理优化注水泥速度和排量，采用塞流顶替水泥浆，注水泥过程中贯彻"小排量、稳打稳替"方针，有效减少循环摩阻和环空压差，防止注水泥过程中将煤层压漏或引起煤层坍塌，保证注水泥施工安全。

第三节　二次压裂工艺技术

针对煤层气井低产井问题，开展了二次压裂、氮气解堵、井组耦合、负压抽采、注二氧化碳等增产措施试验。从工程现场实施效果来看，针对我国煤层气煤储层普遍存在的低压、低渗透率、低孔隙度的特征，二次压裂改造工艺成为较为有效的工艺之一。但其可复制性较差，存在相同技术手段、相同井区、相同施工参数增产效果不一的情况，故必须进一步开展二次压裂工艺技术进行深入研究，剖析二次压裂影响因素，提出二次压裂可压性评价指数，同时开展二次压裂裂缝暂堵转向及缝高控制机理研究，明确二次压裂选井选层条件，并对施工参数进行模拟优化，确保增产措施的效果，提高单井产量。

一、可压性评价

1.煤岩脆性指数

1）实验分析

岩石的脆性是指煤所承受的外力达到一定限度时，仅产生很小的变形即破坏，失去承载能力的性质。实验中记录的岩石应力—应变曲线定量反映了岩石在不同应力状态下的特征，是评价岩石脆性大小最直观、最有效的方法。

现有应力—应变曲线评价脆性指数方法往往将峰前和峰后曲线分别简化为一条线段，线段对应的斜率即为软化模量和杨氏模量。由于煤岩应力—应变曲线峰前阶段非线弹性段较长、塑性段较短，峰后阶段多呈台阶式下落，采用切线斜率计算的简化处理影响了脆性评价结果的准确性。

2005 年，刘恩龙提出了基于切线斜率计算的脆性指数评价方法，公式如下：

$$B = 1 - \exp(-M/E) \tag{3-3-1}$$

式中　M——软化模量，MPa；

　　　E——杨氏模量，MPa。

煤样应力—应变曲线峰后阶段多呈台阶式下落，如果采用斜率计算脆性，结果不合理（图 3-3-1）。基于此，有必要提供一种基于能量释放的煤岩脆性评价方法，可以更加准确地评价煤岩的脆性。

基于能量释放的煤岩脆性评价方法，包括如下步骤：

（1）钻取岩心，进行三轴岩石力学实验，获取煤岩的应力—应变曲线；

（2）根据应力—应变曲线确定煤岩的峰前积累能量；

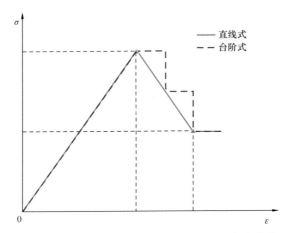

图 3-3-1 典型的煤台阶式跌落型应力—应变曲线

（3）根据应力—应变曲线确定煤岩达到残余强度时储存的弹性能；

（4）根据应力—应变曲线确定煤岩的峰后释放能量；

（5）基于煤岩压缩过程中能量的积累和转化过程，构筑煤岩破裂过程能量释放快慢的比值关系，求解得到煤岩的脆性指数。

考虑煤岩应力—应变曲线峰前阶段非线弹性段较长、塑性段较短，峰后阶段多呈台阶式下落的特点（图 3-3-2），为了最大化利用煤岩应力—应变曲线信息，基于煤岩压缩过程中能量的积累和转化过程，构筑峰前积累能量、达到残余强度时储存的弹性能和峰后释放能量的比值关系，表征基于能量释放的煤岩脆性指数，计算方法如图 3-3-3 所示。

基于能量释放的煤岩脆性指数定义为：

$$B_e = 1 - \exp\left[-\left(\int_0^{\varepsilon_A} \sigma d\varepsilon - \frac{\sigma_B^2}{2E_{Ao}}\right)\bigg/\int_{\varepsilon_A}^{\varepsilon_B} \sigma d\varepsilon\right] \qquad (3-3-2)$$

式中　ε——应变；

　　　ε_A——峰值应变；

　　　ε_B——残余应变；

　　　σ——应力，MPa；

　　　σ_B——到达残余强度时对应的应力，MPa；

　　　E_{Ao}——峰值点割线模量，MPa。

根据上述基于能量释放的煤岩脆性指数计算公式，采用编程语言（如 Matlab、Fortran、C 等）求解煤岩的脆性指数，计算所得煤岩脆性指数范围为 $0 \leqslant B_e \leqslant 1$。

根据刘恩龙 2005 年提出的脆性分级标准，对比两种实验方法得到煤岩脆性评价分级标准。计算所得能量释放积分方法 B_e 平均值为 0.79，切线斜率方法 B 平均值为 0.73，煤岩脆性较强，两种方法对比结果见表 3-3-1 和图 3-3-4。煤岩脆性评价分级标准见表 3-3-2。

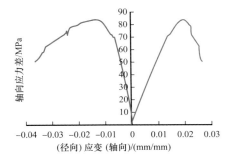

(a) 1类煤样

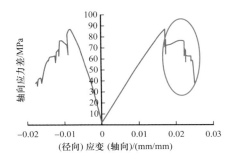

(b) 2类煤样

图 3-3-2 煤岩三轴岩石力学实验的应力—应变曲线

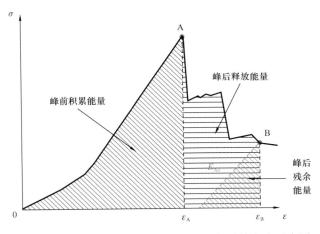

图 3-3-3 基于能量释放的煤岩脆性指数计算方法示意图

表 3-3-1 煤岩脆性实验分析结果

项目	范围	平均值
能量释放积分方法 B_e 值	0.52～0.98	0.79
切线斜率方法 B 值	0.25～1.00	0.73

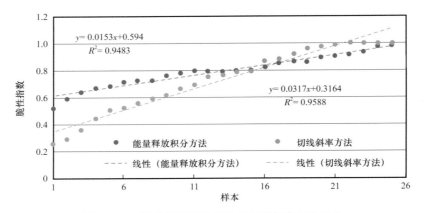

图 3-3-4　能量释放积分方法与切线斜率方法对比

表 3-3-2　煤岩脆性评价分级标准

等级	B	B_e	特征
1	$B=1$	$B_e=1$	理想脆性
2	$0.63<B<1$	$0.71<B_e<1$	强脆性
3	$0<B<0.63$	$0<B_e<0.71$	弱脆性
4	$B=0$	$B_e=0$	理想塑性

2）测井数据分析

岩石的脆性可以由杨氏模量和泊松比描述，杨氏模量与泊松比的大小反映了地层在一定受力条件下弹性变形的难易程度，杨氏模量越大，地层越硬，刚度越大，地层就越容易破裂，对应泊松比越小；反之，杨氏模量越小，地层越软，刚度越小，地层越不易破裂，对应泊松比越大（曹宝格，2015）。不同杨氏模量、泊松比组合下的脆性指数如图 3-3-5 所示。

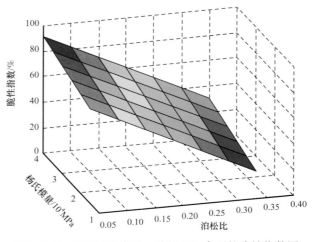

图 3-3-5　不同杨氏模量、泊松比组合下的脆性指数图

脆性指数公式如下：

$$BI = \left(E_n + v_n\right) / 2 \tag{3-3-3}$$

$$E_n = \frac{E_s - E_{min}}{E_{max} - E_{min}} \tag{3-3-4}$$

$$v_n = \frac{v_{max} - v_s}{v_{max} - v_{min}} \tag{3-3-5}$$

式中　BI——脆性指数，取值范围为 0～1；

　　　E_s——静态杨氏模量，GPa；

　　　v_s——静态泊松比；

　　　E_n——归一化杨氏模量；

　　　v_n——归一化泊松比。

基于该公式评价得出的脆性指数数值越高，相应的储层越趋于硬脆，实施压裂后形成的裂缝越复杂。

3）脆性指数计算结果及对比

对比 3 种脆性指数计算方法（图 3-3-6）：实验分析方法与测井计算方法得到的脆性指数集中分布于 0.5～1.0 之间（图 3-3-7），且实验方法与测井方法脆性指数分布范围相近、趋势相同，说明此测井计算方法具有可靠性，可用于现场进行脆性指数的估算及可压性评价。基于实验及测井计算所得的脆性指数可见，煤岩脆性较好，压裂易破裂形成高导流通道。

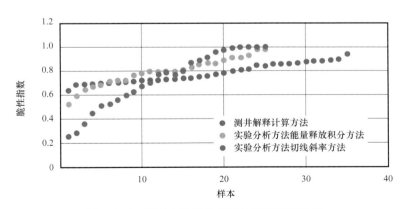

图 3-3-6　不同方法脆性指数计算结果对比图

2. 综合可压性评价

1）影响因素

可压性评价技术可定义为在相同压裂工艺技术条件下，评价储层中是否可以形成复杂裂缝网络并获得足够大的储层改造体积的概率以及获取高经济效益能力的方法。煤层可压性评价层次结构模型如图 3-3-8 所示。

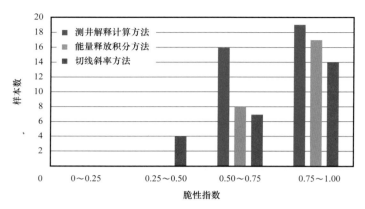

图 3-3-7　不同方法脆性指数计算结果分布范围

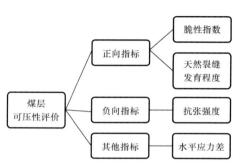

图 3-3-8　煤层可压性评价层次结构模型

可压性取决于地应力差异、岩石的塑脆性、抗张强度、天然裂缝发育状况等因素。可压性评价方法主要有实验评价法和系数评价法。采用地层岩心进行模拟实验的实验评价法，操作相对复杂、工作量大，不利于现场应用。到目前为止，国内外研究中对储层可压性评价几乎等价于脆性系数评价，通过岩心脆性矿物成分比例、弹性模量和泊松比等来评价储层岩石的塑脆性。本次可压性评价方法不仅考虑到岩石的塑脆性，还将水平应力差及抗张强度对可压性的影响考虑在内。

（1）脆性指数。

脆性岩石在压裂时容易破碎而形成复杂裂缝，而塑性岩石则会发生塑性变形，不易产生裂缝，即使形成了人工裂缝，在裂缝闭合阶段也会发生支撑剂嵌入的情况，使人工裂缝的导流能力严重下降，大大降低增产效果。因此，脆性越高，储层形成复杂的裂缝网络的概率越大（赵金洲等，2015）。

采用了基于测井解释的脆性指数计算方法计算岩样的脆性指数，具体过程如前文所示。

考虑脆性指数的可压性指数：

$$F_{I1} = \frac{BI - BI_{min}}{BI_{max} - BI_{min}} \qquad (3-3-6)$$

式中　BI——脆性指数；

　　　F_{I1}——考虑脆性指数的可压性指数。

脆性指数越高，相应的储层越趋于硬脆，实施压裂后形成的裂缝越复杂。当脆性指数由 0 增加到 1 时，岩石经历了由塑性到脆性破坏的转变。由于岩石的脆性越大，储层的可压性越好，因而可直接令岩石脆性指数的可压性指数与脆性指数等值。

（2）天然裂缝发育程度（曾治平等，2019）。

天然裂缝广泛分布存在于煤储层，它不仅对岩石自身的物性、力学性质产生影响，更是评判水力压裂改造储层效果的重要标准。天然裂缝的广泛发育可以降低储层自身的抗张能力，使储层受压启裂更简单；与此同时，在压裂过程中，天然裂缝和诱导裂缝相互影响，诱导裂缝可以使天然裂缝重新张开并相互沟通，天然裂缝也可以改变诱导裂缝的延伸方向，产生下一级诱导裂缝，并最终形成缝网。

采用岩石破裂准则确定了研究区不同深度地层的张破裂率、剪破裂率，根据张拉裂缝和剪切裂缝比重进行加权求和，得到裂缝发育指数，定量表征天然裂缝发育程度。

考虑天然裂缝发育程度的可压性指数 F_{I2} 公式如下：

$$I_n = \frac{(\sigma_1 - \sigma_3)\sin\theta}{2[\tau_n]} \tag{3-3-7}$$

$$I_t = \frac{(\sigma_1 - \sigma_3)^2}{8(\sigma_1 + \sigma_3)[\sigma_t]} \tag{3-3-8}$$

$$I = \alpha I_n + \beta I_t \tag{3-3-9}$$

$$F_{I2} = \frac{I_{max} - I}{I_{max} - I_{min}} \tag{3-3-10}$$

式中　I_n、I_t——剪破裂率和张破裂率；

　　　σ_1、σ_3——储层最大、最小主应力，MPa；

　　　$[\tau_n]$、$[\tau_t]$——岩石的抗剪、抗拉强度，MPa；

　　　θ——岩石内摩擦角，（°）；

　　　α、β——S 区张拉裂缝和剪切裂缝的权重，两者之和为 1。

理想状态下，F_{I2} 值与天然裂隙的发育程度成正比。

（3）水平应力差。

压裂施工过程中，水力裂缝激活天然裂缝系统是形成复杂缝网的关键。水力裂缝与天然裂缝之间的相互作用（包括穿过、截止、偏移、转向）与水平最大和最小主应力差密切相关。水平应力差值越小，天然裂缝越容易被开启，形成复杂的裂缝网络；水平主应力差越大，压裂液的净压力在扩展层理及微裂缝的同时形成新的裂缝的能力越差，易于形成简单裂缝，即可压性越差；当水平主应力差达到一定值后，水力裂缝将主要受到地应力的控制，裂缝将沿着垂直最小主应力方向扩展，裂缝形态相对单一平直，此时储层的可压性几乎为零。

通过对煤岩压裂裂缝扩展机理试验发现同应力差、高围压条件下易形成简单裂缝形态，由于高围压会大大降低割理、天然裂缝各向异性的影响，裂缝形态更多地体现了应力状态的影响。当对应的水平最大最小主应力差小于 4MPa 时，裂缝复杂程度趋于简单；当应力差为 4~6MPa 时，从复杂缝开始向简单缝转化；当应力差不小于 6MPa 时，形成简单缝。邹雨时等通过对煤岩水力压裂裂缝启裂与扩展的影响研究，发现当水平应力差较小时（$\Delta\sigma_h=0$），裂缝存在多个方向启裂，裂缝延伸过程中还会产生多（分支）裂缝，裂缝主要沿割理、天然裂缝方向随机扩展，扩展路径曲折；当水平应力差较大时（$\Delta\sigma_h=7$MPa），裂缝会沿垂直最小水平主应力方向扩展，产生复杂裂缝的可能性较小，但由于煤岩内部缺陷的影响，裂缝局部扩展方向可能会有所偏移。不同水平应力差下二次压裂裂缝扩展如图3-3-9所示。

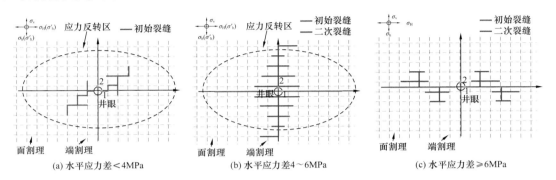

图 3-3-9　不同水平应力差下二次压裂裂缝扩展示意图
1, 2—数值模拟理论上的一次压裂和二次压裂的启裂点

水平应力差从2MPa增到8MPa的过程中，水力压裂裂缝由复杂缝网逐渐变为简单裂缝。中等水平应力差（4~6MPa）下，地应力场易发生反转，有利于二次压裂裂缝转向扩展，而水平应力差较大或较小时均不利于二次裂缝转向。因此，可对煤储层在不同水平应力差条件下的可压性进行归一化处理，当水平应力差小于2MPa或大于8MPa时，考虑水平应力差的煤储层可压性指数$F_{I3}=0$。

考虑水平应力差的可压性指数F_{I3}公式如下：

$$\Delta\sigma_h = \sigma_H - \sigma_h \tag{3-3-11}$$

$$F_{I3} = 1 - \frac{\left|\overline{\Delta\sigma_h} - \Delta\sigma_h\right|}{(8-2)/2} \tag{3-3-12}$$

式中　$\Delta\sigma_h$——水平应力差，MPa；

σ_H——最大水平主应力，MPa；

σ_h——最小水平主应力，MPa；

F_{I3}——考虑水平应力差的可压性指数。

（4）抗张强度。

随着抗张强度的增加，储层越不容易破碎形成裂缝，且产量相应降低，可将抗张强度作为可压性评价的指标之一。

目前有多种计算黏土含量的方法，而本书采用的是 Miller 和 Deere（1996）通过大量实验所建立的单轴抗压强度、弹性模量以及黏土含量的关系式。利用测井资料中的自然伽马值（GR）和计算得到的静态弹性模量 E_s，根据式（3-3-13）和式（3-3-14）计算泥质含量（郭同政等，2007）。

$$I_{sh} = \frac{GR - GR_{min}}{GR_{max} - GR_{min}} \quad\quad (3-3-13)$$

$$V_{sh} = \frac{2^{2I_{sh}-1}}{2^2 - 1} \quad\quad (3-3-14)$$

式中 I_{sh}——标准化自然伽马值;

V_{sh}——泥质含量。

抗张强度可通过杨氏模量及泥质含量求得:

$$S_t = \frac{1}{12} E \left[0.008V_{sh} + 0.0045\left(1 - V_{sh}\right) \right] \quad\quad (3-3-15)$$

式中 S_t——抗张强度。

考虑抗张强度的可压性指数 F_{14} 公式如下:

$$F_{14} = \frac{S_{t\,max} - S_t}{S_{t\,max} - S_{t\,min}} \quad\quad (3-3-16)$$

式中 F_{14}——考虑水平应力差的可压性指数。

2)综合可压性指数

(1)参数归一化处理。

用于可压性各影响因素之间的单位、量纲、数值范围均不同,为便于比较,需将各参数进行归一化处理。煤储层的脆性指数以及天然裂缝发育指数越大,储层的可压性越好,这两者是可压性的正向指标,正向指标计算公式为:

$$S = \frac{X - X_{min}}{X_{max} - X_{min}} \quad\quad (3-3-17)$$

地应力差和泥质含量为负向指标,其数值越大对储层压裂改造越不利,负向指标计算公式为:

$$S = \frac{X_{max} - X}{X_{max} - X_{min}} \quad\quad (3-3-18)$$

式中 S——参数标准化值;

X——参数值;

X_{max}——参数最大值;

X_{min}——参数最小值。

各参数归一化后,正、负向指标均化为正向指标,最优化值为 1,最劣值为 0。

(2)采用灰色关联法(惠峰,2019;杨兆中,2020)求取灰色关联系数。

① 建立原始参数矩阵。

设待评价系统中有 m 个对象(候选井数),每个对象包含 n 个影响因素,则第 i 个对象的 n 个因素组成的比较序列如下:

$$X_i = \left(X_{i1},\ X_{i2},\ \cdots,\ X_{in} \right),\ \left(i = 1,\ 2,\ \cdots,\ m \right) \quad\quad (3-3-19)$$

故 m 个对象的所有因素指标可构成原始参数矩阵 $\boldsymbol{R}_{mn}$：

$$\boldsymbol{R}_{mn}=\begin{bmatrix} X_{11} & X_{12} & \cdots & X_{1n} \\ X_{21} & X_{22} & \cdots & X_{2n} \\ & & \vdots & \\ X_{m1} & X_{m2} & \cdots & X_{mn} \end{bmatrix} \qquad (3\text{-}3\text{-}20)$$

同时，可构建参考序列如下：

$$X_0=(X_{01},\ X_{02},\cdots,\ X_{0n}) \qquad (3\text{-}3\text{-}21)$$

② 序列无量纲化。

因不同影响因素数据的量纲不同，且数量级也差别较大，为了使数据具有可对比性，故对序列进行无量纲化，使其转化为纯数字序列，以便进行分析计算。序列无量纲化之后可由原始参数矩阵得到无量纲化处理后的矩阵。

③ 求取差序列。

序列无量纲化后，计算参考序列与比较序列在不同点上序列差的绝对值 $\Delta_{0i}(k)$，即

$$\Delta_{0i}(k)=\left|X_0(k)-X_i(k)\right|,\ (i=1,\ 2,\cdots,\ m;\ k=1,\ 2,\cdots,\ n) \qquad (3\text{-}3\text{-}22)$$

④ 求最大差与最小差。

在差序列中，求取序列内、序列间两级最大差与最小差，即

$$\Delta_{\max}=\max_i\max_j\Delta_{0i}(k) \qquad (3\text{-}3\text{-}23)$$

$$\Delta_{\min}=\min_i\min_j\Delta_{0i}(k) \qquad (3\text{-}3\text{-}24)$$

⑤ 求灰色关联系数。

不同时刻点上参考序列与比较序列间的关联系数计算公式如下：

$$\xi_{0i}(k)=\frac{\Delta_{\min}+\rho\Delta_{\max}}{\Delta_{0i}(k)+\rho\Delta_{\max}} \qquad (3\text{-}3\text{-}25)$$

式中 ρ——分辨系数，$0<\rho<1$，ρ 主要影响关联度的分辨率，其值越小，分辨率越高，本书中取 0.5。

可得到第 i 个对象的 n 个灰色关联系数组成的灰色关联序列：

$$\xi_i=\left(\xi_{0i}(1),\ \xi_{0i}(2),\ \cdots,\ \xi_{0i}(k)\right),\ (k=1,\ 2,\cdots,\ n) \qquad (3\text{-}3\text{-}26)$$

⑥ 求关联度。

经典的灰色关联法计算关联度的过程中采用的是等权平均方法，但在可压性分析过程中，由于各个参数对结果的重要性程度不同，有的影响强烈，有的影响较弱，为体现不同因素对可压性的影响差异，本书在计算关联度时采用带权处理方法，即

$$\gamma_i = \sum_{j=1}^{n} \xi_i(j) \cdot W(j), \ (i=1, 2, \cdots, m; \ j=1, 2, \cdots, n) \qquad (3-3-27)$$

式中　γ_i——灰色关联度值；

　　　　$W(j)$——各个参数的权重值，且 $\sum_{j=1}^{n} W(j) = 1$，$W(j) \geqslant 0$。

（3）层次分析法求权重。

不同因素对可压裂性的影响不同，因此不同参数的权重大小影响可压性指数计算的准确性。为了准确地界定各参数对可压裂性评价的影响大小，采用层次分析法确定不同参数的权重。

层次分析法确定各参数权重的基本思路是，将储层的脆性指数、天然裂缝、地应力差以及泥质含量根据参数，通过两两比较判断的方式确定每一层次中各元素的相对重要性并给出定量表示（即标度），以标度构造判断矩阵。最后用和积法、幂法或平方根法求解判断矩阵的最大特征值所对应的特征向量，并根据最大特征值对判断矩阵进行一致性检验，当一致性不满意时需重新调整判断矩阵以致满足一致性检验的要求精度，特征向量归一化处理后即为权重向量。

① 建立两两比较的判断矩阵。

在层次分析法中，定量化地利用各个评价指标对评价目标做出定量评价，该步骤中比较重要的部分即为在某一评判准则下，两方案的相对优劣关系需要量化的表述。一般而言，当评判准则确定时，总可以通过对比分析得到两方案的优劣关系，本书中以 1～9 标度方法给出不同评比指标的数量标度（表 3-3-3）。

表 3-3-3　两两比较判断矩阵

A_{ij}	含义
1	A_i 与 A_j 相比，同等重要
3	A_i 比 A_j 稍微重要
5	A_i 比 A_j 较强重要
7	A_i 比 A_j 强烈重要
9	A_i 比 A_j 绝对重要
2、4、6、8	两相邻判断的中值

判断矩阵满足以下特征：

$$\begin{aligned} A_{ii} &= 1 \\ A_{ji} &= 1 / A_{ij} \\ A_{ij} &= A_{ik} / A_{jk} \ (i, j, k=1, 2, \cdots, n) \end{aligned} \qquad (3-3-28)$$

② 层次单排序。

各层次的单层排序过程一般是利用方根法、和积法等方法将当前层次的各个元素与上一层中的各元素相比较，并判断矩阵的最大特征向量。将所判断矩阵进行归一化处理，其中各元素的一般项为：

$$\overline{A}_{ij} = \frac{A_{ij}}{\sum\limits_{1}^{n} A_{ij}}, \ (i, \ j = 1, \ 2, \ \cdots, \ n) \tag{3-3-29}$$

进一步将每列的元素经归一化处理后按行相加为：

$$B_i = \sum\limits_{1}^{n} \overline{A}_{ij}, \ (i, \ j = 1, \ 2, \ \cdots, \ n) \tag{3-3-30}$$

对向量 $\boldsymbol{B} = (B_1, \ B_2, \ \cdots, \ B_n)^{\mathrm{T}}$ 进行归一化处理：

$$\overline{B}_i = \frac{B_i}{\sum\limits_{1}^{n} B_j} \tag{3-3-31}$$

$\boldsymbol{B} = (B_1, \ B_2, \ \cdots, \ B_n)^{\mathrm{T}}$ 即为所求的特征向量的近似解，由此可计算各个评价指标的权重。

③ 矩阵一致性评价。

矩阵的最大特征根 $\lambda_{\max}$：

$$\lambda_{\max} = \sum\limits_{1}^{n} \frac{(AB)_i}{nB_i} \tag{3-3-32}$$

矩阵的一致性指标（Consistency Index，C.I.）：

$$\mathrm{C.I.} = \frac{\lambda_{\max} - n}{n - 1} \tag{3-3-33}$$

随着 C.I. 值变小，被判断矩阵不断趋于完全一致。当被判断矩阵为多阶时，仅利用 C.I. 值难以有效判断矩阵的一致性，此时通过引入平均随机一致性指标（Random Index，R.I.）来判断多阶矩阵的一致性关系，表 3-3-4 中给出了 1～15 阶正互反矩阵计算 1000 次得到的平均随机一致性指标 R.I.。

表 3-3-4　平均随机一次性指标

n	1	2	3	4	5	6	7	8
R.I.	0	0	0.58	0.9	1.12	1.24	1.32	1.41
n	9	10	11	12	13	14	15	
R.I.	1.46	1.49	1.52	1.54	1.56	1.58	1.59	

C.I. 值与 R.I. 值的比值称为随机一致性比率（Consistency Ratio，C.R.）。当该值小于 0.10 时，则被判断矩阵的一致性可接受。随机一致性比率 C.R. 的计算公式如下：

$$C.R. = \frac{C.I.}{R.I.} \qquad (3\text{-}3\text{-}34)$$

计算出灰色关联系数和权重，根据式（3-3-34）求出灰色关联度后，将其作为可压性指数，据此可对候选压裂井进行可压性排序。

（4）可压性评价模型的建立。

考虑脆性指数、天然裂缝、地应力差和泥质含量，通过灰色关联度方法，求不同参数与煤层可压性的相关度，再运用层次分析法确定权重系数，如图 3-3-10 所示。

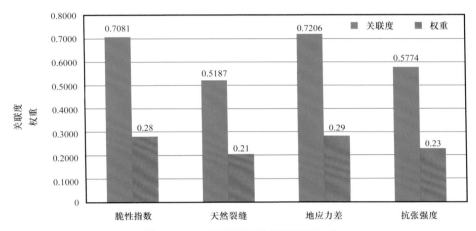

图 3-3-10　特征参数的关联度及权重

得到的煤层综合可压性指数 F_I：

$$F_I = 0.28F_{I1} + 0.21F_{I2} + 0.29F_{I3} + 0.23F_{I4} \qquad (3\text{-}3\text{-}35)$$

本方法计算所得的可压性指数与产量具有较好的对应关系，呈正相关，即可压性指数越大，日产气量越高，如图 3-3-11 所示。

根据压裂后日产气量给出 3 号煤层可压性评价分级标准，见表 3-3-5。

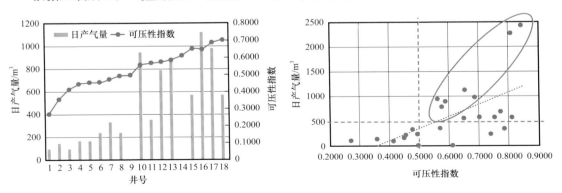

图 3-3-11　可压性指数与日产气量对应关系

表 3-3-5　可压性评价分级标准

可压性指数	可压程度	特征	裂缝形态	
>0.75	1类	优	缝网	
0.5~0.75	2类	较好	多缝与缝网过渡	
0.25~0.5	3类	中等	多缝	
<0.25	4类	差	单一裂缝	

二、暂堵转向压裂裂缝启裂及延伸机理研究

1. 暂堵剂性能评价

实验拟定选用 60~80 目水溶性暂堵剂 HHTP-60A 型作为真三轴水力压裂物理模拟的暂堵剂，呈黑色粉末状，如图 3-3-12 所示。

使用煤岩岩心，并用岩心夹持器固定，放入导流仪。用携带可溶性暂堵剂的压裂液进行恒流驱替，流量为 5mL/min，实验中记录驱替压差。不同组实验中改变暂堵剂浓度，研究暂堵剂浓度对其封堵能力的影响，实验结果如图 3-3-13 所示。

图 3-3-12　60~80 目水溶性暂堵剂

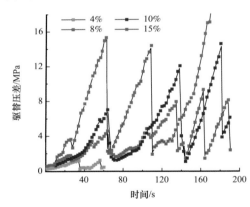

图 3-3-13　暂堵剂浓度对封堵效果的影响

暂堵剂浓度为 4% 时驱替压差在 0.3~1.5MPa 之间波动，最高压差为 1.35MPa 左右。流体黏度不够，无法形成有效封堵，需要提高暂堵剂浓度观察效果。

暂堵剂浓度为 8%、10% 和 15% 时，最高驱替压差分别为 9.5MPa、14.5MPa 和 18.5MPa，均呈现出驱替压差不断重复累积、突破的过程，有一定的封堵效果。

将暂堵剂置于压裂液中，分别用水浴锅在 30℃、40℃下恒温加热，暂堵剂部分溶解，12h 后暂堵剂溶解率基本不变，24h 的最终溶解率为 65%，实验结果如图 3-3-14 和图 3-3-15 所示。

图 3-3-14　暂堵剂溶解过程

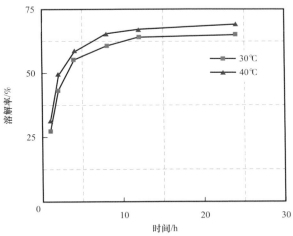

图 3-3-15　暂堵剂溶解率曲线

　　离心固液分离后，残渣大量附着在烧杯壁上，且不易清洗，如图 3-3-16 所示。暂堵剂残渣伤害地层（水溶性暂堵剂溶解率达到 90% 时才能使用），不易解堵，不利于增产改造。

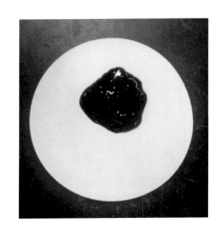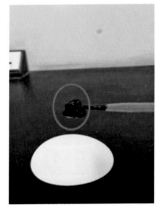

图 3-3-16 暂堵剂残渣

根据文献调研，常见的暂堵剂分为酸溶性暂堵剂、水溶性暂堵剂和油溶性暂堵剂，各自的特点和适用条件见表 3-3-6。

表 3-3-6 暂堵剂特点比较

暂堵剂类型	解堵机理	适用井类型
酸溶性	酸化后随残酸返排	高温、高压井
油溶性	溶于油，随储层流体排出	非高含水油井
水溶性	破胶溶于水中排出	高含水油井及注水井

由于煤层埋深浅，地层温度低，纤维小球等暂堵剂无法完全降解，水溶性暂堵剂溶解率低（溶解率达到 90% 时才能使用），容易对储层造成伤害，而油溶性暂堵剂、酸溶性暂堵剂均不适用于煤层气储层，故拟采用石英砂作为暂堵剂进行携砂压裂暂堵模拟实验。

2. 裂缝暂堵转向物理模拟

1）实验系统简介

本次压裂物理模拟实验应用中国石油大学（北京）储层改造实验室设计的一套大尺寸真三轴模拟实验系统（陈勉，2000），该模拟压裂实验系统由大尺寸真三轴实验架、MTS 伺服增压泵、Locan-AT14 声发射仪、稳压源、油水隔离器及其他辅助装置组成。其整体结构如图 3-3-17 所示。

2）实验方案

为使实验结果能反映出规律，结合实际地质条件及相似准则进行了参数选取，本次实验所采用的应力参数及工程参数见表 3-3-7，考虑地质因素水平应力差、工程因素排量、暂堵剂用量、暂堵剂粒径等因素对暂堵转向二次压裂裂缝扩展规律的影响（石欣雨，2016）。

图 3-3-17　水力压裂真三轴模拟装置

表 3-3-7　裂缝暂堵转向物理模拟实验方案

试件编号	应力[1]/ MPa	排量/ mL/min	暂堵剂用量/ g/L	暂堵剂粒径/ 目	对比
1#	12、9、5	300+300	40	40~70	基础组
2#	12、7、5	300+300	40	40~70	水平应力差
3#	12、11、5	300+300	40	40~70	
4#	12、11、3	300+300	40	40~70	
5#	12、9、5	500+500	40	40~70	排量
6#	12、9、5	300+300	20	40~70	暂堵剂用量
7#	12、9、5	300+300	60	40~70	
8#	12、9、5	300+300	40	20~40	暂堵剂粒径
9#	12、9、5	300+300	40	80~120	
10#	12、9、5	300+300	40	120~180	

[1] 分别为垂向应力、水平最大应力和水平最小应力。

3）试件制备

为了满足实验大尺寸煤样的要求，同时避免煤块被直接挤压破碎，实验中采用对煤块周围进行混凝土浇筑填补的方式制作合乎实验要求规格的岩样来保证煤样的完整性。首先将取自矿区的煤样做适当修整，切割为立方体［图 3-3-18（a）］；然后将煤样放入规格为 30cm×30cm×30cm 的模具中，并浇筑水泥［图 3-3-18（b）、图 3-3-18（c）］；待水泥凝固后，用加长钻头在试件的中部沿垂直于层理面的方向钻出直径 30mm、长 150mm 的沉孔；用环氧树脂胶将外径 20mm、长 120mm 的钢质注液管黏结到试件的中心孔中，以此作为模拟井筒，在注液管的下部留有 30mm 的裸眼井段，压裂模拟时将在该井段形成初始裂缝。为了防止注入的黏结剂将井筒封住，利用类似完井工程中砾石充填完井的方法，在模拟井筒底部撒入少量的压裂用支撑砂将井筒埋入一定深度，同时利用黏合剂的界面张力，从而有效地模拟煤层气井完井。

本次实验所用一次压裂液为活性水，二次压裂液为携砂暂堵剂，同时为了便于观察压裂后形成的裂缝形态，采用荧光剂将压裂液染色。

(a) 天然煤样切割成品

(b) 煤样准备水泥浇筑

(c) 水泥浇筑

(d) 制成标准试件

图 3-3-18　实验试件制作流程

4）实验流程

（1）将井筒向上垂直放入压裂实验架中，如图 3-3-19 所示施加地应力。为方便实验后裂缝的观察，需要向井筒中添加荧光剂作为示踪剂，密封好进液端，组装顶盖，对岩心施加 3 个方向的地应力。

（2）根据选定的泵排量向模拟井筒泵注压裂液，直到试样破裂。实验先施加上覆岩层压力，以保证沉积层理缝首先闭合，再施加最大和最小水平地应力，这样可以减小层理对实验的干扰。在开始泵注压裂液的同时，启动声发射仪监测泵注过程中的声发射信号，启动与 MTS 控制器连接的数据采集系统，记录泵注压力和排量等参数。

（3）开始实验后，观察泵注压力变化情况及压裂液渗滤状况，待注入压力稳定且观察到压裂液由压裂腔室溢出时停泵。

（4）卸压，移出压裂样块，保存数据，停止本次实验。实验后，将试件取出，对外观拍照，然后再用胶带密封包装，进行高能物理 CT。对于实验后已经破裂的岩心，直接进行内部裂缝观测。

（5）对于二次压裂，首先将暂堵剂加入试件中，对其裂缝进行封堵，在压裂液中加入不同颜色的染色剂，然后改变应力状态，将水平最大应力和水平最小应力置换，重复初次压裂中的步骤。最后利用高能 CT 技术对二次压裂后裂缝形态进行观测分析，并且对比初次裂缝和二次裂缝扩展的方向和形态。

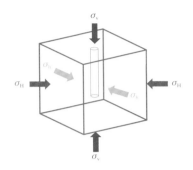

图 3-3-19　试件加载地应力方向
示意图

5）实验结果分析

（1）水平应力差对裂缝扩展的影响。

地应力状态是决定煤岩中水力裂缝扩展形态的最重要地质因素，从水平应力差和垂向应力差两个方面研究煤层气储层中地应力对水力裂缝扩展的影响。

当水平应力差为 2MPa 时，煤岩岩样的裂缝形态和压裂曲线如图 3-3-20 和图 3-3-21 所示。

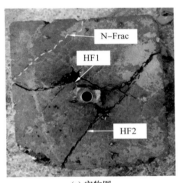
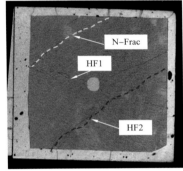

(a) 实物图　　　　　　　　　(b) CT图

图 3-3-20　水平应力差为 2MPa 时的裂缝形态
HF1、HF2—初次压裂形成垂向视角上的裂缝 1、裂缝 2；
N-Frac—二次压裂形成的新裂缝

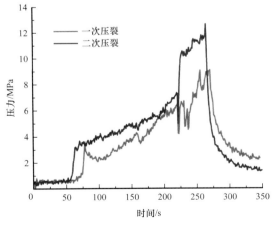

图 3-3-21　水平应力差为 2MPa 时的压裂曲线

由图 3-3-20 可以看出，当水平应力差为 2MPa 时，一次压裂裂缝沿垂直于水平最小主应力方向延伸，延伸过程中遇到天然裂缝后，受天然裂缝影响，沿天然裂缝延伸。二次压裂裂缝发生转向，从一次压裂裂缝中部启裂，呈 45°夹角延伸至边界。

当水平应力差为 4MPa 时，煤岩岩样的裂缝形态和压裂曲线如图 3-3-22 和图 3-3-23 所示。

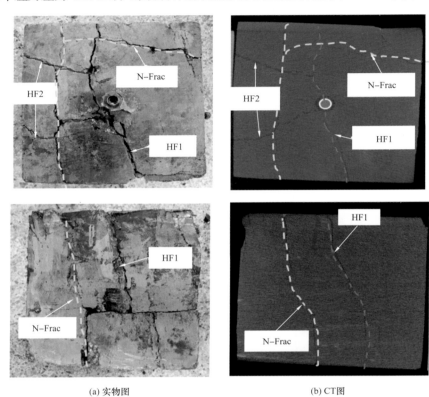

(a) 实物图　　　　　　　　　　　　　　(b) CT图

图 3-3-22　水平应力差为 4MPa 时的裂缝形态

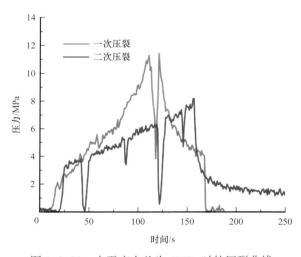

图 3-3-23　水平应力差为 4MPa 时的压裂曲线

从图 3-3-22 可以看出，当水平应力差为 4MPa 时，一次压裂裂缝沿垂直于水平最小主应力方向延伸，在水力裂缝扩展过程中也遭遇了天然裂缝，沿着天然裂缝局部开启，但最终穿越了天然裂缝，沿原方向延伸。水平应力差较大，应力条件对裂缝延伸的控制作用增强，天然裂缝对水力裂缝的扩展影响较小。二次压裂过程，裂缝从一次压裂裂缝中端启裂，形成两条转向裂缝，遭遇天然裂缝后，沿天然裂缝剪切滑移，经有效憋压后，突破天然裂缝延伸至边界。

当水平应力差为 6MPa 时，煤岩岩样的裂缝形态和压裂曲线如图 3-3-24 和图 3-3-25 所示。

从图 3-3-24 可以看出，当水平应力差为 6MPa 时，一次压裂裂缝沿着垂直于水平最小主应力方向延伸，与天然裂缝相遇后，由于水平应力差较大，突破天然裂缝延伸至边界。二次压裂过程，裂缝从井筒处启裂，发生转向，平行于水平最小主应力方向延伸至边界。从缝高方向的煤岩裂缝形态可以看出，裂缝缝高方向延伸受层理面影响，开启层理面，经有效憋压后，突破层理面继续沿缝高方向延伸，形成了阶梯形的水力裂缝。

当水平应力差为 8MPa 时，煤岩岩样的裂缝形态和压裂曲线如图 3-3-26 和图 3-3-27 所示。

(a) 实物图　　　　　　(b) CT图

图 3-3-24　水平应力差为 6MPa 时的裂缝形态

BP—煤层层理

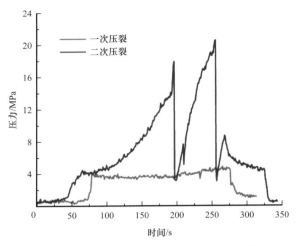

图 3-3-25　水平应力差为 6MPa 时的压裂曲线

(a) 实物图　　　　　　　　　　　　　　(b) CT图

图 3-3-26　水平应力差为 8MPa 时的裂缝形态

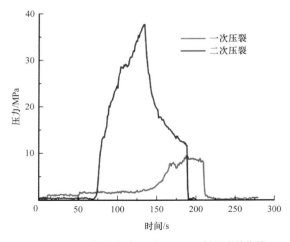

图 3-3-27　水平应力差为 8MPa 时的压裂曲线

从图 3-3-27 可以看出，当水平应力差为 8MPa 时，应力条件对裂缝扩展的作用明显增强，沿煤岩层理开启 3 条水平缝，裂缝难以转向。在泵注过程中，存在异常高压现象，形成砂堵。

将水平应力差为 2MPa、4MPa、6MPa、8MPa 条件下形成的裂缝形态做对比。

从图 3-3-28 可以看出，当水平应力差较小时（2MPa），应力控制作用较小，裂缝主要沿着割理、天然裂缝方向随机扩展；而当水平应力差较大时（4～6MPa），应力对裂缝的控制作用增强，裂缝遭遇天然裂缝后继续沿原方向延伸。因此，在小应力差条件下，天然裂隙对裂缝扩展起主导作用；在大应力差条件下，最大水平主应力对裂缝扩展起主导作用；在天然裂隙和层理发育条件下，水平主应力差是影响裂缝扩展的重要因素。

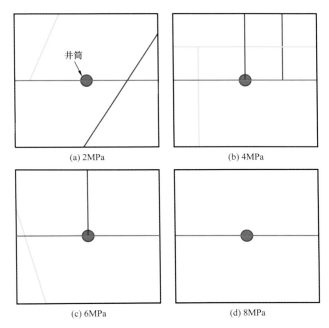

图 3-3-28　不同水平应力差条件下的裂缝形态示意图

另外，实验发现，在低水平应力差（2MPa）条件下，转向缝与一次压裂裂缝斜交，且转向半径小；在中等水平应力差（4～6MPa）条件下，转向缝垂直于一次压裂裂缝，延伸至边界，转向半径大；在高水平应力差（8MPa）条件下，应力差对裂缝扩展限制较大，易形成水平缝，难以转向成功。因此，中等水平应力差（4～6MPa）应作为二次压裂选井选层的条件之一。

（2）暂堵剂用量对裂缝扩展的影响。

暂堵剂用量为 20g/L 时，煤岩岩样的裂缝形态和压裂曲线如图 3-3-29 和图 3-3-30 所示。

从图 3-3-29 可以看出，当暂堵剂用量为 20g/L 时，一次压裂裂缝沿着垂直于水平最小主应力方向延伸，二次压裂裂缝从井筒处启裂，石英砂浓度低，转向半径小，逐渐偏转平行于一次压裂裂缝。

(a) 实物图　　　　　　　　　　　(b) CT图

图 3-3-29　暂堵剂用量为 20g/L 时的裂缝形态

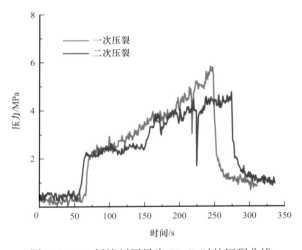

图 3-3-30　暂堵剂用量为 20g/L 时的压裂曲线

　　暂堵剂用量为 60g/L 时，煤岩岩样的裂缝形态和压裂曲线如图 3-3-31 和图 3-3-32 所示。

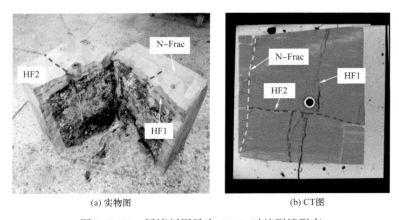

(a) 实物图　　　　　　　　　　　(b) CT图

图 3-3-31　暂堵剂用量为 60g/L 时的裂缝形态

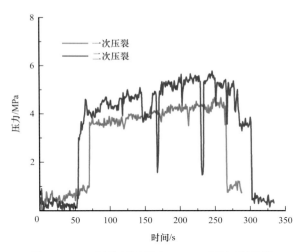

图 3-3-32　暂堵剂用量为 60g/L 时的压裂曲线

从图 3-3-31 可以看出，当暂堵剂用量为 60g/L 时，一次压裂裂缝沿着垂直于水平最小主应力方向延伸，二次压裂裂缝从一次裂缝中启裂，受天然裂缝影响，沿天然裂缝延伸至边界。提高暂堵剂浓度后，石英砂分布广，二次压裂存在多次压降过程，暂堵效果好。

将两组实验与基础组实验（基础组实验包含暂堵剂用量为 40g/L 时的情况）做对比，裂缝形态如图 3-3-33 所示。

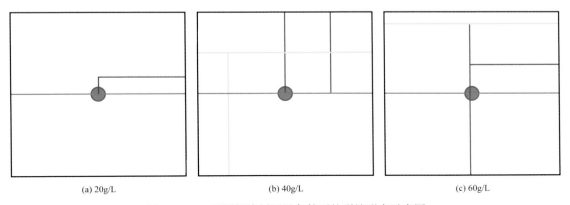

(a) 20g/L　　　　　　　　　　　　(b) 40g/L　　　　　　　　　　　　(c) 60g/L

图 3-3-33　不同暂堵剂用量条件下的裂缝形态示意图

从图 3-3-33 可以看出，在低浓度条件（20g/L）下，封堵裂缝效果差，二次压裂裂缝无法有效延伸，转向半径小；在高浓度条件（60g/L）下，石英砂分布广，二次压裂裂缝延伸至边界，转向半径大。适当提高暂堵剂浓度，有利于二次压裂裂缝转向延伸，形成复杂缝网，但过量石英砂容易造成砂堵。

（3）暂堵剂粒径对裂缝扩展的影响。

使用 20～40 目、40～70 目、80～120 目粒径石英砂进行暂堵压裂，不同粒径暂堵剂如图 3-3-34 所示。

20～40目　　　　　　40～70目　　　　　　80～120目

图 3-3-34　不同粒径石英砂

　　暂堵剂粒径为 20～40 目时，煤岩岩样的裂缝形态和压裂曲线如图 3-3-35 和图 3-3-36 所示。

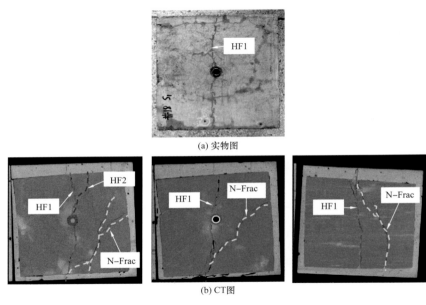

图 3-3-35　暂堵剂粒径为 20～40 目时的裂缝形态

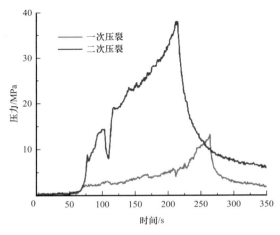

图 3-3-36　暂堵剂粒径为 20～40 目时的压裂曲线

从图 3-3-35 可以看出，使用 20～40 目石英砂作暂堵剂时，一次压裂泵注压力上升至 15MPa 后破裂，裂缝垂直于水平最小主应力方向延伸，并开启天然弱面，采用大粒径暂堵剂，二次压裂裂缝从井筒处启裂，随后存在异常高压现象，石英砂封堵井筒，造成砂堵。

暂堵剂粒径为 80～120 目时，煤岩岩样的裂缝形态和压裂曲线如图 3-3-37 和图 3-3-38 所示。

图 3-3-37　暂堵剂粒径为 80～120 目时的裂缝形态

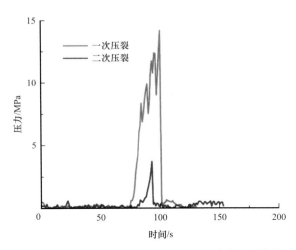

图 3-3-38　暂堵剂粒径为 80～120 目时的压裂曲线

从图 3-3-37 可以看出，使用 80～120 目石英砂作暂堵剂时，一次压裂憋压至 15MPa 破裂，形成一条垂直缝。二次压裂采用小粒径暂堵剂沿着一次裂缝面分布广，但封堵效果差，有效憋压小，形成一条水平缝。

将两组实验与基础组实验（基础组实验包含暂堵剂用量为 40～70 目时的情况）做对比，裂缝形态如图 3-3-39 所示。

从图 3-3-39 可以看出，采用大粒径暂堵剂，能迅速憋压，但容易封堵井筒，造成砂堵；采用小粒径暂堵剂，暂堵剂沿着一次裂缝面分布广，但封堵效果差。使用 40～70 目石英砂进行暂堵压裂，有利于二次压裂裂缝转向延伸，形成复杂缝网。

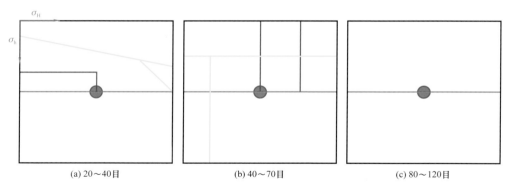

(a) 20～40目　　　　　(b) 40～70目　　　　　(c) 80～120目

图 3-3-39　不同粒径暂堵剂条件下的裂缝形态示意图

（4）排量对裂缝扩展的影响。

采用大排量（500mL/min）注入压裂液，煤岩岩样的裂缝形态和压裂曲线如图 3-3-40 和图 3-3-41 所示。

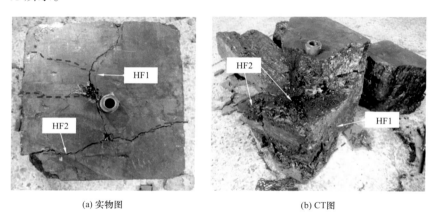

(a) 实物图　　　　　　　　　(b) CT图

图 3-3-40　排量为 500mL/min 时的裂缝形态

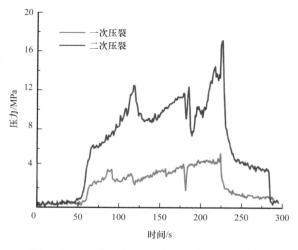

图 3-3-41　排量为 500mL/min 时的压裂曲线

从图 3-3-40 和图 3-3-41 可以看出，一次压裂裂缝垂直于水平最小主应力方向延伸，在高排量条件（500mL/min）下，二次压裂过程泵注压力迅速提高，憋压至 12MPa 破裂，二次压裂形成多条转向裂缝，垂直于一次裂缝延伸。提高排量有利于水力裂缝不断扩展，沟通更多的层理或天然裂缝，形成复杂的裂缝网络。

3. 裂缝暂堵转向数值模拟研究

1）暂堵转向数学模型建立

（1）模型假设条件。

① 模型中所发生的岩石变形均为弹性。

② 流体的渗流符合达西定律。

③ 储层岩石的变形为平面应变。

④ 缝内流体不可压缩且为牛顿流体。

⑤ 缝内压力分布均匀。

⑥ 忽略液体滤失。

（2）流固耦合。

水力压裂是一个非常复杂的物理过程，其中涉及了多门学科，如石油工程、地质工程、流体力学、岩石力学、油田化学以及材料力学等。在进行水力压裂时，储层基质岩石在地层流体载荷的作用下发生变形，即在渗流场作用下，岩石的应力以及油藏的压力分布均发生变化；而变形的基质岩石反过来会对储层流体的流动产生影响，即在岩石应力变化及油藏应力场作用下，影响渗流场中各相流体的流动规律等。这种流体和固体互相影响、互相反馈的现象便是流固耦合现象，图 3-3-42 为流固耦合的微观尺度图。

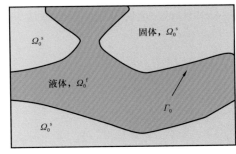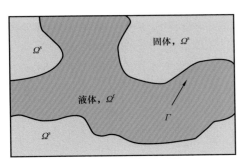

图 3-3-42　流固耦合微观尺度图

Ω_0^s—初始固体区域；Ω_0^f—初始液体区域；Γ_0—初始边界；

Ω^s—受力后固体区域；Ω^f—受力后液体区域；Γ—受力后边界

① 流固耦合基本方程。

a. 渗流微分方程：

$$v = -\frac{KK_r}{\mu}\left(\frac{\partial p}{\partial x} - \rho g\frac{\partial D}{\partial x}\right) \tag{3-3-36}$$

式中　v——渗流速度，m/s；

　　　K——绝对渗透率，mD；

　　　K_r——相对渗透率；

　　　μ——流体的黏滞性，mPa·s；

　　　p——压力，MPa；

　　　D——表征深度的距离，m。

　b. 应力平衡方程：

$$\frac{\partial \sigma_x}{\partial x} + \frac{\partial \tau_{xy}}{\partial y} + \frac{\partial \tau_{xz}}{\partial z} - \frac{\partial u_w}{\partial x} = 0 \qquad (3\text{-}3\text{-}37)$$

$$\frac{\partial \sigma_y}{\partial y} + \frac{\partial \tau_{xy}}{\partial x} + \frac{\partial \tau_{yz}}{\partial z} - \frac{\partial u_w}{\partial y} = 0 \qquad (3\text{-}3\text{-}38)$$

$$\frac{\partial \sigma_z}{\partial z} + \frac{\partial \tau_{xz}}{\partial x} + \frac{\partial \tau_{yz}}{\partial y} - \frac{\partial u_w}{\partial z} + f_z = 0 \qquad (3\text{-}3\text{-}39)$$

式中　σ_x、σ_y、σ_z——x、y、z方向的正应力，MPa；

　　　τ_{xy}、τ_{yz}、τ_{xz}——xy、yz、xz方向的切应力，MPa；

　　　f_z——多孔介质饱和下的重力。

$$f_z = \left[(1-\phi)\rho_s + \phi\rho_o S_o + \phi\rho_w S_w \right] g \qquad (3\text{-}3\text{-}40)$$

式中　ϕ——孔隙度；

　　　S_o——含油饱和度；

　　　S_w——含水饱和度。

由式（3-3-40）可知，ϕ 是变化的，故 f_z 也是变化的，这也是流固耦合效应的表现。

　c. 孔隙度、渗透率和体积应变关系。

根据孔隙度和体积应变的关系，有：

$$\varepsilon_V = \frac{\Delta V_b}{V_b} = \varepsilon_x + \varepsilon_y + \varepsilon_z \qquad (3\text{-}3\text{-}41)$$

$$\phi = \frac{V_p}{V_b} \qquad (3\text{-}3\text{-}42)$$

式中　ε_V——体积应变；

　　　ϕ——孔隙度；

　　　V_p——孔隙体积；

　　　V_b——岩石体积。

从式（3-3-41）和式（3-3-42）可得出 ε_V 和 ϕ 之间的关系：

$$\phi = \frac{1}{1+\varepsilon_V} (\phi_0 + \varepsilon_V) \qquad (3\text{-}3\text{-}43)$$

由 Kozeny–Carman 方程可得：

$$K = \frac{\phi}{k_z S_p^2}$$ （3-3-44）

式中　k_z——Kozeny 常数，通常取 5；
　　　S_p——比表面积。

$$\frac{K}{K_0} = \frac{\left(1 + \dfrac{\varepsilon_V}{\phi_0}\right)^3}{1 + \varepsilon_V}$$ （3-3-45）

从式（3-4-45）中可以看出，体积应变对渗透率影响显著。

② 有限元求解。

a. 平衡方程。

$$\int_V \delta \varepsilon^T \boldsymbol{D}_{ep} \left(d\varepsilon + m \frac{d\overline{p}}{3K_s} \right) dV - \int_V \delta \varepsilon^T m d\overline{p} dV - \int_V \delta u^T df dV - \int_S \delta u^T dt dS = 0$$ （3-3-46）

式中　t——面力，N；
　　　f——体力，N；
　　　$\delta \varepsilon$——虚应变；
　　　δu——虚位移；
　　　$\boldsymbol{D}_{ep}$——弹塑性矩阵。

将式（3-3-46）对时间求导，可得：

$$\int_V \delta \varepsilon^T \boldsymbol{D}_{ep} \left(d\varepsilon + \frac{m}{3K_s} \frac{d\overline{p}}{dt} \right) dV - \int_V \delta \varepsilon^T m \frac{d\overline{p}}{dt} dV - \int_V \delta u^T \frac{df}{dt} dV - \int_S \delta u^T dS = 0$$ （3-3-47）

其中，$\dfrac{dp_a}{dt} = 0$，则有：

$$\frac{d\overline{p}}{dt} = \frac{d\left[S_w p_w + \left(1 - S_w\right) p_a \right]}{dt} = S_w \frac{dp_w}{dt} + p_w \frac{dS_w}{dt}$$ （3-3-48）

考虑毛细管压力，则有：

$$\frac{d\overline{p}}{dt} = \left(S_w + p_w \xi \right) \frac{dp_w}{dt}$$ （3-3-49）

结合式（3-3-47）和式（3-3-49），有：

$$\int_V \delta \varepsilon^T \boldsymbol{D}_{ep} d\varepsilon dV + \int_V \delta \varepsilon^T \boldsymbol{D}_{ep} \frac{m\left(S_w + p_w \xi \right)}{3K_s} \frac{dp_w}{dt} dV - \int_V \delta \varepsilon^T m \left(S_w + p_w \xi \right) \frac{dp_w}{dt} dV =$$

$$\int_V \delta u^T \frac{df}{dt} dV + \int_S \delta u^T dS$$

（3-3-50）

b. 连续方程。

$$S_w \left(m^T - \frac{\boldsymbol{D}_{ep}}{3K_s} \right) \frac{d\varepsilon}{dt} - \nabla^T \left[K' \left(\frac{\nabla p_w}{\rho_w} - g \right) \right] +$$
$$\left\{ \xi\phi + \phi\frac{S_w}{K_w} + S_w \left[\frac{1-\phi}{3K_s} - \frac{m^T \boldsymbol{D}_{ep} m}{(3K)^2} \right] (S_w + p_w \xi) \right\} \frac{dp_w}{dt} = 0 \quad (3-3-51)$$

式中 K'——初始渗透率张量和液体密度的乘积；

K_w——水的体积模量，MPa。

c. 有限元离散。

定义形函数：

$$\begin{cases} u = \boldsymbol{N}_u \bar{u} \\ \varepsilon = \boldsymbol{B}\bar{u} \\ p_w = N_p \overline{p_w} \end{cases} \quad (3-3-52)$$

式中 $\bar{u}$ ——单元节点的位移，m；

$\overline{p_w}$ ——单元节点的孔隙压力，MPa。

将其代入平衡方程，可得到固相有限元列式：

$$K\frac{d\bar{u}}{dt} + C\frac{d\overline{p_w}}{dt} = \frac{df}{dt} \quad (3-3-53)$$

其中：

$$K = \int_V \boldsymbol{B}^T \boldsymbol{D}_{ep} \boldsymbol{B} dV \quad (3-3-54)$$

$$C = \int_V \boldsymbol{B}^T \boldsymbol{D}_{ep} m \frac{S_w + \xi p_w}{3K_s} N_p dV - \int_V \boldsymbol{B}^T (S_w + \xi p_w) m N_p dV \quad (3-3-55)$$

$$df = \int_V \boldsymbol{N}_u^T df dV + \int_S \boldsymbol{N}_u^T dt dS - \quad (3-3-56)$$

$$n^T K \left(\frac{\nabla p_w}{\rho_w} - g \right) = q_w \quad (3-3-57)$$

式中 n——流量边界的单位法向量；

N_u、$\boldsymbol{B}$——定义形函数矢量矩阵；

q_w——单位时间边界的流量，m^3/d。

使用格林公式，得到应力—渗流耦合方程：

$$\begin{bmatrix} K & C \\ E & G \end{bmatrix} \frac{d}{dt} \left\{ \frac{\bar{u}}{p_w} \right\} + \begin{bmatrix} 0 & 0 \\ 0 & F \end{bmatrix} \left\{ \frac{\bar{u}}{p} \right\} = \begin{bmatrix} \frac{df}{dt} \\ \hat{f} \end{bmatrix} \quad (3-3-58)$$

其中：

$$E = \int_V N_p^T \left[S_w \left(m^T - \frac{m^T \boldsymbol{D}_{ep}}{3k_s} \right) \boldsymbol{B} \right] \mathrm{d}V \qquad (3-3-59)$$

$$F = \int_V \left(\nabla N_p \right)^T K \nabla N_p \mathrm{d}V \qquad (3-3-60)$$

$$G = \int_V N_p^T \left\{ S_w \left[\left(\frac{1-\phi}{k_s} - \frac{m^T \boldsymbol{D}_{ep} m}{\left(3k_s\right)^2} \right) \right] \left(S_w + p_w \xi \right) + \xi\phi + \phi \frac{S_w}{k_w} \right\} N_p \mathrm{d}V \qquad (3-3-61)$$

$$\hat{f} = \int_S N_p^T q_{wb} \mathrm{d}S - \int_V \left(\nabla N_p \right)^T Kg \mathrm{d}V \qquad (3-3-62)$$

式中　k_w——水的体积模量，MPa；

　　　E、F、G——中间变量；

　　　k_s——固体颗粒的压缩模量。

2）基于 Abaqus 软件的有限元模拟

（1）Abaqus 软件介绍。

Abaqus 是一个应用范围广、求解结果可靠、可求解大计算量线性问题的商业软件。在很多工艺应用和科学研究中，都会用 Abaqus 软件进行有限元分析。

Abaqus 软件有 Standard 和 Explicit 两个模型，前者主要分析模拟静态、低速以及隐式方法求解问题，后者则模拟动态、高速以及和时间相关的显式问题。本书采用 Abaqus 软件 Standard 模型进行分析模拟。

可以利用 Abaqus/CAE（图 3-3-43）完成 Abaqus 软件模拟分析的全过程：

文件创建；模拟计算；结果处理。具体可分为以下几部分：部件的建立——Part；网格划分（包括网格属性定义）——Mesh；材料属性分配以及截面属性的选择——Property；装配已建立的部件（一般是多个）——Assembly；时间步的定义（定义运行模拟的终止条件以及输出变量）——Step；相互作用（扩展有限元模拟裂缝扩展时独有，预置初始裂缝）——Interaction；载荷以及初始边界条件（初始压力系统以及饱和度等）——Load；模型建立完毕，设置作业进行模拟——Job；结果分析和处理——Visualiztion。

（2）扩展有限元和 cohesive 单元简介。

① 扩展有限元。

水力压裂数值模拟有很多方法，如有限元法（FEM）、扩展有限元法（XFEM）、位移不连续方法（DDM）、离散元法（DEM）、相场法（PFM）和数值流形法（NMM）等，每种方法都有自己的优势，也有自己的缺陷。而扩展有限元法在常规有限元的理论基础上，包含了常规有限元的所有优点，但又不需要因为裂纹的存在而对几何界面重新进行网格划分。

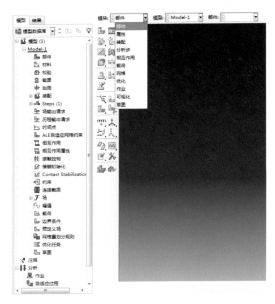

图 3-3-43 Abaqus/CAE 界面

扩展有限元法考虑了裂纹对节点位移变形的影响，加强了裂纹所处单元上节点的自由度。有如下修正插值函数：

$$\begin{Bmatrix} u^{\mathrm{h}}(\varphi(x)) \\ v^{\mathrm{h}}(\varphi(x)) \\ w^{\mathrm{h}}(\varphi(x)) \end{Bmatrix} = \sum_{i \in \Omega} N_i(\varphi(x)) \begin{Bmatrix} u_i \\ v_i \\ p_i \end{Bmatrix} + \sum_{j \in \Omega_\Gamma} N_i(\varphi(x)) H(\varphi(x)) \begin{Bmatrix} a_{1j} \\ a_{2j} \\ a_{3j} \end{Bmatrix} + \sum_{k \in \Omega_\Lambda} N_i(\varphi(x)) [L]^{\mathrm{T}} \begin{Bmatrix} u_k^{\mathrm{tip}} \\ v_k^{\mathrm{tip}} \\ w_k^{\mathrm{tip}} \end{Bmatrix}$$

$$(3-3-63)$$

式中　N_i——节点形函数；

　　　Ω——单元所处区域；

　　　Ω_Γ——含有裂缝的网格集合。

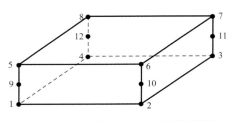

图 3-3-44　三维 cohesive 单元示意图

② cohesive 单元。

字面意思上，cohesive 的意思是黏结、拼合，顾名思义，cohesive 单元（图 3-3-44）在 Abaqus 软件中是用来作为黏结单元的。通过 cohesive 单元将所需黏结的部分拼接起来，由于其可以传递力的作用，因此可以模拟材料的断裂问题。

cohesive 单元可以有效地描述裂缝相交情况下的延伸扩展问题。在模拟裂缝相交问题时，cohesive 单元可以有效地模拟裂缝的发育过程，同时还可以表征裂缝内流体的流动。

图 3-3-44 便是三维 cohesive 单元示意图，可以看出，三维的 cohesive 单元可以分为上中下三个表面，每层表面有 4 个节点，流体在单元内流动。

cohesive 单元的中间表面不能产生任何应力，因此它虽然可以承受传递拉应力、压应力以及剪切应变等，但是 cohesive 单元的破坏变形有且只有一种，那就是上下表面法向的拉伸破坏。

本书将 Abaqus 软件中的压裂过程简化为二维的平面应变问题，所以压裂过程中缝内流体的流动形式可分为沿着 cohesive 单元中间表面的切向流动以及沿着 cohesive 单元顶端表面和底端表面法线方向的法向流动，如图 3-3-45 所示。

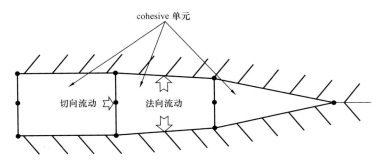

图 3-3-45　cohesive 单元流体流动模式

对于牛顿流体，则有：

$$qd = -k_t \nabla p \qquad (3-3-64)$$

$$k_t = \frac{d^3}{12\mu} \qquad (3-3-65)$$

式中　q——cohesive 单元的体积流量密度向量；

　　　d——裂缝宽度，m；

　　　∇p——压力梯度，Pa/m；

　　　μ——流体的黏滞性，mPa·s；

　　　k_t——流动系数。

结合式（3-3-65），切向流量密度可表示为：

$$qd = -\left(\frac{2\partial}{1+2\partial}\right)\left(\frac{1}{K}\right)^{\frac{1}{\partial}}\left(\frac{d}{2}\right)^{\frac{1+2\partial}{\partial}}\|\nabla p\|^{\frac{1-\partial}{\partial}}\nabla p \qquad (3-3-66)$$

流体沿孔隙的滤失问题即为沿 cohesive 单元的法向流动，在本书中不考虑流体的滤失，主要研究流体的切向流动。流体的法向流动如图 3-3-46 所示。在 cohesive 单元上下表面的法向流计算公式为：

$$q_t = c_t\left(p_i - p_t\right) \qquad (3-3-67)$$

$$q_b = c_b\left(p_i - p_b\right) \qquad (3-3-68)$$

式中　q_t、q_b——流量，m³/s；

　　　c_t、c_b——Abaqus 软件中定义的单位黏度滤失量，m³/（Pa·s）；

p_i——流体压力，Pa；

p_t——法向孔隙压力，Pa。

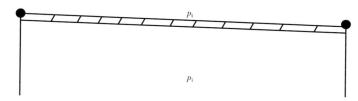

图 3-3-46　单元法向流动

p_i—流体压力，Pa；p_t—法向孔隙压力

③ 暂堵转向模型建立。

暂堵物理实验通过注入暂堵剂暂堵目标层段，研究暂堵转向规律，而在 Abaqus 数值模拟中，不能模拟不同类型暂堵剂的注入，只能模拟注入暂堵剂暂堵后的裂缝扩展规律，这是数值模拟相对物理模拟的缺陷性所在，但数值模拟也有自己的优势，那便是可以有效地模拟裂缝暂堵转向的机理。

该模型以流固耦合为基础，研究应力平衡方程和渗流连续性方程，通过改变储层的渗透性能来模拟暂堵，改变渗透性能后，应力场、位移场都将会改变，通过 Abaqus 数值模拟软件，利用扩展有限元模拟不同情况下的裂缝转向、应力场分布等，分析裂缝暂堵转向规律，并研究水平应力差、天然裂缝角度以及施工参数（压裂液排量、压裂液黏度）等参数对暂堵转向规律的影响。

④ 暂堵模型中的耦合分析

该模型采用 Abaqus 数值模拟软件进行暂堵的数值模拟研究，流固耦合中的虚功原理即任一时刻对岩石作用的虚功等于作用在岩石上体力与面力所做的虚功之和，采用虚功原理可以求得应力平衡方程，再求得渗流连续性方程，之后采用有限元离散，得到应力—渗流耦合方程。

针对耦合问题的求解，一般采用交替迭代式求解，即首先求解渗流模型，得出饱和度、流体压力的变化量，将其传递给滞后一个时间步的应力模型，重新进行载荷分布，得出体积应变的变化量，再反馈给渗流模型，重新计算渗流模型，完成循环。计算的具体步骤如下：

a. 求油藏的初始应力分布；

b. 求解渗流模型，模拟一个时间步的渗流动态，获得渗流场（孔隙压力、饱和度分布等）；

c. 由 b. 中的变化量重新计算载荷分布；

d. 求解应力模型，计算应力、应变分布，获得新的孔隙度、渗透率；

e. 将 d. 的结果代入 b. 中，进行循环，直至结束。

⑤ Abaqus 软件建模过程。

在 Abaqus/Standard 中建模，利用 Abaqus/CAE 模块建立了二维的水力压裂裂缝暂堵转向模型，模型尺寸为 50m×50m，形状为矩形，三轴应力分别沿着 x、y、z 三轴的正半轴方向，其中 x 方向为最大水平主应力方向。

网格划分中为了减少误差，尽量避免网格计算不收敛，将网格形状全部设置为四边形，使其结构保持自由，同时利用进阶算法优化网格划分。将网格属性定义为平面应变（CPE4P），对模型全局包括边界进行布种，作为网格划分的依据，根据前一步的步种结果对网格进行划分。

可以根据不同的研究目的对网格进行不同情况的划分，如研究井筒附近裂缝的扩展情况，可以对全局均匀布种，从而进行网格划分，如图 3-3-47 所示。而在模拟水力裂缝延伸过程中遇到天然裂缝时，进行暂堵，压裂液流入天然裂缝中，改变人工裂缝的方向，针对这种情况，可以采用局部加密的网格划分方式，如图 3-3-48 所示，目的是减少计算量，缩短模拟时间，同时还不会影响结果的准确性和计算的精确性。

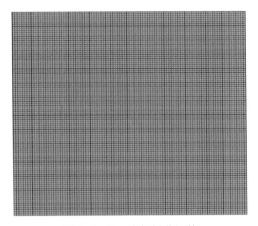

图 3-3-47　均匀划分网格

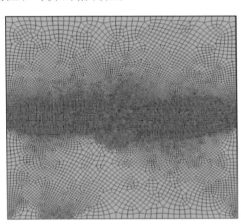

图 3-3-48　局部加密划分网格

在划分完网格后，对裂缝的属性以及模拟地层的属性进行定义，并且将所定义的属性和之前创建的部件一一对应，之后进行装配组合，如图 3-3-49 所示，将各部件组成一个整体。下一步是设置模型的分析步，即定义整个模拟过程的起始条件和终止条件。分析步一般分为三步：第一步为 Abaqus 软件自带的初始阶段；第二步为地应力平衡阶段；第三步为施工阶段，如图 3-3-50 所示，可以模拟压裂过程，或者模拟停止施工关泵后的过程。也可以设置很多个"第三步"，即施工阶段，模拟压裂然后停泵泄压，接着可以继续模拟注入压裂液压裂，再停泵泄压，比较真实地还原现场施工过程。

图 3-3-49　部件装配

载荷条件和边界条件对暂堵转向模型至关重要，所以正确地设置边界和载荷是必不可少的。该模型选用静水压力系统，初始的边界条件和初始孔隙压力都设置为 0，初始孔隙比为 0.1。对地应力进行设置，该模型中所研究的是有效应力。完成上述步骤后，在提交作业之前，还需要修改 imp 文件，设置注液条件，修改输出参数，如图 3-3-51（a）所示。

图 3-3-50 分析步设置

最后一步是为建立好的模型设置作业，提交作业，检查无错误后（允许警告），运行模型，如图 3-3-51（b）所示。

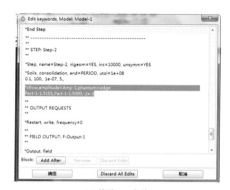

(a) 修改imp文件

(b) 提交作业

图 3-3-51 修改 imp 文件与提交作业

3）暂堵转向影响因素分析

在 Abaqus 软件中，将裂缝相交暂堵延伸的问题拆分为两个问题进行研究。首先，水力裂缝延伸过程中遇到天然裂缝时，注入暂堵剂封堵水力裂缝前端，利用 cohesive 单元模拟裂缝沿天然裂缝延伸；当水力裂缝沿着天然裂缝延伸时，利用扩展有限元法（XFEM）模拟水力裂缝在地应力场作用下的转向。暂堵示意如图 3-3-52 所示。

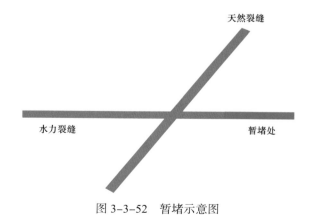

图 3-3-52 暂堵示意图

首先将表 3-3-8 中的参数输入 Abaqus 软件中，利用 cohesive 单元模拟裂缝相交暂堵情况下的延伸扩展，得出裂缝暂堵转向时的一系列参数；之后将上一步得出的数据代入 Abaqus 软件中利用扩展有限元法（XFEM）模拟暂堵后，研究水力裂缝沿天然裂缝延伸时在地应力场作用下的转向问题。

表 3-3-8　参数设置

参数	数值
渗透率 /10^{-3}mD	10
弹性模量 /GPa	6
泊松比	0.35
水平主应力 /MPa	3～11
垂向应力 /MPa	12
抗拉强度 /MPa	2

（1）水平应力差对转向半径的影响。

取天然裂缝角度 60°、天然裂缝长度 3m、压裂液排量 6m³/min、压裂液黏度 2.5mPa·s，仅改变应力差，可以得到井筒处存在天然裂缝时，不同应力差下的裂缝扩展路径，如图 3-3-53 所示，其中 x 方向为最大水平主应力方向，之后利用相关插件提取裂缝的扩展路径，并将不同应力差下的路径放在一起进行对比，计算出不同应力差下裂缝的转向距离，研究其转向的快慢。表 3-3-9 为不同应力差下的裂缝转向半径。

表 3-3-9　应力差与裂缝转向半径关系

应力差 /MPa	转向半径（距离）/m
2	—
4	11.68
5	9.42
6	6.88
8	3.89
10	3.25

由图 3-3-53 可以看出，在不同的应力差下，其转向趋势都大致相同，即最终沿着 x 方向。低水平应力差（2MPa）时，裂缝扩展路径具有随机性，天然裂缝等弱面是影响裂缝扩展的主控因素；应力差增大，高水平应力差对裂缝的扩展起控制作用，此时天然裂缝影响较小。水平应力差越大，转向半径就越小。

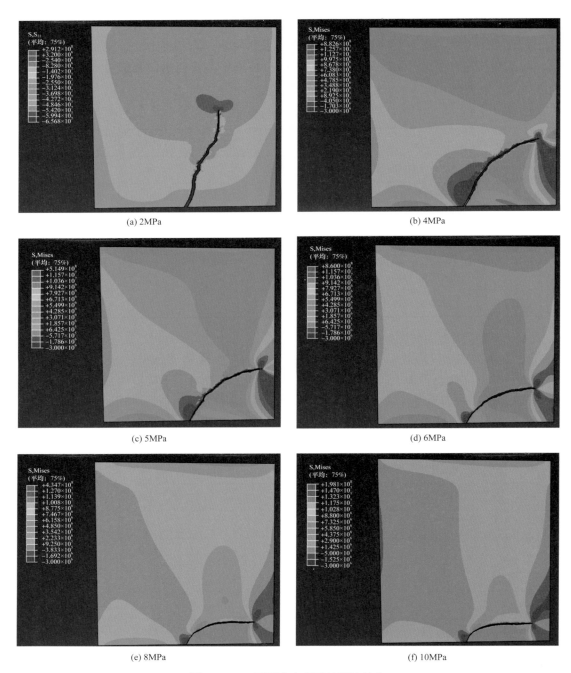

(a) 2MPa

(b) 4MPa

(c) 5MPa

(d) 6MPa

(e) 8MPa

(f) 10MPa

图 3-3-53　不同应力差下的裂缝转向

（2）天然裂缝角度对裂缝扩展的影响

取应力差 6MPa、天然裂缝长度 3m、压裂液排量 6m³/min、压裂液黏度 2.5mPa·s，仅改变天然裂缝角度，可以得到井筒处存在天然裂缝时，不同天然裂缝角度下的裂缝扩展路径，如图 3-3-54 所示。表 3-3-10 为不同天然裂缝角度下的裂缝转向半径。

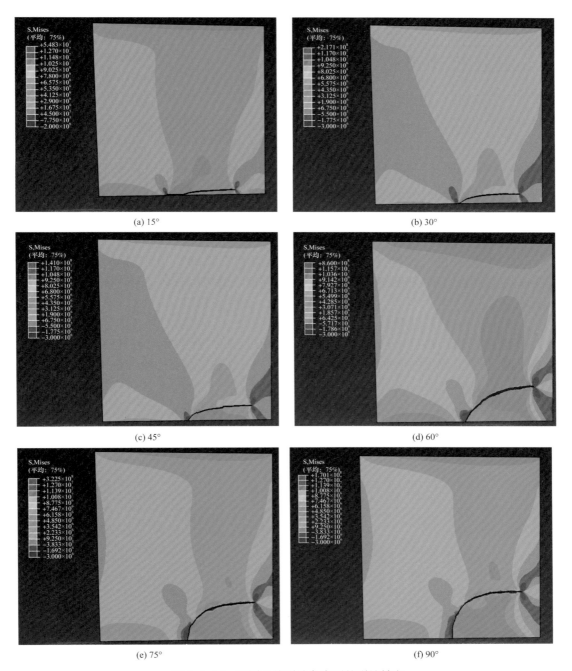

(a) 15°　　　　　　　　　　　　　　(b) 30°

(c) 45°　　　　　　　　　　　　　　(d) 60°

(e) 75°　　　　　　　　　　　　　　(f) 90°

图 3-3-54　不同天然裂缝角度下的裂缝转向

　　由图 3-3-54 可以看出，在不同的天然裂缝角度下，其转向趋势都大致相同，转向距离受天然裂缝角度的影响较大，随着天然裂缝角度的增大，裂缝的转向距离就会变大。天然裂缝的角度越小，在应力场的作用下，水力裂缝迅速转向，重新沿着原方向延伸扩展；当角度变大时，水力裂缝会延伸较远的距离后才完全转向，此时的转向半径较大时，转向较慢。

表 3-3-10　天然裂缝角度与裂缝转向半径关系

天然裂缝角度 /（°）	转向半径（距离）/m
15	1.23
30	2.98
45	3.76
60	6.88
75	7.23
90	7.95

（3）压裂液黏度对裂缝扩展的影响。

取应力差 6MPa、天然裂缝长度 3m、天然裂缝角度 60°、压裂液排量 6m³/min，仅改变压裂液黏度，可以得到暂堵后不同压裂液黏度下的裂缝暂堵转向路径，如图 3-3-55 所示。

从表 3-3-11 中可以看出，随着压裂液黏度的增加，暂堵后裂缝的转向半径会稍微增大，当压裂液黏度从 2.5mPa·s 增加到 300mPa·s 时，暂堵后的裂缝转向半径仅增加了 1.17m。压裂液黏度的增加可以增大施工净压力，在施工过程中影响裂缝的形态，造出"短宽缝"。

表 3-3-11　压裂液黏度与裂缝转向半径关系

压裂液黏度 /（mPa·s）	转向半径（距离）/m
2.5	6.88
20	7.05
50	7.23
100	7.68
200	7.86
300	8.05

（4）施工排量对裂缝扩展的影响。

压裂液排量是人们在压裂施工过程最为关注的一个参数，是可以人为控制的参数，因此研究压裂液排量对裂缝暂堵转向扩展的影响有很大的意义。取应力差 6MPa、天然裂缝长度 3m、天然裂缝角度 60°、压裂液黏度 2.5mPa·s，改变压裂液排量，可以得到暂堵后不同压裂液排量下的裂缝暂堵转向路径，如图 3-3-56 所示，其中 x 方向为最大水平主应力方向，将路径图通过插件导出来，放在一起进行比较，通过分析其转向半径来研究压裂液黏度对暂堵转向的影响。

(a) 2.5mPa·s

(b) 20mPa·s

(c) 50mPa·s

(d) 100mPa·s

(e) 200mPa·s

(f) 300mPa·s

图 3-3-55　不同压裂液黏度下的裂缝转向

压裂液排量的增加会增大施工净压力，从而影响裂缝形态，排量从 2m³/min 增加到 6m³/min 时，裂缝转向半径增大了 1.73m；排量从 6m³/min 增加到 10m³/min 时，转向半径变化幅度不大（表 3-3-12）。

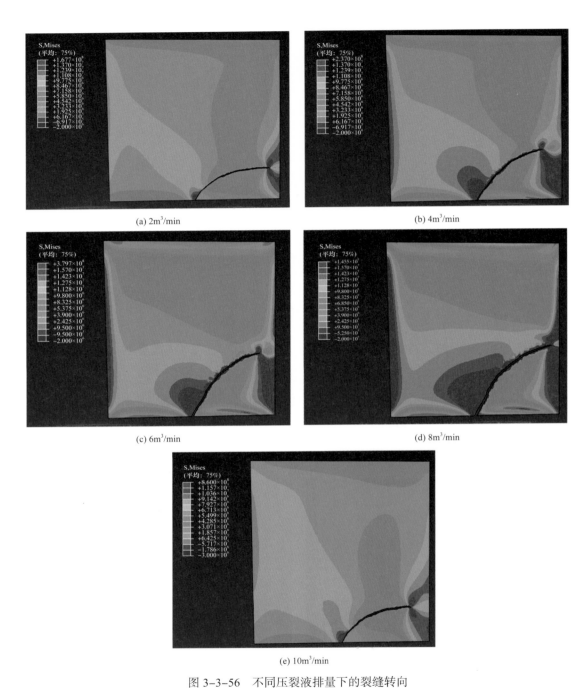

图 3-3-56　不同压裂液排量下的裂缝转向

表 3-3-12　压裂液排量与裂缝转向半径关系

压裂液排量 / (m³/min)	转向半径（距离）/m
2	6.68
4	7.35

续表

压裂液排量 / (m³/min)	转向半径（距离）/m
6	8.41
8	8.67
10	9.05

三、二次改造缝高控制机理物理模拟

1. 实验装置

实验装置与暂堵转向真三轴水力压裂模拟实验装置相同。

2. 实验方案

为使实验结果能反映出规律，结合实际地质条件及相似准则进行了参数选取，本次实验所采用的应力参数及工程参数见表 3-3-13，考虑地质垂向应力差、层间弹性模量差异、施工参数（压裂液黏度）等因素对暂堵转向二次压裂裂缝扩展规律的影响。

表 3-3-13　二次改造缝高控制机理物理模拟实验方案

试件编号	最小应力①/MPa	压裂液黏度 / (mPa·s)	水泥砂配比	对比
1#	12、9、5	2.5	3：1	基础组
2#	12、9、5	2.5	3：1	
3#	5、9、5	2.5	3：1	垂向应力差
4#	8、9、5	2.5	3：1	
5#	10、9、5	2.5	3：1	
6#	12、9、5	100	3：1	压裂液黏度
7#	12、9、5	2.5	1：3	弹性模量
8#	12、9、5	2.5	1：7	
9#	12、9、5	2.5	5：1	
10#	12、9、5	2.5	6：1	

① 分别为垂向应力、水平最大应力和水平最小应力。

3. 试件制备

试件制备方法同节前文所述。

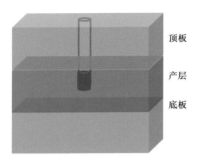

图 3-3-57 顶底板采用不同配比的混凝土实现层间力学性质差异研究

顶底板采用不同配比的混凝土实现层间力学性质差异研究，以进行二次改造缝高控制机理物理模拟，如图 3-3-57 所示。

4. 实验流程

实验流程和暂堵转向真三轴水力压裂模拟实验流程相同。

5. 实验结果分析

1）垂向应力差影响

当垂向应力差为 0MPa 时，煤岩岩样的裂缝形态和压裂曲线如图 3-3-58 和图 3-3-59 所示。

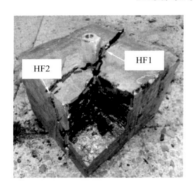

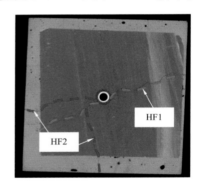

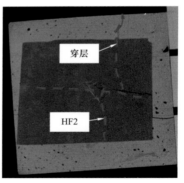

(a) 实物图　　　　　　　　　　(b) CT 图

图 3-3-58 垂向应力差为 0MPa 时的裂缝形态

从图 3-3-58 可以看出，当垂向应力差为 0MPa 时，一次压裂形成垂直缝，垂直于水平最小主应力方向延伸；二次压裂过程，通过粉砂暂堵，注入压力多次升高，同时有大幅度压力降显示，说明产生新缝，裂缝开始沿垂直于最小水平主应力方向延伸，受低垂向应力差影响，裂缝延伸方向偏转形成水平缝，导致水平缝和垂直缝共同发育，裂缝穿越上隔层，未穿越下隔层。

当垂向应力差为 5MPa 时，煤岩岩样的裂缝形态和压裂曲线如图 3-3-60 和图 3-3-61 所示。

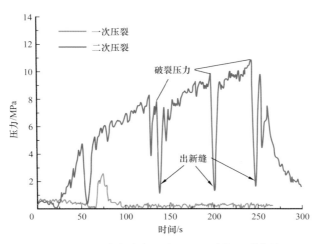

图 3-3-59 垂向应力差为 0MPa 时的压裂曲线

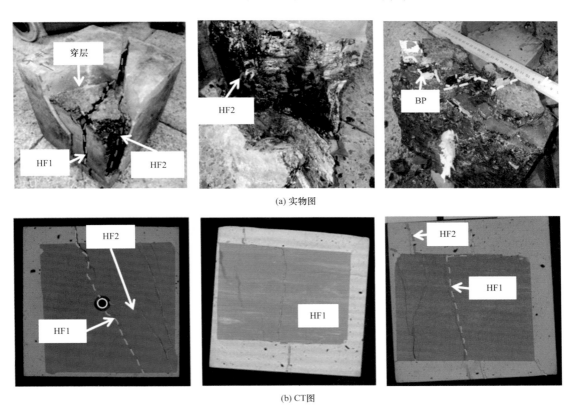

(a) 实物图

(b) CT图

图 3-3-60 垂向应力差为 5MPa 时的裂缝形态

从图 3-3-60 可以看出，当垂向应力差为 5MPa 时，一次压裂形成垂直缝，垂直于水平最小主应力方向延伸，缝高方向延伸至层间界面沿界面发生滑移后穿越上下隔层；二次压裂泵注压力多次下降，形成转向裂缝，延伸至界面发生滑移穿越上隔层，未穿越下隔层。

当垂向应力差为 7MPa 时，煤岩岩样的裂缝形态和压裂曲线如图 3-3-62 和图 3-3-63 所示。

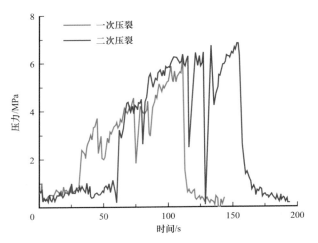

图 3-3-61　垂向应力差为 5MPa 时的压裂曲线

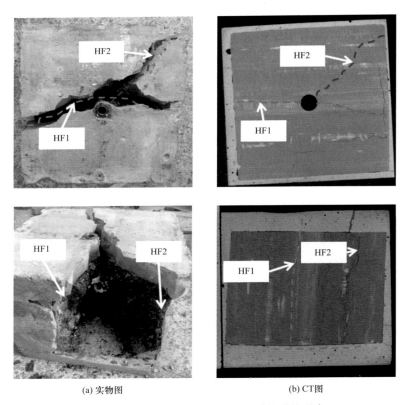

(a) 实物图　　　　　　　　　　(b) CT图

图 3-3-62　垂向应力差为 7MPa 时的裂缝形态

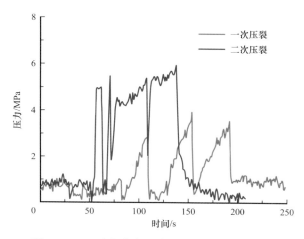

图 3-3-63　垂向应力差为 7MPa 时的压裂曲线

从图 3-3-62 可以看出，当垂向应力差为 7MPa 时，一次压裂形成一条单翼垂直缝，穿越上隔层，沿下隔层界面延伸，形成 T 形缝；二次裂缝从井筒另一端启裂，与一次裂缝呈 30°夹角，形成垂直缝，裂缝穿越上隔层，未穿越下隔层。

将垂向应力差分别为 0MPa、5MPa 和 7MPa 3 组实验条件下形成的裂缝形态做对比，如图 3-3-64 所示。

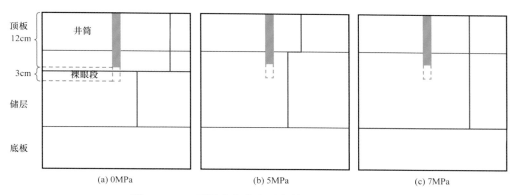

(a) 0MPa　　　　　　　　(b) 5MPa　　　　　　　　(c) 7MPa

图 3-3-64　不同垂向应力差条件下的裂缝形态图

图 3-3-64 中的蓝色实线代表二次压裂裂缝，可以看出，低垂向应力差条件下（0MPa），应力条件对裂缝形态的控制较弱，压裂后水平缝和垂直缝共同发育；中等垂向应力差条件下（5MPa），应力作用增强，裂缝沿层间界面延伸后穿透上隔层，下隔层未穿层；高垂向应力差条件下（7MPa），裂缝直接穿透上隔层，形成 T 形缝。

2）压裂液黏度影响

使用 100mPa·s 的压裂液，挑挂现象明显，携砂效果好，如图 3-3-65 所示。

图 3-3-65　100mPa·s 的压裂液

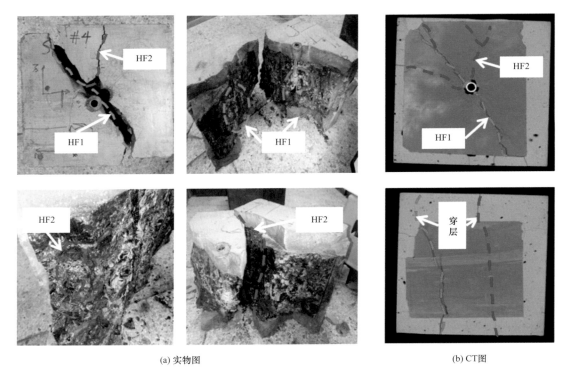

(a) 实物图　　　　　　　　　　　　　　　　　(b) CT图

图 3-3-66　100mPa·s 压裂液下的裂缝形态

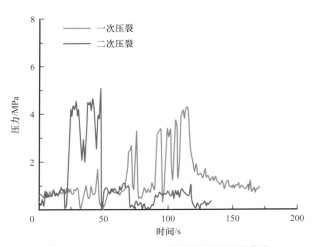

图 3-3-67　100mPa·s 压裂液下的压裂曲线

使用 100mPa·s 的压裂液，煤岩岩样的裂缝形态和压裂曲线如图 3-3-66 和图 3-3-67 所示。

从图 3-3-66 可以看出，使用高黏压裂液，携砂性能好，石英砂分布广，裂缝开度大，暂堵压裂形成多条转向裂缝，但是缝高方向不易控制，一次压裂裂缝、二次压裂裂缝均穿越上下隔层。

3）弹性模量差异影响

由于要考虑顶底板约束条件下的二次压裂缝高扩展物理模拟实验，因此要采用不同混凝土配合比制作"顶板—煤层—底板"层状试样，测试不同混凝土配合比顶底板的力学性质（如弹性模量、泊松比等），研究不同力学性质差异对裂缝垂向延伸的影响。

通过制作岩心柱、采用超声波仪器，测试不同混凝土配合比岩心的横纵波波速，以此计算岩心的弹性模量和泊松比，计算过程如下：

超声波传播特征方程：

$$\nabla^2 \phi = \frac{1}{C^2} \frac{\partial^2 \phi}{\partial^2 t^2} \qquad (3-3-69)$$

纵波波速：

$$C_L = \sqrt{\frac{E(1-\sigma)}{\rho(1+\sigma)(1-2\sigma)}} \qquad (3-3-70)$$

横波波速：

$$C_S = \sqrt{\frac{E}{2\rho(1+\sigma)}} \qquad (3-3-71)$$

弹性模量：

$$E = \frac{\rho C_S (3T^2 - 4)}{T^2 - 1} \qquad (3-3-72)$$

泊松比：

$$\sigma = \frac{T^2 - 2}{2(T^2 - 1)} \qquad (3-3-73)$$

其中：

$$T = \frac{C_L}{C_S} \qquad (3-3-74)$$

式中　ϕ——标量势；

C——声波速度；

C_L——纵波波速，m/s；

C_S——横波波速，m/s；

E——弹性模量，GPa；

σ——泊松比；

T——中间变量。

通过以上公式计算不同混凝土配合比顶底板的弹性模量和泊松比，计算结果见表3-3-14。

表 3-3-14　不同混凝土配合比顶底板的弹性模量和泊松比

试样	杨氏模量 /GPa	泊松比
煤岩	4.23	0.34
水泥：砂 =3：1	25.03	0.24
水泥：砂 =6：1	30.59	0.27
水泥：砂 =1：7	6.18	0.285

储隔层弹性模量差异 1.95GPa 条件下，煤岩岩样的裂缝形态和压裂曲线如图 3-3-68 和图 3-3-69 所示。

(a) 实物图　　　　　　　　　　　　(b) CT图

图 3-3-68　储隔层弹性模量差异小条件下的裂缝形态

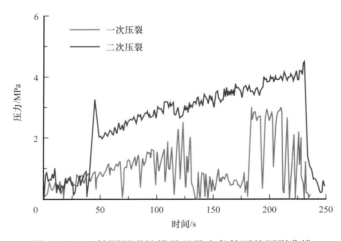

图 3-3-69　储隔层弹性模量差异小条件下的压裂曲线

从图 3-3-68 可以看出，储隔层弹性模量差异较小，储层弹性模量为 4.23GPa，隔层弹性模量为 6.18GPa，差异仅为 1.95GPa。压裂过程中裂缝容易穿越界面进入隔层扩展，垂直裂缝穿透上隔层到达试件表面；裂缝向下延伸过程受天然裂缝影响，并没有穿越天然裂缝到达下隔层。说明储隔层弹性模量差异较小时，裂缝易垂向延伸，穿越隔层。

储隔层弹性模量差异 26.36GPa 条件下，煤岩岩样的裂缝形态和压裂曲线如图 3-3-70 和图 3-3-71 所示。

(a) 实物图

(b) CT图

图 3-3-70　储隔层弹性模量差异大条件下的裂缝形态

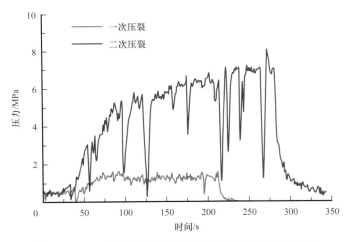

图 3-3-71　储隔层弹性模量差异大条件下的压裂曲线

岩样储隔层的弹性模量差异较大，储层弹性模量为 4.23GPa，隔层弹性模量为 30.59GPa，差异为 26.36GPa，压裂初期在煤层形成的垂直裂缝到达界面后，在层间界面处发生了横向剪切滑移，转向为沿界面延伸的水平裂缝，裂缝限制于煤层内部，整个裂缝形状为"工"形。说明储隔层弹性模量差异较大时，能限制裂缝不穿层发育。

将两组实验与基础组实验做对比，裂缝形态如图 3-3-72 所示。

对比 3 组岩样的裂缝形态可以看出，煤岩水力裂缝垂向穿层扩展受层间物性差异和垂向应力差共同控制，储隔层弹性模量差异大，裂缝易被控制在煤层中，但是垂向应力较大时，裂缝也会穿层发育，同时天然裂缝、层理等弱面的存在会造成裂缝沿着层理、天然裂缝方向随机扩展。

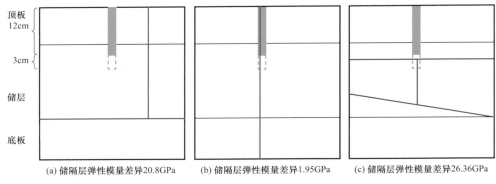

(a) 储隔层弹性模量差异20.8GPa   (b) 储隔层弹性模量差异1.95GPa   (c) 储隔层弹性模量差异26.36GPa

图 3-3-72　不同弹性模量差异条件下的裂缝形态

四、基于室内实验与数值模拟的参数优化设计

1. 地质模型建立

基于目标区块的井资料、测井数据等，采用 Petrel 建模软件建立三维地质模型；根据分层数据和数字化顶面构造数据，构造目标区块煤岩层面构造；根据各井段的测井解释结果建立各层段的属性模型；采用克里金插值方法，最终形成柿庄南区块 3 号煤层三维地质模型，如图 3-3-73 所示。

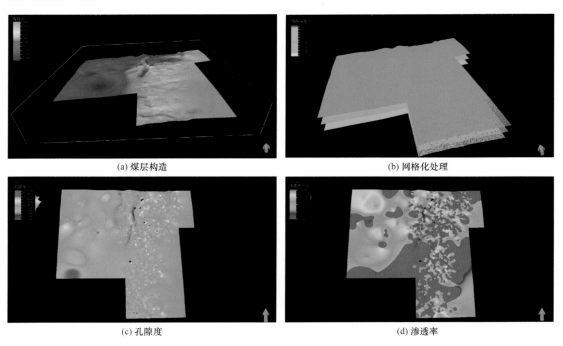

(a) 煤层构造

(b) 网格化处理

(c) 孔隙度

(d) 渗透率

图 3-3-73　柿庄南区块 3 号煤层三维地质模型

截取 Petrel 地质模型，导入 CMG 软件 GEM 模块，网格数量 51×41×6，平面网格大小 25m×25m，垂向网格大小为 1m。根据净压力历史拟合反演得到的裂缝参数，在 CMG 模型中添加水力裂缝，水力裂缝采用局部网格加密的方法，如图 3-3-74 所示。

对生产井历史数据和数值模拟结果进行历史拟合，拟合主要调整参数（孔隙度、渗透率、兰氏体积、兰氏压力等），拟合结果如图 3-3-75 所示。

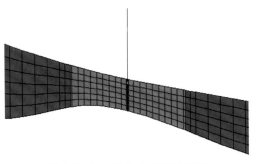

图 3-3-74 直井水力裂缝模型

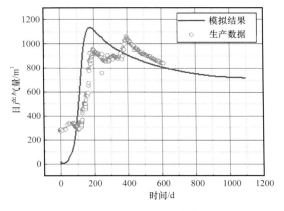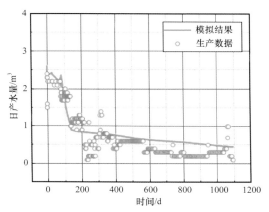

图 3-3-75 QN123 井历史拟合结果

通过历史拟合，最终确定柿庄南区块 3 号煤层数值模拟基础参数，见图 3-3-76 和表 3-3-15。

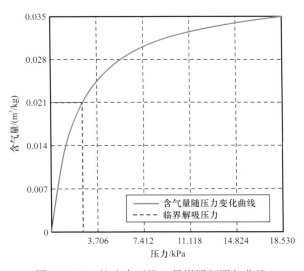

图 3-3-76 柿庄南区块 3 号煤层朗缪尔曲线

表 3-3-15　柿庄南区块 3 号煤层数值模拟基础参数

参数	数值
孔隙度 /%	0.1
基质渗透率 /mD	0.005
裂缝渗透率 /mD	0.5
煤层压缩系数 /（psi^{-1}）	3.5×10^{-5}
储层压力 /MPa	4
储层深度 /m	700
储层温度 /℃	25
兰氏压力 /MPa	2.18
兰氏体积 /（m^3/t）	38.82

2. 裂缝参数优化

1）裂缝半长（单井）

裂缝半长是影响压裂水平井生产动态的一个重要因素。在施工过程中，受沿地应力的分布、压裂方法的限制以及天然裂缝密集带的需要，压开的各条裂缝的长度可能不同，有必要分析裂缝半长对压裂井产能的影响。为了研究裂缝半长对压裂煤层气井产能的影响，计算当裂缝半长分别为 40m、60m、80m、100m、120m、140m 时压裂直井的产能，如图 3-3-77 和图 3-3-78 所示。

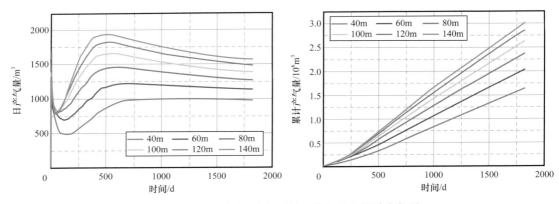

图 3-3-77　不同裂缝半长下的日产气量和累计产气量

由图 3-3-77 和图 3-3-78 分析可知，随着裂缝半长由 40m 增加到 140m，煤层气井初期日产气量越高，产气峰值越大；后期日产气量递减越快，不同裂缝半长日产气量趋近，但 5 年后长缝仍比短缝的日产气量高。当裂缝半长大于 100m 后，累计产气量增长速度放缓，产量增加不明显。裂缝半长优化为 100～120m。

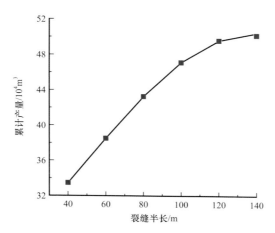

图 3-3-78 裂缝半长对累计产量的影响

2）裂缝导流能力

裂缝导流能力是指裂缝的宽度和裂缝渗透率的乘积，随着压裂技术的发展，压裂工艺所能提供的裂缝导流能力越来越大。实践表明，裂缝导流能力是影响压裂井产能的最敏感因素之一。基本模型同前，分别计算裂缝导流能力为 5D·cm、10D·cm、20D·cm、30D·cm、40D·cm、50D·cm 时压裂直井的产能，如图 3-3-79 和图 3-3-80 所示。

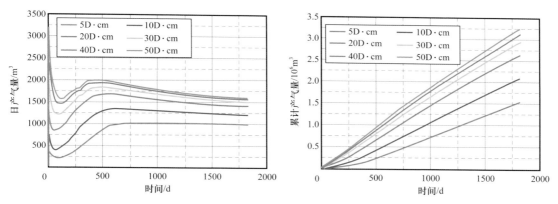

图 3-3-79 不同裂缝导流能力下的日产气量和累计产气量

由图 3-3-79 和图 3-3-80 分析可知，裂缝导流能力越大，煤层气井初期日产气量越高，产气峰值越大；后期日产气量递减越快，不同裂缝导流能力的日产气量趋近，其中较高裂缝导流能力的日产气量几乎相同。当裂缝导流能力大于 20D·cm 后，累计产气量增长速度放缓，产量增加不明显。裂缝导流能力优化为 10～20D·cm。

根据现有资料井，3 号煤层地应力反演结果显示：垂向应力大于最大、最小水平主应力，故形成垂直缝；水平应力差平均为 4.30MPa（中等应力差为 4～6MPa），具备二次压裂转向条件；垂向应力差较大，垂直方向易压穿顶板；层间应力差大于 5MPa，对缝高具备一定的限制作用，但由于垂向应力差及层间岩石力学参数等原因，缝高仍难以得到有效控制。

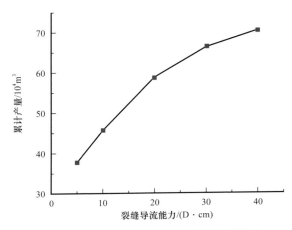

图 3-3-80　裂缝导流能力对累计产量的影响

当水平应力差为 4～6MPa 时，通过物理模拟实验发现新缝沿割理或一次裂缝方向延伸，推断柿庄南区块二次压裂的裂缝偏转角度较小，易和一次裂缝重合，因此需加大施工规模，促使二次裂缝转向，在施工参数优化设计中需要加以考虑。

3. 施工工艺及参数优化

根据裂缝参数优化结果，在满足裂缝参数的前提下（裂缝半长 100m，裂缝导流能力 20D·cm），对施工工艺及参数进行优化。

1）加砂方式

采用多段塞加砂方式，支撑剂能被液体携带至裂缝远端，有效提高水力裂缝的导流能力；而连续加砂的方式会使支撑剂在缝口堆积，容易造成砂堵，不利于煤层改造。根据煤岩裂隙尺寸，现场所选支撑剂粒径为 20～40 目。

2）总液量

压裂施工总液量与压裂裂缝形态有关，如图 3-3-81 所示，裂缝半长及缝高随总液量

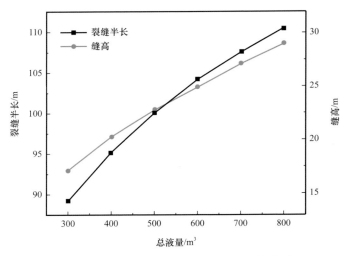

图 3-3-81　总液量与裂缝半长、缝高的关系

的增大而增大，为保证缝长达到 100m 的设计值，总液量需大于 500m³，又因总液量大于 600m³ 后缝长增长不明显，且缝高难以控制，故总液量优化为 500～600m³。

3）前置液比例

前置液的主要作用就是造缝，要求有较高的造缝能力。如图 3-3-82 所示，裂缝半长及缝高随前置液比例的增大而增大，为保证裂缝半长达到 100m 的设计值，前置液比例需大于 30%，又因前置液比例大于 35% 后缝长增长不明显，且缝高难以控制，故前置液比例优化为 30%～35%。

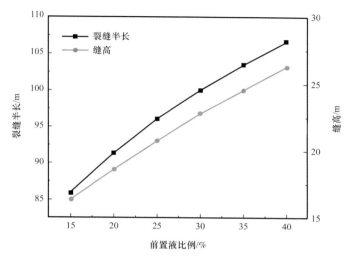

图 3-3-82　前置液比例与裂缝半长、缝高的关系

4）平均砂比

砂比是指支撑剂体积与携砂液体积的比值，对裂缝导流能力有较大的影响。煤层气压裂在加砂阶段一般采用砂比阶梯式递增的泵注程序，使支撑剂能够运移至裂缝远端，均匀铺置，有效提高裂缝导流能力。在施工参数优化过程中，为了更好地控制变量，对比不同平均砂比下的裂缝尺寸及导流能力。

如图 3-3-83 所示，随着平均砂比的增大，裂缝半长及缝高逐渐减小，平均裂缝导流能力逐渐增大，为保证裂缝半长和导流能力均满足设计值，且考虑到作为暂堵剂的石英砂用量，故平均砂比优化为 12%～14%，砂量约为 50m³。

5）排量

施工排量与压裂层的物理机械性质、加砂量、砂比、压裂液的流变性和施工设备状况等有关。由于煤岩中有大量的劈理、割理存在，在煤层中各个方向的滤失性都很强，从而导致压裂液造缝能力下降，同时煤层二次压裂的裂缝偏转角度较小，易和一次裂缝重合，因此需加大施工规模，相对减少压裂液的滤失，促使二次裂缝转向。

如图 3-3-84 所示，随着排量的增大，裂缝半长及缝高逐渐增大，平均裂缝导流能力逐渐减小，为保证裂缝半长和导流能力均满足设计值，且考虑到二次压裂裂缝偏转角度较小，易和一次裂缝重合，故排量优化为 6～8m³/min。

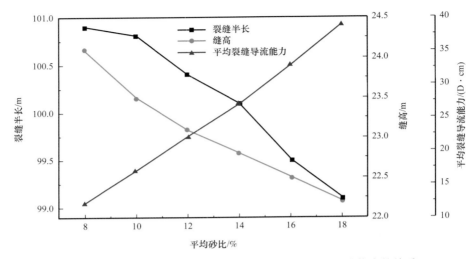

图 3-3-83　平均砂比与裂缝半长、缝高、平均裂缝导流能力的关系

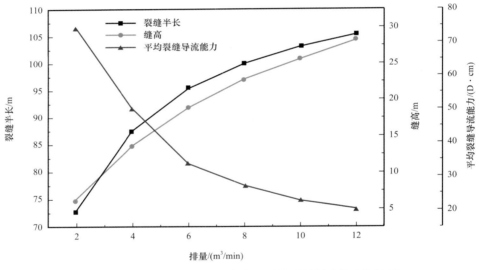

图 3-3-84　排量与半缝长、缝高、平均裂缝导流能力的关系

4. 二次压裂复杂裂缝扩展判断图版

煤层气储层类型划分与复杂裂缝判断图版，包括一类储层、二类储层和三类储层，主要依据水平应力差、天然裂缝密度和可压性指数所决定的水力裂缝形态进行划分，如图 3-3-85 所示。表 3-3-16 对 3 类储层所对应的压裂工艺和裂缝形态特征进行了分类总结。一类储层水平应力差小于 6MPa，天然裂缝密度大于 0.5 条 /m，可压性指数不小于 0.7，通过缝网体积压裂工艺即可形成复杂缝网。二类储层的水平应力差为 6～12MPa，天然裂缝密度大于 0.5 条 /m，可压性指数为 0.4～0.7，通过暂堵转向压裂工艺可形成多条局部复杂缝。三类储层的水平应力差高于 12MPa，天然裂缝不发育，可压性指数小于 0.4，

需要密集切割压裂工艺才能形成密集简单缝。

不同裂缝形态特征与储层类型细分图版，如图 3-3-86 至图 3-3-88 所示。

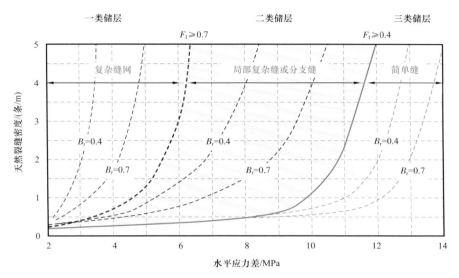

图 3-3-85　煤岩二次压裂储层类型划分与复杂裂缝判断图版

表 3-3-16　不同形态特征裂缝形成条件与储层类型划分

区域	储层条件				压裂工艺	裂缝形态特征		储层类型划分	
	脆性指数	水平应力差 /MPa	天然裂缝密度 /条 /m	可压性指数					
1	≥0.7	<6	>0.5	≥0.7	缝网体积压裂	复杂裂缝	高密缝网	一类储层	A 类
	0.4～0.7						复杂缝网		B 类
	<0.4						简单缝网		C 类
2	≥0.7	6-12	>0.5	0.4～0.7	暂堵转向压裂	局部复杂缝或分支缝	局部复杂缝	二类储层	A 类
	0.4～0.7						多分支缝		B 类
	<0.4						少量分支缝		C 类
3	≥0.7	>12	—	<0.4	暂堵转向压裂	密集缝	密集复杂分支缝	三类储层	A 类
	0.4～0.7						密集分支缝		B 类
	<0.4						密集简单缝		C 类

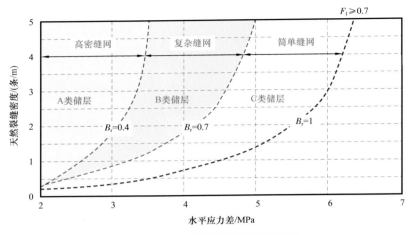

图 3-3-86 一类储层裂缝形态特征

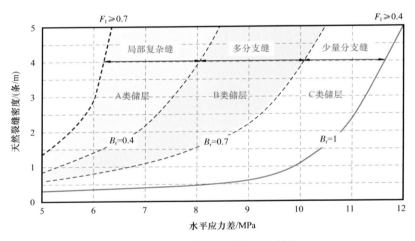

图 3-3-87 二类储层裂缝形态特征

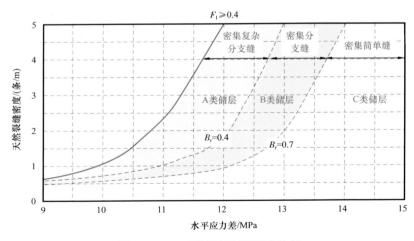

图 3-3-88 三类储层裂缝形态特征

第四节　深层煤层气井压裂理论及工艺

一、深层煤层气井压裂难点

研究发现，较之浅层煤层，深层煤储层物性特征更差，开采条件发生了改变，开发难度更大。特殊的地质条件使得适用于浅层煤层气的现有增产改造技术在深层煤层煤层气开发上的适用性和兼容性面临挑战，剖析深层煤层完井与增产改造技术的需求和难点，可以发现以下特点：

（1）缺乏系统的针对深层煤层完井方式及参数优化方法。

（2）深层煤储层物性较差，增产改造措施中煤储层易受伤害，深层煤层开发过程中的储层保护需求更加凸显，目前尚无成熟的针对深层煤层完井液体系。

（3）随着煤层埋深增加，地应力状态存在两次转换。深层煤层虽然弹性模量较高、泊松比较低，但水平主应力差较大，难以发生应力反转而形成复杂裂缝网络。

（4）深层煤层裂隙闭合程度变大，在极其不规则的裂缝系统中，要实现支撑剂的有效输运，难度极大。

（5）深层煤层气吸附解吸规律复杂，压裂后产量的提升受到多种因素的制约。煤层气解吸扩散特征及其对煤层气排采的影响有待进一步解释。

（6）国内现有裂缝监测技术无法实现快速经济地监测与解释。

二、现有压裂技术体系适应性分析

从不同压裂液体系的特点及其在我国煤层气开发中的应用情况（表3-4-1）可以发现，现有压裂液体系受到煤层基质伤害、煤粉堵塞、液体滤失及成本控制等多种因素制约，在面对地质条件更极端、煤层物性更差、吸附解吸规律更复杂的深部煤储层时，储层改造效果往往不理想。因此，适应于深层煤层的压裂材料研发迫在眉睫（罗陶涛，2010；侯景龙，2011）。考虑到活性水滤失严重，提出了可显著暂堵降滤失的转向降滤压裂液。考虑到现有泡沫压裂液中稳泡剂对煤层伤害较大的问题，进一步研究压裂液影响下的煤层气吸附解吸问题，提出研发不含大分子物质且能有效减少煤储层对压裂液的吸附并促进甲烷解吸的深层煤层煤层气井泡沫压裂液。结合超低密度支撑剂前期相关探索工作，配套研发出密度接近压裂液的超低密度支撑剂来解决携砂与泵送难题，进而形成深层煤层煤层气增产改造的配套材料。

表3-4-1　不同压裂液体系特点及应用情况

名称	优点	缺点	应用频次	成功案例	应用情况总结
活性水压裂液	伤害小、成本低、配制简单	滤失量大、携砂弱、液量大	极高	沁水盆地95%以上井，施工成功率较高，增产效果较好	经济性好，被广泛应用

续表

名称	优点	缺点	应用频次	成功案例	应用情况总结
线性胶/冻胶压裂液	携砂强、导流能力强	破胶难、有残渣、伤害大	极低	华北油田 2 口井见气率达100%，1 口井日产气量达到2000m³ 以上	由于破胶难和伤害大，应用受到限制
清洁压裂液	易破胶、携砂强、伤害小	成本高、部分储层破胶难	低	韩城地区 3 口井施工成功率达100%，增产效果好	成本高是主要制约因素，目前处在试验阶段
N₂/CO₂泡沫压裂液	滤失低、易返排	设备复杂、成本较高、稳泡剂伤害大	低	大宁—吉县地区成功施工 4 口井	目前处于研究阶段，应用前景巨大
潜在酸压裂液	缓速好、抗剪好、高防膨、易返排	成本较高	极低	沁水盆地现场应用 5 井次，施工过程顺利，压裂液适应性良好	可溶蚀碳酸盐类堵塞物，目前处于试验阶段
液态 CO₂压裂液	促解吸、伤害小、易返排	成本高、携砂弱、改造体积小	极低	安徽淮北、河南焦作两地的试验井取得成功	对添加剂的需求小，目前处于试验阶段

三、深煤层煤层气井泡沫压裂液研发

1. 压裂液影响下的煤层气吸附实验研究

煤样取自山西晋城赵庄，对实验进行了正交设计。实验中需要的工作液配方如下：

（1）活性水压裂液：0.5%～1%WD-10 表面活性剂 + 水。

（2）降阻活性水压裂液：0.5%～1%WD-10 表面活性剂 +0.1%～0.3%WD-7B 降阻剂 + 水。

（3）泡沫压裂液：0.5%～1%WD-18 起泡剂 +0.1%～0.3%WD-7B 降阻剂 + 水。

为了对比实验效果，还需要做一组平衡水煤样等温曲线作为对比，如图 3-4-1 和图 3-4-2 所示。

由实验结论可知，经过压裂液污染的煤粉对甲烷吸附能力为：

KCl＞活性水压裂液＞降阻活性水压裂液＞泡沫压裂液基液。

由此可见，经过压裂液处理的煤岩，对煤层气的扩散起到阻碍作用，导致煤层气解吸量降低。但相比较而言，泡沫压裂液基液处理后的煤粉对甲烷的吸附能力最小。

2. 压裂液影响下的煤层气解吸与扩散的分子模拟研究

1）泡沫压裂液起泡剂对煤层甲烷的解吸和扩散的影响机理

利用 MS 软件中的 Visualizer 工具绘制出不同起泡剂的分子结构，然后再用 Focite 模块进行几何最优化，优化后的分子结构如图 3-4-3 所示。采用经优化的具有周期边界的煤

分子结构建立煤表面模型（图 3-4-4），然后将起泡剂分子与煤表面相互作用（图 3-4-5），计算单个起泡剂分子与煤表面的相互作用能。

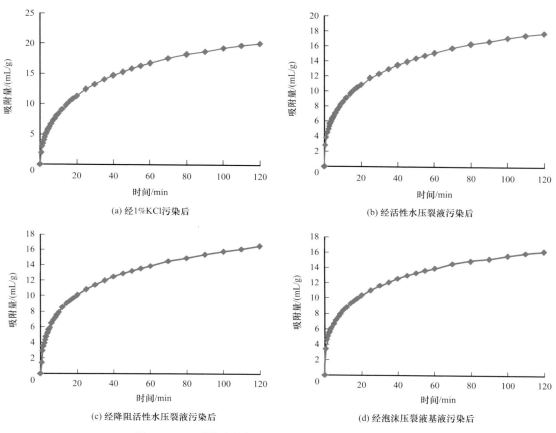

(a) 经1%KCl污染后

(b) 经活性水压裂液污染后

(c) 经降阻活性水压裂液污染后

(d) 经泡沫压裂液基液污染后

图 3-4-1　不同压裂液影响下煤对甲烷的等温吸附曲线

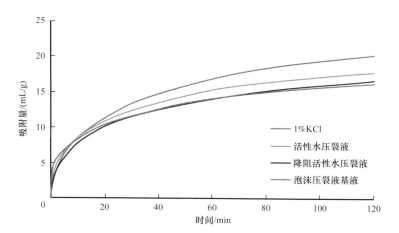

图 3-4-2　不同压裂液影响下煤对甲烷的等温吸附曲线对比

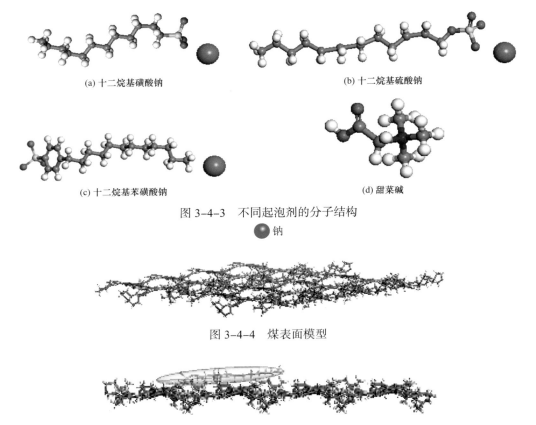

(a) 十二烷基磺酸钠　　　　　　　　　　　(b) 十二烷基硫酸钠

(c) 十二烷基苯磺酸钠　　　　　　　　　　(d) 甜菜碱

图 3-4-3　不同起泡剂的分子结构

● 钠

图 3-4-4　煤表面模型

图 3-4-5　起泡剂分子与煤表面相互作用示意图

由表 3-4-2 可知，十二烷基硫酸钠与煤表面相互作用能的绝对值最大，相互作用最强，表明十二烷基硫酸钠有强吸附于煤层壁面的趋势。

表 3-4-2　不同起泡剂与煤表面的相互作用能

起泡剂	十二烷基磺酸钠	十二烷基硫酸钠	十二烷基苯磺酸钠	甜菜碱
相互作用能 /（kJ/mol）	−54.17	−10343.91	−115.62	−27.17

2）起泡剂与水的相互作用能

为了衡量起泡剂在水中的起泡性能，利用 MS 软件中的 AmorphousCell 模块构建空气—水界面模型，然后加入起泡剂分子，通过分子动力学计算得到单个起泡剂分子与界面接触时体系能量的降低值（即相互作用能，表 3-4-3）。

表 3-4-3　不同起泡剂与水的相互作用能

起泡剂	十二烷基磺酸钠	十二烷基硫酸钠	十二烷基苯磺酸钠	甜菜碱
相互作用能 /（kJ/mol）	−775.99	−805.00	−762.29	−564.10

通过计算相互作用能，发现虽然十二烷基硫酸钠是非常理想的泡沫压裂液起泡剂，可与水分子相互作用形成稳定界面，但与煤表面的强相互作用能会对气体扩散造成很大阻碍。

下一步通过分子模拟，研究起泡剂在含水煤表面的吸附机理和煤层甲烷在起泡剂水溶液影响下的扩散机理。模拟发现十二烷基硫酸钠和十二烷基苯磺酸钠在含水煤表面的吸附性强，可有效降低气水界面张力，促使气体在液相中形成小气泡，保证气泡上升形成泡沫层。起泡剂的加入会使甲烷的扩散系数显著降低，因为起泡剂分子会吸附于煤基质表面，造成甲烷从煤基质微孔向裂缝的扩散受阻。

（1）稳泡剂与起泡剂水溶液的相互作用能机理。

稳泡剂与起泡剂水溶液的相互作用能大小直接决定着稳泡剂是否有效延长泡沫半衰期，提高泡沫性能。根据1）和2）的模拟和实验结果，选用十二烷基苯磺酸钠作为后续研究的起泡剂，建立稳泡剂与起泡剂水溶液模型，发现大分子稳泡剂的存在能有效提高泡沫黏度和降低泡沫流动性，使稳泡效果得以实现。

（2）煤层甲烷在含起泡剂和稳泡剂的压裂液影响下的扩散机理。

通过研究起泡剂对煤层甲烷解吸和扩散的影响机理可知，起泡剂会显著影响煤层甲烷的扩散速度。在起泡剂模型的基础上添加稳泡剂分子，建立含水煤层中甲烷在泡沫压裂液影响下的扩散模型，通过 Forcite 模块中的 Analysis 深入分析泡沫压裂液对煤层甲烷扩散的干扰程度。

图 3-4-6 为含水煤层中甲烷在不同泡沫压裂液影响下的均方位移。由图 3-4-6 可知，随着时间的延长，甲烷的均方位移呈波浪式增加，说明稳泡剂和起泡剂分子的存在会干扰甲烷的扩散进程；当稳泡剂为 CMC-25 时甲烷的均方位移最小，当稳泡剂为 PEG-100 时甲烷的均方位移最大，说明 PEG-100 在煤表面的吸附层较薄，有利于甲烷扩散。因此，大分子聚合物型稳泡剂会给煤层带来极大的伤害，显著降低甲烷的扩散速度。

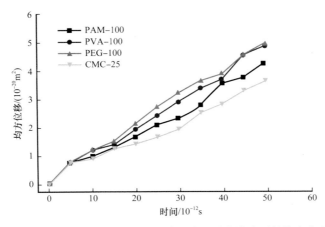

图 3-4-6 含水煤层中甲烷在不同泡沫压裂液影响下的均方位移

3. 深层煤层泡沫压裂液气相的选择

泡沫压裂液由气相和液相组成，对泡沫压裂液的室内研究首先根据深层煤层的温度、压力和其他特征选择适合的气相。从安全、经济的角度考虑，用于泡沫压裂液中作为气相，CO_2、N_2 的优缺点见表 3-4-4。

表 3-4-4 CO_2 泡沫压裂液与 N_2 泡沫压裂液的性能对比

气体类型	优点	缺点
N_2 泡沫压裂液	性质稳定	气态密度低，静水柱压力低，施工压力高
CO_2 泡沫压裂液	表（界）面张力低，携砂能力强	溶于水呈弱酸性，对设备有一定的腐蚀性；摩阻高；对煤层气的吸附为不可逆吸附，会造成气锁；泵注设备成本高；需酸性交联成本高

从深层煤层地质特征出发，兼顾煤层气井用压裂液的性质，又尽可能地降低其成本，选择 N_2 作为深层煤层气井用泡沫压裂液的气相。

4. 深煤层泡沫压裂液基液单剂优选与体系性能评价

1）起泡剂、稳泡剂的选择

实验选用了 Waring Blengder 法对起泡剂进行评价，具体实验搅拌速度为 8000r/min，搅拌时间为 1min。实验温度为 30℃。实验药品为 BHSN-21、SSN-21、HSN-21、VT-18、LY-13 和 LY-18 共 6 种药品。首先进行单剂的优选，测定了不同浓度起泡剂的泡沫体积和半衰期，计算出泡沫质量和泡沫综合值，以此来筛选出起泡剂单剂，然后通过两两复配和三三复配实验，得到最佳组合。

优选出起泡剂以后，下一步进行稳泡剂的初选和优选，选择常用的稠化剂聚丙烯酰胺（PAM）、羧甲基纤维素钠（CMC）和聚乙二醇（PEG）作为稳泡剂。在比较确定了稳泡剂的具体加量以后，综合优选出最佳的起泡剂和稳泡剂组合。

组合 1：选出 SSN-21：LY-18：LY-13（0.1：0.3：0.6）%+0.4%PEG 的起泡剂和稳泡剂组合，实测泡沫体积为 460mL，半衰期为 935s，综合值为 430100mL·s。

组合 2：LY-18：LY-13=0.5：0.5 这组起泡剂在不添加稳泡剂时也表现出较好的性能，泡沫体积 455mL，半衰期为 780s，综合值为 354900mL·s。若对泡沫半衰期要求不高且考虑施工方便，也可考虑选用此种添加剂组合。

在此基础上加入 2%KCl 作为防膨剂，进而得出泡沫压裂液的基液配方。

泡沫压裂液 I：0.5%LY-18+0.5%LY-13+2%KCl

泡沫压裂液 II：0.1%SSN-21+0.3%LY-18+0.6%LY-13+0.4%PEG+2%KCl

2）配方体系性能优化与评价

对配方体系进行了配伍性评价、悬砂性能评价、时间稳定性能评价、流变性能评价和伤害性能评价。实验结果如下：

（1）泡沫压裂液与地层水配伍性评价：加温前后各液体混合体系没有发生明显变化，只有 3 号出现分层的状况，由此可知，泡沫压裂液 I 和泡沫压裂液 II 与地层水配伍性较好。

（2）悬砂性能评价：采用静止状态观察法，发现泡沫压裂液 I 和泡沫压裂液 II 的悬砂性能较好，在半衰期内支撑剂无沉降发生。

（3）泡沫压裂液时间稳定性能：刚配制好的泡沫压裂液Ⅰ和泡沫压裂液Ⅱ放置一段时间后，再将原来的溶液经搅拌测定泡沫体积和半衰期，对比放置前后的泡沫性能指标。实验发现两组配方在长时间放置后泡沫体积和半衰期都能保持原有的性能，说明两组配方的泡沫压裂液性能良好。

（4）泡沫压裂液流变性：在30℃、170s^{-1}剪切速率下，泡沫压裂液Ⅰ黏度基本保持在110mPa·s左右，而泡沫压裂液Ⅱ的黏度也能满足施工要求。

（5）泡沫压裂液伤害性能评价：结合现场水成分分析资料，配制好地层水后，结合现场取得的煤岩样品制作而成的人造煤岩心（图3-4-7）、优选的压裂液体系展开室内岩心流动实验评价。其结果如下：

图3-4-7　人造煤岩心横截面图

泡沫压裂液Ⅱ对煤层的伤害率高达52.28%。泡沫压裂液Ⅰ对煤层的伤害率较小，最高为10.2%，最低只有4.8%，平均为7.5%，满足深层煤层气井低伤害泡沫压裂液的要求（表3-4-5）。

表3-4-5　泡沫压裂液Ⅰ对人造煤岩心的伤害率

序号	伤害率/%	平均值/%
1	4.8	
2	10.2	7.5
3	7.5	

因此，选择泡沫压裂液Ⅰ作为配方：0.5%LY-18＋0.5%LY-13＋2%KCl。

四、深层煤层气井转向降滤压裂液研发

为了在纵向上改善压裂液吸液剖面，有必要封堵高渗透层，适应转向暂堵压裂的需要。首先优选出一套低伤害活性水压裂液，然后在此基础上优选一种效果较好的降滤失剂，形成一套转向降滤压裂液。

1. 单剂的优选

1）防膨剂剂量优选

在此基础上利用液体渗透率仪器进行了水敏分析实验，测得注入不同浓度KCl溶液的煤样渗透率变化（图3-4-8）。结合现场经验与经济考虑，选取2%的KCl作为活性水压裂液的防膨剂。

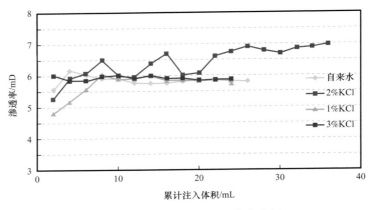

图 3-4-8　不同剂量防膨剂伤害分析

2）表面活性剂优选

使用表面张力测试仪对 6 种不同浓度的表面活性剂进行表面张力测试（表 3-4-6），发现 BRD-1 和 BRD-2 表面张力相对较低。

表 3-4-6　不同浓度表面活性剂的表面张力

表面活性剂类型	表面张力 /（mN/m）		
	0.1%	0.2%	0.3%
WD-12	29.5	26	24.1
BRD-1	21.5	20.2	19.1
BRD-2	23.2	19.3	18.2
LHD	36.1	33.6	31.1
VT-2	32.2	28.4	25.3
TZC-01	28.9	27.5	26.6

3）煤粉分散剂优选

采用阳离子型、阴离子型、两性离子型和非离子型等 8 种煤粉悬浮剂进行煤粉分散实验，如图 3-4-9 所示。发现阴离子型煤粉悬浮剂较优（其中 ANY-01 型最好），确定活性水压裂液的配方为 0.3%BRD-2+0.3%ANY-01+2%KCl+ 水。

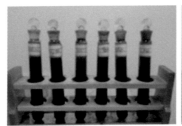

图 3-4-9　阴离子型悬浮剂悬浮效果对照

4）降滤失剂优选

实验室优选了一种有机溶剂 A，配合降滤失剂 ZD 使用。在室温 25℃分别测定了降滤失剂 ZD 在蒸馏水和有机溶剂 A 中的溶解度。发现降滤失剂 ZD 在有机溶剂 A 里的溶解度极低，几乎不溶。因此，可以使用有机溶剂 A 输送降滤失剂，达到暂堵的目的。利用相似相溶原理，用清水即可溶解降滤失剂，从而达到解除暂堵的目的，相关验证性实验如下。最终选择 ZD 作为煤层转向降滤失剂，与有机溶剂 A 配合使用，可以实现降低压裂液滤失的作用。实验现象如图 3-4-10 所示，实验数据见表 3-4-7 和表 3-4-8。

(a) 100mL A+30g ZD   (b) 100mL A+0.5g ZD+30mL 水   (c) 100mL A+30g ZD+100mL 水   (d) 100mL A+0.5g ZD+100mL 水

图 3-4-10 降滤失剂 ZD 先后加入有机溶剂 A 及水的实验现象

2. 配方体系性能评价

1）伤害性能评价

为检验这组配方进行了室内岩心流动实验，对活性水压裂液进行伤害评价，实验方法按照石油行业标准 SY/T 5107—2016《水基压裂液性能评价方法》执行。结果表明，活性水压裂液对深层煤层的伤害率为 12.35%，渗透率恢复达到 87.65%（图 3-4-11）。

表 3-4-7 有机溶剂 A 里溶解相同质量 ZD 需消耗水量

序号	有机溶剂 A/mL	降滤失剂 ZD/g	消耗蒸馏水 /mL
第一组	100	30	132.8
第二组	100	30	134.3

表 3-4-8 溶解不同量降滤失剂所需水量

序号	降滤失剂 ZD/g	有机溶剂 A/mL	所需水量 /mL
第一组	10	100	78
第二组	20	100	118
第三组	30	100	133

2）封堵性能评价

封堵性能评价实验（图 3-4-12）按以下步骤进行：

（1）对岩心人工造缝，夹石英砂模拟裂缝；

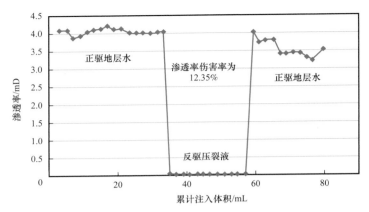

图 3-4-11 转向降滤失压裂液基液伤害性评价

（2）将暂堵剂注入裂缝中；

（3）安装与测试实验流程，用岩心夹持器加热控制箱加热岩心夹持器内煤心温度到30℃，并给煤心施加围压，用地层水测试其密封性；

（4）向模型中正驱地层水，至盛液瓶内有液体流出，记录此时压力表的读数；

（5）拆洗煤心流动装置，计算封堵强度。

结果表明，暂堵剂 ZD 封堵强度梯度为 1.93MPa/m，封堵效果较好，达到了在煤层气井的应用要求。

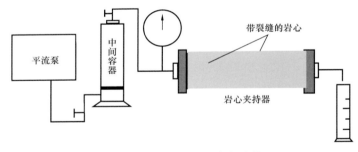

图 3-4-12 封堵性能测定实验装置

五、深煤层煤层气井超低密度压裂支撑剂研发

1. 基于空心玻璃体支撑剂思维的材料和工艺探索

根据室内实验的进一步研究，初步确定超低密度支撑剂的原料配方：$85\% \sim 90\%$ Na_2SiO_3、$AlO_2 + 6\% \sim 10\%CAO + 1\% \sim 5\%GGA$。该原料配方以低廉的工业级泡花碱（主要成分为 Na_2SiO_3）为浆体主体，如图 3-4-13 所示。选择泡花碱的主要原因为：黏度适中，有利于造粒，更有利于制备空心球；该原料可提供硅源。工业级二氧化铝粉体为增强外加材料，主要作用是：改善材料的基本组成；增加材料的强度；生成莫来石相（Al_2O_3-SiO_2，钠含量较低时），以增强颗粒体的热稳定性和抗化学腐蚀性。CAO 及 GGA 添加剂的主要作用在于：在浆料造粒成球干燥的过程中产生 NH_3 和 N_2 气体，支撑空心球，防止空

心球出现瘪塌的状态。

　　支撑剂研制流程：使用搅拌器，搅拌水玻璃基浆，在搅拌的同时缓缓加入事先按一定配比配制的二氧化铝及添加剂粉末，搅拌均匀得到支撑剂浆料。将浆料置于液料桶中经喷雾造粒机进行成球造粒。喷雾造粒机如图 3-4-14 所示。

图 3-4-13　二氧化铝 / 添加剂粉末及原料浆料

图 3-4-14　喷雾造粒机

　　通过实验分析可知，通过生气发泡形成空心球体可以明显降低颗粒体的视密度。但实验也发现粒径大于 0.5mm 的前驱体颗粒基本无法获得，即通过喷雾造粒法较难制备出粒径在 0.5mm 以上的支撑剂，不易干燥，造粒成球功率低，且玻璃体的强度很难达到深层煤层压裂的要求。因此，在玻璃体支撑剂基础上，需要进一步探索新的原材料和制备工艺。

2. 基于空心陶粒思维的材料和工艺探索

　　基础配方以火山岩、石粉、硼砂、水铝硅酸盐为起泡核心材料，以铝矾土、硅石为外层包裹材料。

支撑剂研制流程:使用球磨机将原料粉体球磨成细粉,按设计要求加入离心造粒机内造粒。初次造粒的起泡剂核心颗粒进一步使用铝矾土或者硅石包裹造粒。离心造粒机如图3-4-15所示。

图 3-4-15　离心造粒机

通过火焰烧结的方式可促进支撑剂内部形成空心或多孔结构,提高支撑剂颗粒表面的圆球度,能够避免颗粒在烧结过程中发生粘连;通过孔隙降低密度的方式可获得视密度为 1.8g/cm³ 的空心铝矾土陶粒类支撑剂,增加成孔剂含量可进一步降低铝矾土支撑剂的密度,但会对强度产生削弱的影响;采用水铝硅酸盐和硅石制备的低密度空心陶粒支撑剂具有较高的强度,27.6MPa下的破碎率小于 8%。同时水铝硅酸盐 / 硅石空心陶粒支撑剂视密度低于 2.2g/cm³,而普通覆膜石英砂支撑剂的视密度高于 2.2g/cm³,铝矾土陶粒支撑剂的视密度更是在 2.7g/cm³ 以上。因此,水铝硅酸盐 / 硅石空心陶粒支撑剂具有比覆膜石英砂支撑剂更高的强度,比常用支撑剂更低的密度。不同组合支撑剂的形貌如图 3-4-16 所示。

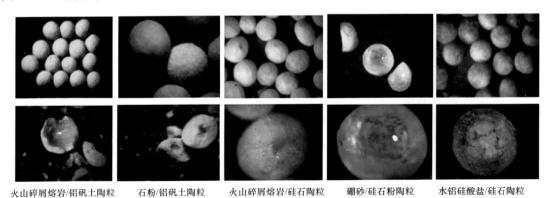

火山碎屑熔岩/铝矾土陶粒　　石粉/铝矾土陶粒　　火山碎屑熔岩/硅石陶粒　　硼砂/硅石粉陶粒　　水铝硅酸盐/硅石陶粒

图 3-4-16　不同组合支撑剂的形貌

3. 增强型空心树脂超低密度支撑剂

基础配方为树脂类低密度原材料。树脂是一种有机高分子材料，工业应用范围较广，且价格便宜。某些树脂固化后最低密度可达 $1.2g/cm^3$，尝试使用树脂原材料进行低密度支撑剂研发，经过调研选用碳酰胺为成孔剂，碳酰胺的水溶液在高于 $150℃$ 时会分解产生 NH_3 和 CO_2，产生的这部分气体在树脂内产生孔隙结构，有助于降低密度。经过理论计算，如果树脂内加入 $8\%\sim30\%$（质量分数）的碳酰胺成孔剂，可以制备出视密度为 $1.0\sim1.3g/cm^3$ 的低密度树脂支撑剂，同时加入纤维增强剂 JDBA，增加支撑剂的抗压强度。

支撑剂研制流程：根据对玻璃体支撑剂以及空心陶粒类支撑剂的研发，发现离心造粒方式效果较好，因此，最终选择离心造粒。以树脂为主要原料，PVA 为造粒黏结剂，添加固化剂、增强剂，通过离心造粒制备出树脂颗粒。造粒完成后在 $60\sim95℃$ 烘干，$60\sim150℃$ 加热固化。

在树脂原料粉中加入一定量的固化剂离心造粒并经 $150℃$ 固化后，在 $13.8MPa$、$27.6MPa$ 下的破碎率为零，显微形貌图显示树脂支撑剂在承受闭合压力后无开裂、破碎现象，只发生少量变形。但此时的树脂支撑剂视密度为 $1.6\sim1.8g/cm^3$。在只添加固化剂的树脂原料粉中加入 30% 的成孔剂后，树脂支撑剂的视密度达到 $1.22g/cm^3$，但 $27.6MPa$ 下的破碎率会增加到 18.6%。在树脂原料粉中加入成孔剂和增强剂后，可获得视密度为 $1.0\sim1.2g/cm^3$、体积密度为 $0.68\sim0.72g/cm^3$、$27.6MPa$ 下破碎率为 $3\%\sim6\%$ 的空心（多孔）树脂支撑剂。如图 3-4-17 所示，这种空心树脂支撑剂的视密度远低于普通常见支撑剂的视密度，且在水中有很好的悬浮性，只有少量颗粒会沉降到底部。

图 3-4-17 增强型空心（多孔）树脂支撑剂水中悬浮结果

增强型空心树脂支撑剂视密度为 $1.02\sim1.23g/cm^3$，$27.6MPa$ 下的破碎率为 $3\%\sim6\%$，实现密度、强度、粒径 3 个重要参数同时达到深层煤层气井压裂工程技术要求，同时也达到了预期研究指标。研制的树脂类支撑剂与其他类低密度支撑剂的性能对比见表 3-4-9。

表 3-4-9　空心树脂支撑剂与普通支撑剂物理性能对比

支撑剂类别	资料来源	粒径 / μm	视密度 / g/cm³	体积密度 / g/cm³	备注
空心（多孔）树脂		700～1200	1.0～1.3	0.68～0.72	27.6MPa 破碎率为 7.37%
坚果壳覆膜	树脂包裹坚果壳超低密度支撑剂的研制（李波，李璐，黄勇等）	圆球度低	1.23～1.25	0.86～0.87	
美国陶粒	Cannan C D, Palamara T C. Low density proppant: U.S. Patent 7036591［P］.		1.60～2.10	0.95～1.3	
荷南普拉德陶粒	Pershikova E M, O'Neill J E. Aluminum silicate proppants, proppant production and application methods.2008		1.7～2.75		
中钢集团洛阳耐火材料	一种低密度烧结陶粒压裂支撑剂的低成本制备方法（丁书强）		2.2～2.6	0.7～1.4	28 MPa 下破碎率小于 17%
石英砂覆膜		700～800	2.2413	1.4664	
四川某厂高铝矾土	高强度陶粒支撑剂的研制（刘云）	450～900	3.27	1.76	
河南某厂陶粒	高强度陶粒支撑剂的研制（刘云）	450～900	3.29	1.81	

六、深煤层煤层气井水力波及压裂工艺研究

1. 水力波及压裂理论研究

水力波及压裂工艺技术（游晓伟，2018），即对两口或多口煤层气直井同时压裂，增大应力干扰面积，有利于充分利用煤岩中的面割理、端割理和压裂裂缝产生的应力干扰作用，在储层中形成大规模高效复杂裂缝网络。可对现场水力波及压裂施工井间距和施工参数进行优化，以获得最大改造体积波及范围。

1）水力波及压裂应力干扰作用机理

采用位移不连续方法建立多裂缝应力干扰数学模型，基于裂缝单元离散（图 3-4-18、图 3-4-19），单元 j 法向位移不连续量 D_n^j 和切向位移不连续量 D_s^j 在全局坐标系下引起的法向应力分量 σ_{xx}^j 和 σ_{yy}^j 及剪应力分量 σ_{xy}^j，表达式如下：

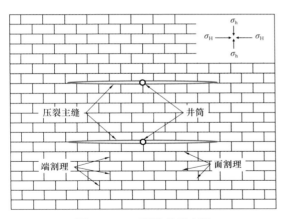

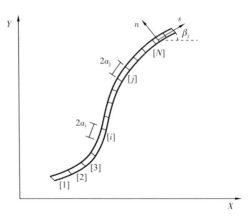

图 3-4-18　裂缝单元离散　　　　　图 3-4-19　煤层气直井水力波及压裂物理模型

$$\sigma_{xx}^{i} = \sum_{j=1}^{N} Fp_{xx}^{i,j} D_{x}^{j} + \sum_{j=1}^{N} Fp_{xy}^{i,j} D_{y}^{j}$$

$$\sigma_{yy}^{i} = \sum_{j=1}^{N} Fp_{yx}^{i,j} D_{x}^{j} + \sum_{j=1}^{N} Fp_{yy}^{i,j} D_{y}^{j}$$

$$\sigma_{xy}^{i} = \sum_{j=1}^{N} Fp_{sx}^{i,j} D_{x}^{j} + \sum_{j=1}^{N} Fp_{sy}^{i,j} D_{y}^{j}$$

其中：

$$Fp_{xx}^{i,j} = 2G\left[2\frac{\partial^2 \overline{f}}{\partial \overline{x}\partial \overline{y}}\cos^2 \beta^j + \frac{\partial^2 \overline{f}}{\partial \overline{x}^2}\sin 2\beta^j + \overline{y}\left(\frac{\partial^3 \overline{f}}{\partial \overline{x}\partial \overline{y}^2}\cos 2\beta^j - \frac{\partial^3 \overline{f}}{\partial \overline{y}^3}\sin 2\beta^j \right) \right]$$

$$Fp_{xy}^{i,j} = 2G\left[-\frac{\partial^2 \overline{f}}{\partial \overline{x}^2} + \overline{y}\left(\frac{\partial^3 \overline{f}}{\partial \overline{x}\partial \overline{y}^2}\sin 2\beta^j + \frac{\partial^3 \overline{f}}{\partial \overline{y}^3}\cos 2\beta^j \right) \right]$$

$$Fp_{yx}^{i,j} = 2G\left[2\frac{\partial^2 \overline{f}}{\partial \overline{x}\partial \overline{y}}\sin^2 \beta^j - \frac{\partial^2 \overline{f}}{\partial \overline{x}^2}\sin 2\beta^j - \overline{y}\left(\frac{\partial^3 \overline{f}}{\partial \overline{x}\partial \overline{y}^2}\cos 2\beta^j - \frac{\partial^3 \overline{f}}{\partial \overline{y}^3}\sin 2\beta^j \right) \right]$$

$$Fp_{yy}^{i,j} = 2G\left[-\frac{\partial^2 \overline{f}}{\partial \overline{x}^2} - \overline{y}\left(\frac{\partial^3 \overline{f}}{\partial \overline{x}\partial \overline{y}^2}\sin 2\beta^j + \frac{\partial^3 \overline{f}}{\partial \overline{y}^3}\cos 2\beta^j \right) \right]$$

$$Fp_{sx}^{i,j} = 2G\left[\frac{\partial^2 \overline{f}}{\partial \overline{x}\partial \overline{y}}\sin 2\beta^j - \frac{\partial^2 \overline{f}}{\partial \overline{y}^2}\cos 2\beta^j + \overline{y}\left(\frac{\partial^3 \overline{f}}{\partial \overline{x}\partial \overline{y}^2}\sin 2\beta^j + \frac{\partial^3 \overline{f}}{\partial \overline{y}^3}\cos 2\beta^j \right) \right]$$

$$Fp_{sy}^{i,j} = 2G\left[-\overline{y}\left(\frac{\partial^3 \overline{f}}{\partial \overline{x}\partial \overline{y}^2}\cos 2\beta^j - \frac{\partial^3 \overline{f}}{\partial \overline{y}^3}\sin 2\beta^j \right) \right]$$

式中　$Fp_{xx}^{i,j}$、$Fp_{yx}^{i,j}$ 和 $Fp_{sx}^{i,j}$ ——由单元 j 单位切向位移不连续量在研究区域任意点 i 上引

起的 x 方向上的正应力分量、y 方向上的正应力分量和剪
应力分量；

$$Fp_{\overline{xy}}^{i,j}、\quad Fp_{\overline{yy}}^{i,j} 和 Fp_{sy}^{i,j}$$——由单元 j 单位法向位移不连续量在研究区域任意点 i 上引
起的 x 方向上的正应力分量、y 方向上的正应力分量和剪
应力分量。

2）水力波及压裂缝间应力干扰研究

根据表 3-4-10 中的模拟参数，编程模拟分析了两口煤层气直井水力波及压裂主缝之间产生的应力干扰作用，如图 3-4-20 所示。可以看出，在垂直于裂缝面方向上，由于两条压裂主缝之间的相互干扰，使得中间区域初始最大水平主应力方向和初始最小水平主应力方向上的应力干扰作用程度和距离相比于单井压裂都明显增强了，因此更容易形成复杂裂缝网络（叶建平等，2017）。

根据应力干扰作用程度和作用范围，将水力波及压裂可能形成的复杂缝网划分为远场复杂缝网和近场复杂缝网，如图 3-4-21 所示。

表 3-4-10　模拟输入参数

参数	数值	参数	数值
裂缝 1 半长 /m	140	裂缝 2 半长 /m	140
裂缝 1 净压力 /MPa	12	裂缝 2 净压力 /MPa	12
初始最大水平主应力 /MPa	17	初始最小水平主应力 /MPa	10.5
垂向主应力 /MPa	18	煤岩泊松比	0.30
井间距 /m	180	煤岩杨氏模量 /MPa	6000

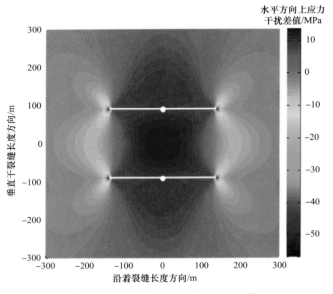

图 3-4-20　主裂缝产生的应力干扰

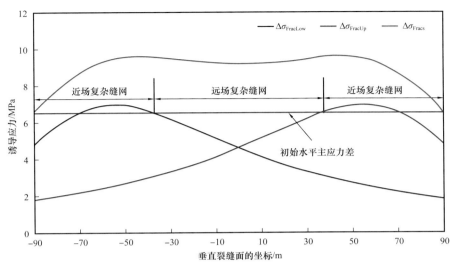

图 3-4-21　水力波及压裂缝网分区

3）离散元法分析缝网扩展模拟

基于表 3-4-10 数据，煤岩块体和面割理、端割理参数参考尹虎等人的模拟输入参数（表 3-4-11），利用 UDEC 程序分别模拟不同初始水平主应力差、泊松比、井距、压裂液黏度、裂缝半长的水力波及压裂裂缝扩展。实现水力波及压裂应满足如下条件：较小的初始水平主应力差、泊松比、井距、压裂液黏度，较大的裂缝半长、缝内净压力，并优化出最佳值以指导施工设计，如图 3-4-22 和图 3-4-23 所示。

室内研究对现场工艺设计具有一定的启示：压裂液黏度越低，越有利于形成缝网（活性水压裂液）；井间距超过 180m，复杂缝网越来越难形成。因此，在进行现场压裂设计时，为保证水力波及效果，两口井距离不宜太远。

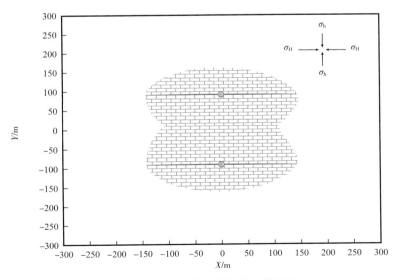

图 3-4-22　水力波及效果较好的缝网

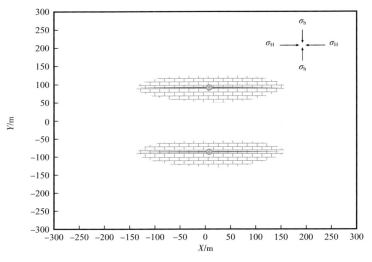

图 3-4-23　水力波及效果较差的缝网

表 3-4-11　基本模拟输入参数

参数	数值	参数	数值
初始最大水平主应力 /MPa	17	面割理间距 /m	10
初始最小水平主应力 /MPa	10.5	端割理间距 /m	20
垂向主应力 /MPa	18	割理抗拉强度 /MPa	2.01
天然裂缝内压力 /MPa	6	面割理与最大水平主应力夹角 /（°）	0
煤岩块体密度 /（kg/m³）	1700	割理法向抗剪强度 /（MPa/m）	10000
煤岩弹性模量 /MPa	6000	割理切向抗剪强度 /（MPa/m）	3300
煤岩泊松比	0.3	割理内摩擦角 /（°）	26
煤岩基质内聚力 /MPa	6.25	割理内聚力 /MPa	6
煤岩基质内摩擦角 /（°）	33	井筒处净压力 /MPa	12
压裂液黏度 /（mPa·s）	1	模型尺寸 /（m×m）	600×600

4）数值模拟研究对现场工艺设计的启示

（1）水力波及压裂裂缝半长对诱导应力的影响。

当井间距一定时（约为550m），两口煤层气直井水力波及压裂时不同主裂缝半长组合条件下离裂缝面不同距离的应力干扰程度如图 3-4-24 所示，基础数据见表 3-4-12。从图 3-4-24 中不难看出，对于给定的井间距，当主裂缝半长小于140m（170m）时，两井之间很大区域内应力干扰作用很弱，不利于远场裂缝网络的形成；而当主裂缝半长大于140m（170m）时，两井之间的区域应力基本都发生了反转，有利于压裂过程中远场裂缝发生转向，形成复杂裂缝网络。

表 3-4-12　基础分析数据

参数	取值
初始地应力差 /MPa	2.6
缝内净压力 /MPa	15
泊松比	0.32
杨氏模量 /MPa	5000
井间距 /m	550

（2）水力波及压裂缝内净压力对诱导应力的影响。

当井间距一定时（约为 550m），两口煤层气直井水力波及压裂时不同缝内净压力对两井之间储层中应力干扰的影响如图 3-4-25 所示，基础数据见表 3-4-13。从图 3-4-25 中不难看出，对于给定的井间距，当缝内净压力低于 15MPa 时，两井之间很大区域内应力干扰作用很弱，不利于远场裂缝网络的形成；而当缝内净压力高于 15MPa 时，两井之间的区域应力基本都发生了反转，有利于压裂过程中远场裂缝发生转向，形成复杂裂缝网络。

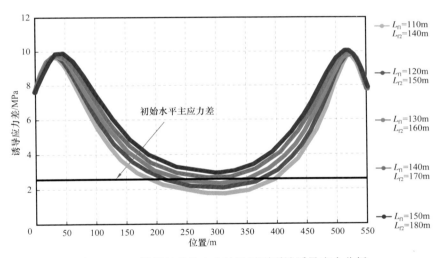

图 3-4-24　煤层气直井水力波及压裂裂缝诱导应力分析

表 3-4-13　基础分析数据

参数	取值
初始地应力差 /MPa	2.6
缝长组合	$L_{f1}=140m，L_{f2}=170m$
泊松比	0.32
杨氏模量 /MPa	5000
井间距 /m	550

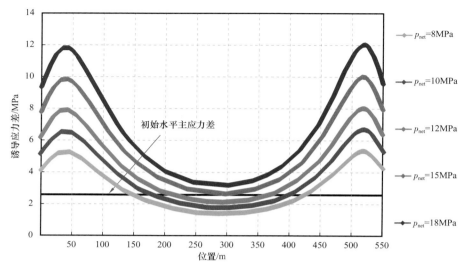

图3-4-25　煤层气直井水力波及压裂裂缝诱导应力分析

2. 水力波及压裂室内模拟实验

1）实验原理及方法

室内真三轴水力波及压裂实验采用LQK-Ⅰ型裂缝可视化实验装置（图3-4-26）（张羽，2015），试样物理模型如图3-4-27所示，先以10mL/min的排量注液，观察入口压力变化情况；当压力上升后发生陡降时（表明已经压开裂缝），将排量提升至20mL/min，让已形成但未延伸至模型边界的裂缝继续延伸。面割理方向大致与最大水平主应力平行，井间距为8cm，模型尺寸为30cm×30cm×30cm。应力施加方案见表3-4-14，实验考虑不同水平应力差，应力值来源于矿区实际值。为了更好地观测裂缝形态，压裂液采用清水和红墨水混合液。

图3-4-26　LQK-Ⅰ型裂缝可视化实验装置

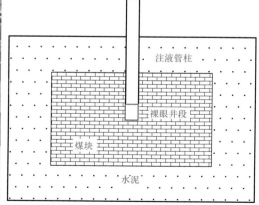

图3-4-27　压裂井筒物理模型

表 3-4-14 基于相似准则的应力转换结果

试样序号	条件	σ_H/MPa	σ_h/MPa	σ_v/MPa
1	现场值	26	13	20.8
	室内值	10	5	8
2	现场值	20.8	18.2	19.2
	室内值	8	7	7.4

2）实验结果及分析

实验结束后，将试样从腔室小心取出，试样 1 和试样 2 的压裂后裂缝形态分别如图 3-4-28 和图 3-4-29 所示，水力波及压裂实验曲线如图 3-4-30 所示。对比观察分析后可得到以下认识：

图 3-4-28 试样 1 压裂后视图

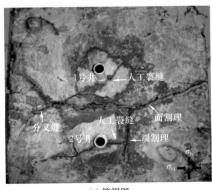

(a) 俯视图

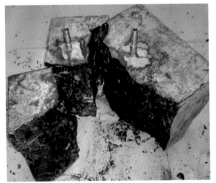

(b) 侧视图

图 3-4-29 试样 2 压裂后视图

（1）水力波及压裂能够充分沟通煤岩天然裂隙，形成较为复杂的裂缝网络。水平主应力差越小，在应力干扰作用下越容易使地应力发生转向，使沟通面、端割理更容易，形成的裂缝网络更为复杂。

（2）煤岩水力裂缝扩展是地应力、天然裂缝等因素共同作用的结果。面、端割理的发育情况对煤岩裂缝启裂扩展起主导作用，裂缝优先沿割理延伸，水力裂缝延伸过程中遇割理容易发生转向。并且当净压力足够大时，天然裂缝及人工裂缝在延伸过程中均可能产生分叉裂缝，有利于复杂缝网的形成。

（3）煤岩沿基质启裂时，水力裂缝一般沿最大水平主应力方向启裂延伸，启裂方向可能与最大水平主应力方向呈一定夹角，但最终偏向于最大水平主应力方向。井周天然裂隙的存在，会使得井周多处启裂，并且启裂时破裂压力不明显，由于压裂液滤失，压裂曲线波动频繁。

（4）破裂压力具有以下关系：沿基质启裂＞沿端割理启裂＞沿面割理启裂。后启裂的井的破裂压力明显小于前一口井，并且后启裂的人工裂缝在先压裂缝应力干扰作用下可能会引起裂缝启裂方向发生偏转，这对于形成复杂缝网十分有利。

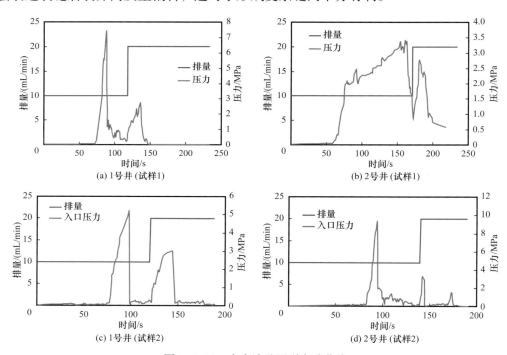

图 3-4-30　水力波及压裂实验曲线

七、煤层气井裂缝监测及评价系统研发

1. 水力压裂地面采集装备研究

1）MEMS 三分量检波器

MEMS 数字检波器具有超低噪声、大动态范围、高线性度和极高的保真度等特征。

实际上是传感器和传统采集站的有机结合，将许多采集站的功能移植到检波器中来。MEMS 数字检波器的结构原理如图 3-4-31 所示。

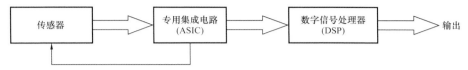

图 3-4-31　MEMS 数字检波器结构原理图

　　MEMS 数字检波器主要由传感器、ASIC 电路、DSP 及其他辅助电路组成。传感器检测大地震动信号；ASIC 电路实现对传感器的反馈控制，同时完成信号的模数转换；DSP 完成数字滤波；其他辅助电路主要具有供电、提供测试信号、重力方向检测等功能。MEMS 数字检波器的实物结构如图 3-4-32 所示。

图 3-4-32　MEMS 数字检波器实物图

　　2）系统集成

　　数据采集站系统分布在监测区形成采集仪器阵列。每套系统包括数据采集站（图 3-4-33）、GPS 接收机（图 3-4-34）、三分量检波器（3-4-35）和电源组。

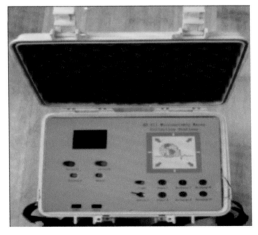

图 3-4-33　数据采集站　　　　　　　图 3-4-34　GPS 接收机

图 3-4-35 三分量检波器

N—北方向检波器所采集信号；E—东方向检波器所采集信号；Z—垂直检波器所采集信号

三分量检波器是压裂跟踪信号数据采集站的核心设备之一，每个轴向有 5 个单元，每单元检波器芯的灵敏度为 33V/（m·s），总灵敏度大于 100V/（m·s）。

2. 数据处理方法和软件研究

1）采集方案选定

常规微地震压裂监测地面采集装置布设采用星状布设和网状布设两种方案，如图 3-4-36 所示。星状布设装置的优点是可以在地面较为复杂状态下应用，如山区、森林、水网地带和居民点较多的地区；网状布设装置一般在地面较为平坦和通视条件较好的地区应用。两种布设方案要求布置的检波器较多，主要用于对压裂监测成果精度要求较高的情况。

如果检波器的数量较少，特别是由于经费有限，只希望得到地下裂缝分布的大致形态和基本的范围，以备了解压裂状态，则可以将星状布设方案稍做修改，使其成为图 3-4-37 所示的点状方案。

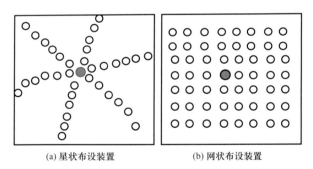

(a) 星状布设装置　(b) 网状布设装置

图 3-4-36 地面微地震压裂监测地面采集布设图示

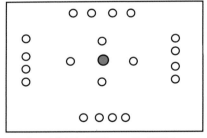

● 井下压裂点地面投影　○ 地面监测点

图 3-4-37 点状布设技术方案

点状布设的地面采集方案对信号质量要求较高，如果采集的微地震数据频率特征明显，振幅较强，噪声较小，特别是 P 波和 S 波可以清晰分离，采集站用量较少，因此费用低廉。这种采集方式，可以依设备情况增减采集站数量。

2）地面微地震数据预处理研究

（1）数据规整与噪声压制。

地面采集的三分量微地震数据 Z 分量主要能量为 P 波能量，水平分量为 S 波能量。

图 3-4-38 显示了一个在野外实测的三分量数据的微地震记录。由图 3-4-38 可见，P 波能量和 S 波能量在数据中均较强。对数据进行单道分析，包括噪声分析、滤波、静校正和旋转等。由于在检波器的安置过程中已经将其对应到垂直、正北和东方向，地面采集的数据对数据旋转的要求相对井下数据而言不严格。采集的单道数据噪声分析如图 3-4-39 所示。较高振幅的数据是裂缝形成时产生的微地震声波信号。

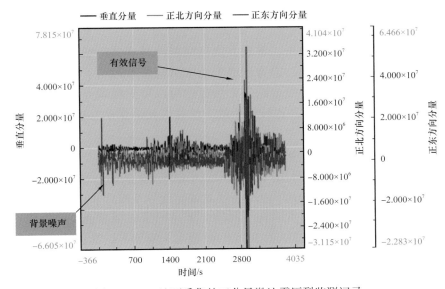

图 3-4-38　地面采集的三分量微地震压裂监测记录

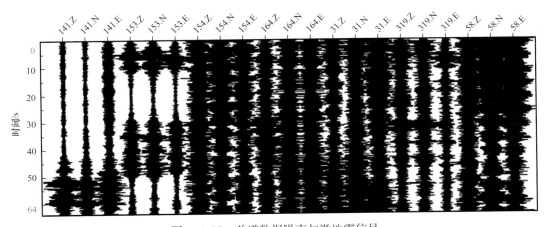

图 3-4-39　单道数据噪声与微地震信号

对上述信号数据的预处理目的是突出有效信号和压制噪声。对噪声的压制建立在信号可识别基础上，对于单道数据，以常规的压制噪声为目的的数据处理方法都可以应用，但要求保证振幅的相对真实可靠。对于一个采集站内的三分量数据，可以应用极化滤波方法将其振幅和相位进行优化。

（2）静校正。

静校正对地面微地震数据处理非常重要。一般采用射孔数据对微地震数据进行校正。基本原理为：根据射孔点到各个检波点的距离，正演计算波场走时；将射孔微地震数据按各个检波器对应上述正演的波场走时逆时间反推到时间点 T_0；每个检波器位置反推时间得到的 T_0 值不同，将其平均得到最合适的 T_0 值；每个检波器位置得到的 T_0 值减去平均值 T_0 得到静校正值。

（3）速度估计。

速度估计由测井数据进行分析，常规方法仅简单地对测井得到的 P 波和 S 波测井数据进行提取。但实际数据处理中，因为近地表速度结构严重影响了各个检波器到微地震震源点间的速度参数，而采用射线追踪的方法虽然可以得到压裂点到各个检波器间的平均速度，但模型的建立却较困难。比较实用的方法是直接应用测井速度将地层水平分层，然后进行射线追踪。

3）四维向量扫描叠加裂缝监测技术

（1）常规四维向量扫描叠加算法与快速四维向量扫描算法的原理。

在地表观测微破裂地震波，由于地层高频滤波和信号衰减作用及强背景噪声等原因，无法识别微破裂产生的纵横波的准确初至时间。但运用微破裂多道叠加振幅反演向量扫描计算，可以在时空上定位微破裂产生的空间位置（于家盛等，2017）。常规四维向量扫描裂缝监测算法和快速四维向量扫描裂缝监测算法对比见表 3-4-15。

表 3-4-15　常规四维向量扫描裂缝监测算法和快速四维向量扫描裂缝监测算法

常规四维向量扫描裂缝监测算法	快速四维向量扫描裂缝监测算法
（1）选定需监测计算的空间三维地质体范围，并将地质体划分为多个扫描单元。 （2）计算出各网格节点到地面各检波器点的射线方向（入射角方位与倾角）和最小旅行时值。 （3）将地面每个检波器接收的全体微破裂地震波信号进行叠加（用下面公式进行叠加运算），形成各个地下网格点的叠加能量数据集。 （4）以某一能量值为阈值，过滤上述节点的能量值，得到与裂缝发育程度相关的相对能量。 （5）对上述能量进行地质解释	（1）确定扫描区域内到达检波点位置的最大走时和最小走时，从而确定扫描时间窗 $T_w = T_{max} - T_{min}$。 （2）如果裂缝微地震事件存在，必定出现一个可视脉冲，该脉冲的最大可逆时间是 $T_0 = T - T_w$。 （3）在空间三维方向扫描，并确定空间点。 （4）将微地震振幅叠加（用下面公式进行叠加运算），获得最大能量点。 （5）确定微地震震源点
叠加计算公式： $$S(k) = \frac{\sum\limits_{j=1}^{N}\left(\sum\limits_{i=1}^{M} f_{ij}\right)^2}{F} \qquad F = N \cdot M \cdot \sum\limits_{j=1}^{N}\sum\limits_{i=1}^{M}\left(f_{ij}\right)^2$$ 式中，$S(k)$ 为 Semblance 系数，是使用 M 个人工勘探中的大量阵排列的垂直分量道在有 N 个样点的时间窗口内对空间第 k 点的相关性的测量；f_{ij} 为第 i 道的第 j 个样点记录，$i = 1, 2, \cdots, M$ 和 $j = 1, 2, \cdots, N$；F 为适当的归一化因子	

（2）快速四维向量扫描裂缝监测算法与常规算法比较见表 3-4-14。

表 3-4-16　快速四维向量扫描裂缝监测算法与常规算法优劣比较

常规四维向量扫描裂缝监测算法的主要问题	快速四维向量扫描裂缝监测算法优点
（1）优点：原理简单实用。 （2）缺点：扫描过程时间长，计算量太大。	（1）时间节省超过 1000 倍。 （2）计算精度未受影响（相同的叠加运算方式）。 （3）快速四维向量扫描裂缝监测算法可以实现实时处理

4）地面微地震监测快速算法软件研究

（1）软件技术流程。

技术流程如图 3-4-40 所示。

该流程的关键点在于对初至的自动拾取和事件起点的估算，如果舍去自动拾取和事件起点的估算，其基本流程降低到常规的四维向量扫描裂缝监测算法技术流程。

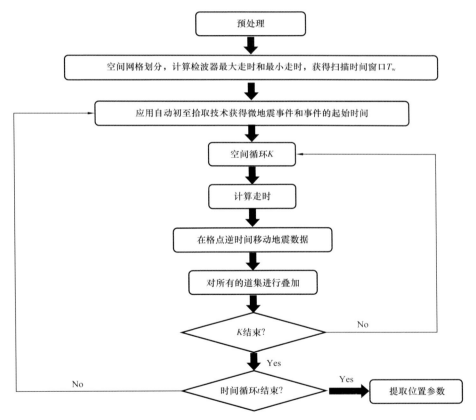

图 3-4-40　快速四维向量扫描裂缝监测算法软件技术流程

（2）成果显示和压裂裂缝成果解释。

应用上述快速扫描技术所获得的成果可以四维振幅能量比相干体的形式显示。四维相干体的显示要通过不同时间的三维显示所揭示。裂缝特征的解释在于单个裂缝存在方式的解释。因此，裂缝解释的基本方法是：选取振幅能量比数值较大的时间，该时间相干体梯度显示破裂三维空间形态，求取破裂三维形态参数。不同时间对应的裂缝形态应用不同的三维图形显示。图3-4-41对应于某一时刻的三维相干体梯度变化。

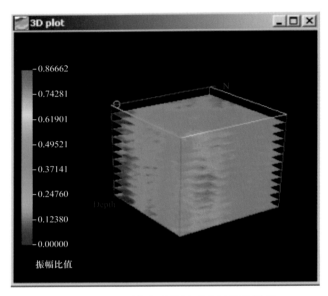

图3-4-41　三维地震数据干涉相干体梯度

四维振幅能量比相干体进行时间切片，根据时间切片（图3-4-42）可以获得裂缝的大致位置等参数。

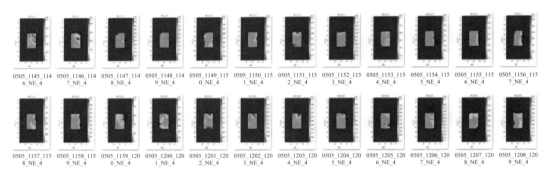

图3-4-42　微地震数据相干体能量数据时间切片

5）水力压裂成果评价系统研究

分析裂缝发育和时间关系图，可以得到压裂裂缝发育程度的相对信息。裂缝发育和时间关系，如图3-4-43所示。

根据裂缝发育和时间关系：

（1）可以推算出裂缝发育的基本规律。图中可以看出开始阶段、发育的中间阶段和最终阶段的裂缝基本方向、缝宽、缝长等特征。

（2）可根据当地地质情况评价裂缝发育的优势方位与地质构造关系。裂缝优势方位代表当地最小主应力方向，与当地构造密切相关。

（3）能通过微地震信号的振幅相对大小解释裂缝的规模。

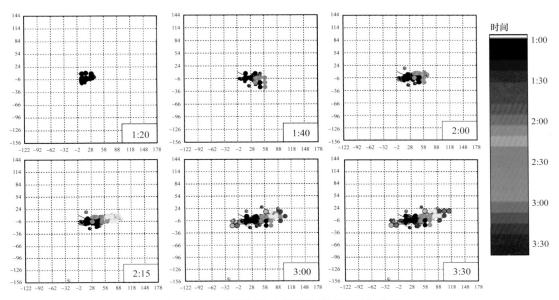

图 3-4-43　裂缝评价中的裂缝发育和时间关系

八、小结

1. 低伤害泡沫压裂液

（1）分子模拟结果表明，泡沫压裂液对煤层的吸附伤害主要来自添加剂，故合理地筛选、复配甚至合成起泡剂、稳泡剂及其他添加剂对降低煤层的吸附伤害和改良泡沫压裂液性能至关重要。

（2）确定泡沫压裂液基液配方为：2%KCl＋0.5% 两性离子表面活性剂 LY-18＋0.5% 两性离子表面活性剂 LY-13＋97% 清水。该泡沫压裂液对煤岩的伤害率最低只有 4.8%，平均为 7.5%。此外，配伍性、悬砂性、时间稳定性和流变性皆较好。

2. 转向降滤压裂液

转向降滤压裂液体系由压裂液基液、降滤失剂和隔离液组成。基液的配方为：0.3% 两性离子表面活性剂 BRD-2＋0.2% 阴离子型表面活性剂 ANY-01＋2%KCl＋97.5% 水，降滤失剂为溶于水但难溶于有机溶剂的固体 ZD，隔离液为有机溶剂 A。转向降滤压裂液对深层煤层的伤害率仅为 12.35%，暂堵剂 ZD 的封堵强度梯度为 1.93MPa/m，封堵效果较好，达到了在煤层气井的应用要求。

3. 超低密度支撑剂

基于前期玻璃体支撑剂、空心陶粒、实心树脂类支撑剂的工艺及材料探索，最终研发了增强型空心树脂类超低密度支撑剂，最低视密度达到 1.03g/cm³, 27.6MPa 下破碎率为 3%～6%,

完全适应煤层需求。其密度指标几乎优于所有类别支撑剂，抗压性能优于大多数品种。

4.水力波及压裂工艺

建立了多裂缝应力干扰数学模型，水力波及压裂能形成更大范围及更大程度的应力干扰，有利于沟通天然裂缝形成复杂裂缝网络。缝网延伸模拟表明，要实现直井水力波及压裂，应满足较小的初始水平主应力差、泊松比、井距、压裂液黏度，以及较大的裂缝半长、净压力等条件。室内实验研究发现，水力波及压裂能够形成裂缝网络，更加有效沟通天然裂隙，增大改造范围，与数值模拟结论一致。当设定井间距为550m时，裂缝半长临界值为140m（170m），净压力临界值为15MPa。

5.裂缝监测及评价系统

（1）MEMS三分量检波器是压裂跟踪信号数据采集站的核心设备之一，每个轴向有5个单元，每单元检波器芯的灵敏度为33V/（m·s），总灵敏度大于100V/（m·s）。

（2）微地震数据预处理包括数据规整与噪声压制、静校正、速度估计三项核心技术步骤。

（3）基于常规四维向量扫描叠加算法，提出了快速四维向量扫描算法，时间更快，精度未受影响，可以实现实时数据处理。

（4）研发了地面微地震监测快速算法软件研究，并能成功完成裂缝监测。

第四章　煤层气动压增产技术

煤层气见气后的排采特征按产气趋势可分为上产期、稳产期和递减期三个阶段，不同地质条件下，各阶段的产气、持续时间和产气变化速率差异较大，排采制度也无法统一标准，要取得最佳开发效果，必须遵照"一井一策"的原则来调节制度。煤层气井投产后，若排采降压速率过快，生产压差超过安全界限，会对储层造成明显的脆性破坏，产生大量煤粉，堵塞渗流通道，增加启动压力梯度，减小泄压半径，从而降低井的产能；若降压速率合理，则储层会缓慢进入塑性状态，尽可能降低煤粉对储层的伤害，同时在基质收缩作用下，裂隙导流能力不断增加，降低启动压力梯度，增大泄压半径，提高井的产能（段品佳等，2011）。当采用阶梯降压模式排采时，阶段性保持井底流压不变可使压降漏斗扩散得更远、更平缓；有效解吸半径则较匀速降压时更大，产气量更高。在沁水盆地煤层气资源的开发过程中，煤层气动态调压增产技术（以下简称动压技术）应运而生，通过合理控制上产期的生产压差、精细化稳产期的排采制度以及递减期增压机负压抽采等手段，取得了良好的开发效果。

第一节　动压调节井优选原则

一、剩余储量计算

煤层气单井动态控制储量是煤层气藏后期滚动勘探开发和排采的基础，具备好的开发潜力是动压调节能够取得效果的必要条件。因此，在进行动压调节方案的分析模拟之前，需要利用数值模拟技术，结合地质研究成果和生产动态资料，对井控储层的剩余储量进行计算，预测产能，评价开发潜力，为动压调节方案的制订奠定基础。

1.剩余储量计算方法

数值模拟技术综合考虑了地质因素和实际生产情况，是目前煤层气井产能预测、剩余储量计算最可靠的办法。剩余储量计算的关键流程包括：

（1）根据煤层气赋存特征和运移机理建立煤层气产出的机理模型，结合井周地质特征参数，建立双孔—单渗模型。

（2）输入该井实际的生产制度进行历史拟合，微调模型参数，直至误差不超过10%，视为拟合成功，此时反馈的模型参数也可以用来校正人们对储层渗透率、表皮系数、孔隙度等参数的认识；制订后续的排采计划，模拟预测不同制度下该井的产气情况。

以煤层气开发分析软件 FAST CBM 的数值模拟为例，详细步骤如下：

（1）准备数值模拟参数，见表4-1-1。

表 4-1-1　数值模拟参数

地质参数		生产数据	调整拟合参数
煤层厚度	废弃压力	排采时间	初始孔隙度
煤层密度	束缚水饱和度	产气量	初始渗透率
温度	残余气饱和度	产水量	表皮系数
原始储层压力	水曲线指数	输压	排泄面积
兰氏体积	气曲线指数	套压	
兰氏压力	杨氏模量	井底流压	
含气量	泊松比		

（2）采用煤层气开发分析软件 FAST CBM 建立模型，调整参数使模拟数据与生产数据拟合误差不超过 10%。调参拟合遵循的原则有：① 保证储层资料丰富，防止历史拟合多解性；② 拟合过程中优先调整不确定性强的参数，如割理渗透率、割理孔隙度、气水相对渗透率曲线以及裂缝半长（表皮系数）等，确定参数（如初始条件、储层厚度、气水 PVT 参数以及压缩系数等）慎重调整；③ 拟合过程中考虑不同参数对拟合指标的影响。

（3）调整参数使模拟数据与生产数据拟合后，进入 FAST CBM 软件产能预测模块即可实现目标动压值下的产能预测，输入目标动压值、拟合过程中得到的表皮系数以及预测生产年限，得到生产井在该动压值下的剩余储量。

2. 应用实例

以沁水盆地研究区为例，采用煤层气开发分析软件 FAST CBM 建立模型，拟合历史数据，获取储层参数值，并对目标动压值（50kPa）下的剩余储量进行计算。根据计算的剩余储量 QS 大小分为 4 类：Ⅰ类，QS＞$360×10^4m^3$；Ⅱ类，$200×10^4m^3$＜QS＜$360×10^4m^3$；Ⅲ类，$70×10^4m^3$＜QS＜$200×10^4m^3$；Ⅳ类，QS＜$70×10^4m^3$。其分布如图 4-1-1 所示。

Ⅰ类井剩余储量大于 $360×10^4m^3$，已采储量总体介于（300～500）$×10^4m^3$，总储量总体介于（600～1400）$×10^4m^3$，单井控制解吸半径为 150～300m。相关性分析表明，Ⅰ类井产能受解吸半径控制，其单井控制的解吸面积大，总储量高，已开采储量大，其剩余储量也高，适合选井进行动压调节（图 4-1-2）。

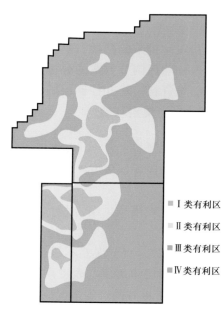

■Ⅰ类有利区
Ⅱ类有利区
■Ⅲ类有利区
Ⅳ类有利区

图 4-1-1　4 种产能级别井在沁水盆地研究区的分布情况

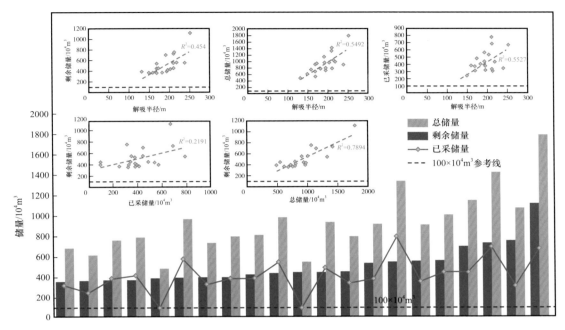

图 4-1-2　Ⅰ类井产能预测

Ⅱ类井剩余储量为（200～360）×10⁴m³，已采储量总体介于（100～300）×10⁴m³，总储量总体介于（300～600）×10⁴m³，单井控制解吸半径为 100～180m。相关性分析表明，Ⅱ类井产能受解吸半径控制，解吸半径大、剩余储量高的井适合动压调节（图 4-1-3）。

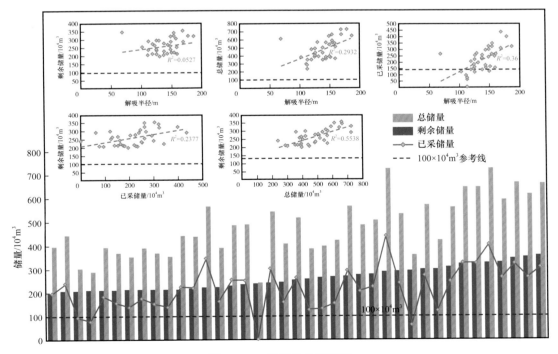

图 4-1-3　Ⅱ类井产能预测

Ⅲ类井剩余储量为（70～200）×10⁴m³，已采储量总体介于（65～200）×10⁴m³，总储量总体介于（130～270）×10⁴m³，单井控制解吸半径为75～150m。相关性分析表明，Ⅲ类井产能受解吸半径控制，解吸半径大、剩余储量高的井适合动压调节（图4-1-4）。

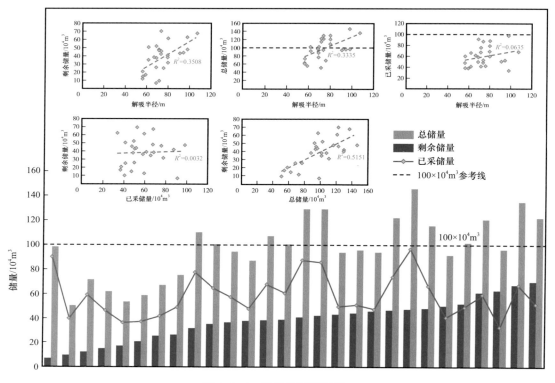

图4-1-4　Ⅲ类井产能预测

Ⅳ类井剩余储量小于70×10⁴m³，已采储量总体介于（30～90）×10⁴m³，总储量总体介于（40～130）×10⁴m³。相关性分析表明，Ⅳ类井产能受解吸半径控制，其单井控制的解吸面积低，总储量低，其剩余储量也低，不适合动压调节（图4-1-5）。

二、动压选井参数的界定

影响动压调节产气量的地质因素主要包含资源潜力、储层连通性、传递能力、水条件和地层能量5个方面。以沁水盆地研究区为例，开展动压调节的影响因素分析。

1. 资源潜力分析

（1）为了保证历史拟合的效果及准确性，选取的井产气时间超过1000天；排采连续程度大于60%；日均产气量大于2000m³。

（2）剩余压降与剩余解吸量趋势一致，理论上剩余压降范围大，剩余解吸量也越大。因此，动压选井应选择剩余解吸量大的井。分析剩余解吸量对压降传递影响选择的井及其相关参数见表4-1-2。研究区动压选井剩余解吸量以不小于1m³/t为界。

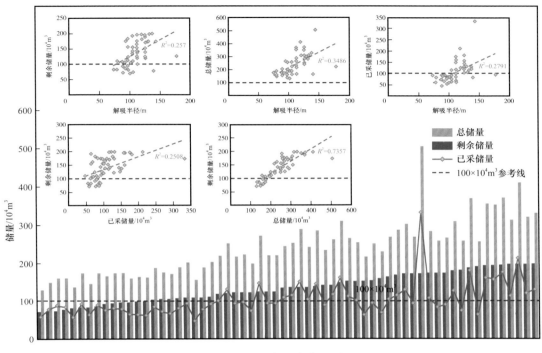

图 4-1-5　Ⅳ类井产能预测

表 4-1-2　分析剩余解吸量对压降传递影响选取的井及其相关参数

井号	剩余解吸量（50kPa）/cm³/g	初始渗透率/mD	杨氏模量/MPa	泊松比	当前产水量/m³/d	日均产水量/m³	产能级别
A1	0.68	4.50	765.03	0.47	0.30	0.50	Ⅳ
A2	1.87	4.00	741.75	0.47	0.47	0.43	Ⅱ

　　压降传递的计算结果如图 4-1-6 所示，在相同的目标动压值条件下，剩余解吸量更大的 A2 井（0.68m³/g）在实施动压后压降传递更快，在实施动压后的 1200 天内有储层压降更大、范围更广，相较之下，A1 井（1.87cm³/g）在实施动压后压降传递较慢，压降漏斗扩展不充分；而在对同一口煤层气生产井实施不同目标值的动压增产时，更低的动压值意味着更大的剩余解吸量（A1 井的剩余解吸量提高至 1.19cm³/g，A2 井的剩余解吸量提高至 2.51cm³/g），增大动压压降幅度，A1 井与 A2 井压降传递速度基本不变，但由于生产时间的延长（两口井均在实施 13kPa 的动压后相较于 50kPa 的生产时间延长了 50 天左右），压降幅度变大、范围变广，并且 A2 井在最后的 100 天内相较于 A1 井储层压降更为明显。

　　（3）根据等温吸附曲线，判定煤层气解吸过程中的关键压力点（启动压力、转折压力、敏感压力），划分了解吸阶段（低效解吸、缓慢解吸、快速解吸、敏感解吸），结合临界解吸压力确定解吸阶段。

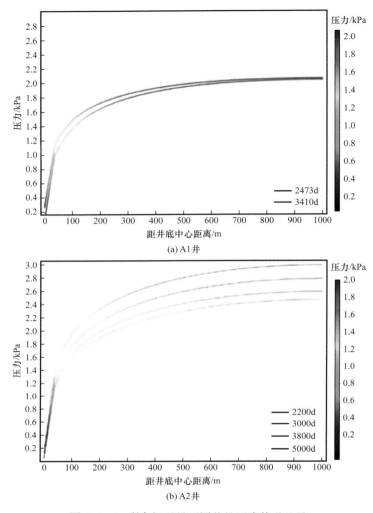

图 4-1-6　剩余解吸量不同井的压降传递差异

由图 4-1-7 可知，Ⅰ类、Ⅱ类、Ⅲ类、Ⅳ类所有井排采时间低于 1000 天时，临界解吸压力（p_d）均低于敏感压力（p_{se}），解吸阶段均为敏感解吸阶段，单位压降解吸量大。研究区动压选井选压降到达敏感阶段的井，单位压降解吸量大。

2. 储层连通性分析

（1）选取渗透率动态变化接近、剩余解吸量接近（13kPa 的剩余解吸量）以及产水特征接近，但初始渗透率相差一倍的两口煤层气负压模拟井，Ⅱ类的 B1 井（2.5mD）与 B2 井（5.0mD），计算线性压降 1kPa/d 至目标负压值为 13kPa 时的压降传递曲线并分析其特征。压降传递的计算结果显示，在煤层气井排采时间内（两口井均在 3000 天左右），B2 井的储层压降传递速度要比 B1 井快，并且压降传递范围广，压降幅度也比 B1 井大，在之后的负压增产阶段的压降特征依然有 B2 井（3000～5800 天）压降传递快于 B1 井（3000～5323 天）。从渗透率的计算结果上来看，B1 井与 B2 井的渗透率与储层压力的曲

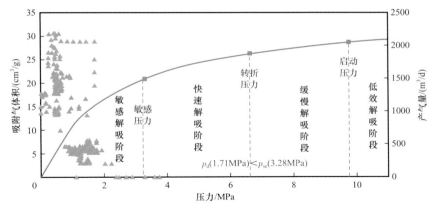

图4-1-7 生产井解吸阶段划分原理

线形态相似，而初始渗透率的差异使 B1 井在其储层压力由 4.6MPa 降至 0.013MPa 时，渗透率范围仅为 2.45～2.49mD，明显低于 B2 井在储层压力由 3.56MPa 降至 0.013MPa 时的渗透率范围（4.94～4.99mD）。

渗透率是影响动压后压降传递的决定性因素，保证历史拟合渗透率不小于 2mD，从而保证动压后的有效压降传递。

（2）实地采集煤粉，现场观察和实验测试煤粉产出特征，排除产煤粉的井，目前排采阶段只有极少量井产煤粉，1 区 2 口井，3 区 2 口井，5 区 5 口井，煤粉粒径集中在 1μm，平均孔径介于 8～17nm，矿物主要为高岭石。产煤粉井不适合作为动压调节的井。

3. 传递能力分析

选取初始渗透率、剩余解吸量与产水特征相近，而杨氏模量、泊松比不同的煤层气负压模拟井，分别为Ⅲ类的 C1 井与Ⅰ类的 A3 井。计算线性压降 1kPa/d 至目标负压值为 50kPa 时的压降传递曲线并分析其特征。计算结果表明，渗透率在开发过程中呈不对称的 U 形变化规律，开发初期渗透率由于应力敏感性的主导地位随着储层压力的升高而降低，而在开发后期渗透率会由于基质收缩效应的改善而回升。相同初始渗透率情况下，煤岩力学性质较差、杨氏模量较小的储层，在初期排采过程中受应力敏感效应的影响较大，泄压半径较小，在递减期内实施负压抽采后，渗透率因基质收缩而增大的幅度较小，提产作用相对较弱；反之，杨氏模量较大的储层，排采初期受应力敏感效应的影响小，压降漏斗扩展越充分，在递减期内实施负压抽采后，提产作用相对较强。

4. 水条件和地层能量分析

（1）剩余储量越大，当前产水量与平均产水量越小，动压选井时，该区块应选平均产水量小于 2m³/d、当前产水量小于 1m³/d 的井。

（2）在剩余储量相差不大的情况下，优选相同累计产气量条件下可以保持较高地层压力的井，其具有较高的生产潜力，即相同类型、相同累计产气量，优选井底流压大的井，将具有较大的生产潜力。

5. 沁水盆地研究区动压井参数范围

综上统计分析，沁水盆地研究区动压选井参数界定见表4-1-3。

表 4-1-3　相关参数界定

参数		标准
资源潜力	产气天数	>1000d
	连续排采程度	≥60%
	日均产气量	>200m³
	剩余储量	>70×10⁴m³
	临界解吸压力	>1MPa
	剩余解吸量	≥1m³/t
	解吸阶段	敏感解吸阶段
储层连通性	憋压后放压	产气量增加且稳定
	历史拟合渗透率	>2mD
	产气类型	稳定或下降，稳定递减超过半年
	煤粉	不产煤粉
传递能力	应力敏感性	弹性模量≥3GPa，泊松比≥0.3
	压降传递	压降传递平稳
水条件	平均产水量	<2m³/d
	当前产水量	0～1m³/d
地层能量	套压	介于0.1～0.2MPa
	地层压力	相同累计产气量条件下，地层压力保持高值

第二节　动压调节压降规律

分析不同煤体结构的压降规律，对后期排采井间干扰的形成、井距优化、分区动压调节具有重要意义，亦可为排采初期"一井一策"的动压调节制度确定提供依据。

一、不同煤体结构的压降规律统计分析

不同煤体结构不同排采阶段的储层压力动态变化不同（杨帆，2016），Ⅰ类煤机械强度高，排采过程中压敏性相对其他两类煤较弱，该类煤在合理的压降过程中，煤层的压裂裂隙持续保持开启状态。Ⅱ类煤具有天然裂隙和压裂隙，随着煤层水排出，井筒附近

形成稳定的压降漏斗，从而达到长时间稳产；垂向上包含部分Ⅲ类煤的煤层气井，排采过程中压降速度过快、频繁停泵，会导致产气量快速下降；Ⅲ类煤较为破碎，在排采过程中，压降漏斗仅限于井筒附近，煤层不能形成大范围压降，因此Ⅲ类碎粒煤产气量曲线表现出产量低且达到产气峰值后快速下降的特征。不同的煤体结构排采过程中引起的储层压降不同（图4-2-1）。

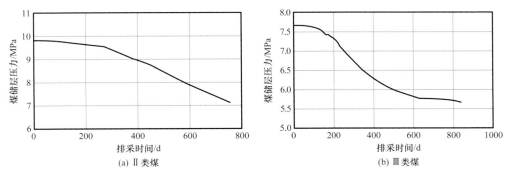

图 4-2-1　Ⅱ类、Ⅲ类煤压降曲线

二、编制模拟计算工具

根据物质平衡方程、力学本构方程和气固耦合方程，分析动态压降传播规律，进行压降—流量转换（张浩亮，2019）。基于 comsol 软件设计的煤层气多场模拟分析计算程序如图4-2-2所示，涉及公式见式（4-2-1）至式（4-2-5）（李瑞等，2017）。

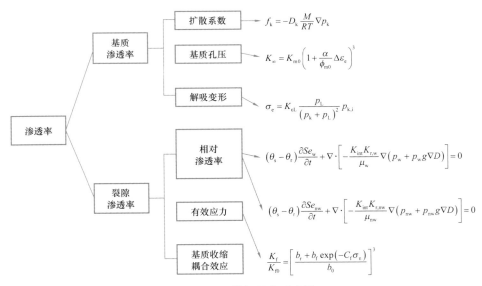

图 4-2-2　模拟程序示意图

基质质量平衡方程：

$$\frac{\partial}{\partial t}\left(\phi_{\mathrm{m}} p_{\mathrm{m}} \frac{M}{RT}\right) + \nabla\left(-\frac{K_{\alpha}}{u} \frac{M}{RT} p_{\mathrm{m}} \nabla p_{\mathrm{m}}\right) = -Q_{\mathrm{km}} - Q_{\mathrm{mf}} \qquad （4\text{-}2\text{-}1）$$

式中　ϕ_m——基质孔隙度，% ；

　　　p_m——基质孔压，MPa ；

　　　M——摩尔质量，g/mol ；

　　　R——比例常数；

　　　T——储层温度，K ；

　　　K_a——基质渗透率，mD ；

　　　u——动力黏度，Pa·s ；

　　　Q_{km}——产出的气体总量，m³ ；

　　　Q_{mf}——基质孔隙与天然裂隙的气体质量交换量，m³。

裂隙质量平衡方程：

$$\frac{\partial}{\partial t}\left(\phi_f p_f \frac{M}{ZRT}\right) - \frac{\rho_f K_f}{u}\nabla p_f = Q_{mf} \tag{4-2-2}$$

式中　ϕ_f——基质孔隙度，% ；

　　　p_f——裂隙系统中的压力，MPa ；

　　　M——摩尔质量，g/mol ；

　　　Z——气体压缩因子；

　　　R——比例常数；

　　　T——储层温度，K ；

　　　ρ_f——气体密度，kg/m³ ；

　　　K_f——裂隙渗透率，mD ；

　　　u——动力黏度，Pa·s ；

　　　Q_{mf}——基质孔隙与天然裂隙的气体质量交换量，m³。

物质交换方程：

$$Q_{mf} = \alpha_{mf} D_{mf}\left(\rho_m - \rho_f\right) \tag{4-2-3}$$

式中　Q_{mf}——基质孔隙与天然裂隙的气体质量交换量，m³ ；

　　　α_{mf}——影响因子；

　　　D_{mf}——煤基质的气体扩散系数，m²/t ；

　　　ρ_m——煤基质密度，kg/m³ ；

　　　ρ_f——气体密度，kg/m³。

力学本构方程：

$$G_{ui,kk} + \frac{G}{1-2v}u_{k,ik} - \delta p_{m,i} - \beta p_{f,i} = 0 \tag{4-2-4}$$

式中　G——煤体剪切模量，MPa ；

　　　v——泊松比；

　　　u——煤体骨架位移，m ；

　　　δ——克罗内克符号；

p_m——基质孔压，MPa；

β——比奥系数；

p_f——裂隙压力，MPa。

气固耦合方程：

$$-K\varepsilon_L \frac{p_L}{\left(p_k + p_L\right)^2} p_{k,i} + f_i = 0 \qquad (4-2-5)$$

式中　K——体积模量，MPa；

ε_L——煤体膨胀/收缩应变；

p_L——兰氏压力，MPa；

p_k——孔隙流体压力，MPa；

f_i——i 方向的体积力，MPa。

联立上述方程，形成压降与流量映射，计算压力变化特征。

三、模拟计算动态储层压力，分析压降传播规律

优选Ⅰ类、Ⅱ类、Ⅲ类井中储层压降传递持续稳定的井进行模拟分析。结果表明，高产井储层压力快速下降，中低产井储层压力缓慢下降（图 4-2-3 至图 4-2-5）。

（1）Ⅰ类井模拟（以 A4 井为例）。

A4 井压降平面分布规律如图 4-2-3 所示。

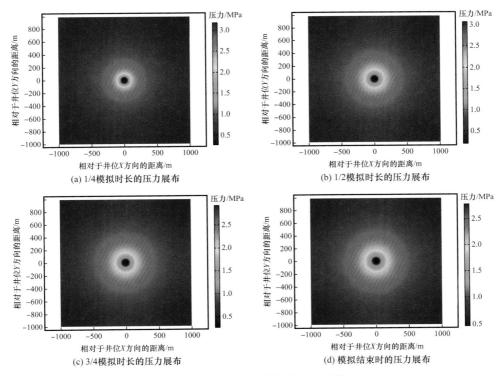

图 4-2-3　A4 井压降平面分布规律

（2）Ⅱ类井模拟（以 B3 井为例）。

B3 井压降平面分布规律如图 4-2-4 所示。

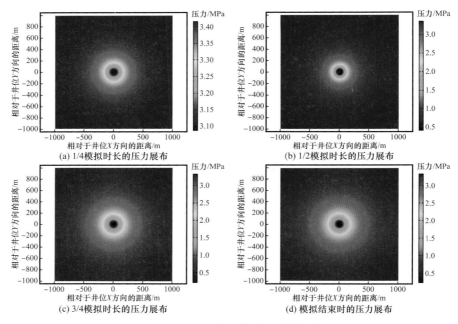

图 4-2-4　B3 井压降平面分布规律

（3）Ⅲ类井模拟（以 C2 井为例）。

C2 井压降平面分布规律如图 4-2-5 所示。

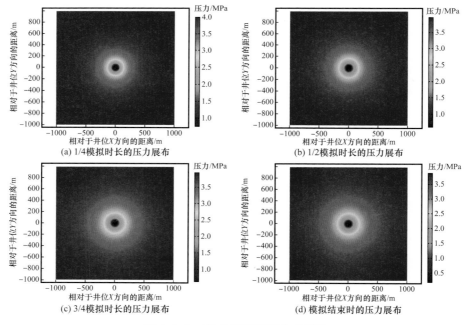

图 4-2-5　C2 井压降平面分布规律

　　选取 4 类不同产能级别的典型井，分别为 Ⅰ 类的 A4 井、Ⅱ 类的 B3 井、Ⅲ 类的 C2 井和Ⅳ类的 D1 井，并进行不同压降条件下的压降传递效果计算，总结压降条件改变时相应的压降传递效果的变化。

　　在进行 50kPa 与 13kPa 的产量衰减期负压压降时，4 类产能级别的井的压降传递效果如图 4-2-6 和图 4-2-7 所示。

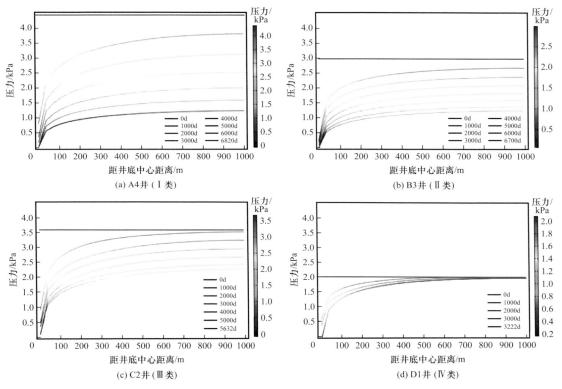

图 4-2-6　目标动压值 50kPa 压降传递特征图

　　对比图 4-2-6 与图 4-2-7 认为，在实施相同目标负压以及增加压降时均有压降传递效果 Ⅰ 类井（高产井，下同）明显好于 Ⅱ 类井与Ⅲ类井（中产井，下同），前 3 类井又远好于Ⅳ类井（低产井，下同）。其压降传递效果的变化如图 4-2-8 所示。

　　在进行 50kPa 的产量上升期负压压降时，4 类产能级别的井的压降传递效果如图 4-2-9 所示。

　　对比图 4-2-6 与图 4-2-9 认为，在产量上升阶段实施负压时，Ⅳ类井更难产生一定规模的压降漏斗，而 Ⅱ 类、Ⅲ类井压降漏斗扩展较好，Ⅰ 类井的压降漏斗扩展相比于产量衰减阶段损失最小。其压降传递效果的变化如图 4-2-10 所示。

　　在实施不同压降节奏的负压压降时，Ⅰ 类井的产能增长随压降节奏的加快要高一些，Ⅳ类井最低，Ⅱ 类、Ⅲ类井居中，但这种增长较为有限，随着压降节奏的加快，Ⅰ 类井的压降传递增长最快，Ⅳ类井的压降传递增长最慢，而 Ⅱ 类、Ⅲ类井的增长居中。

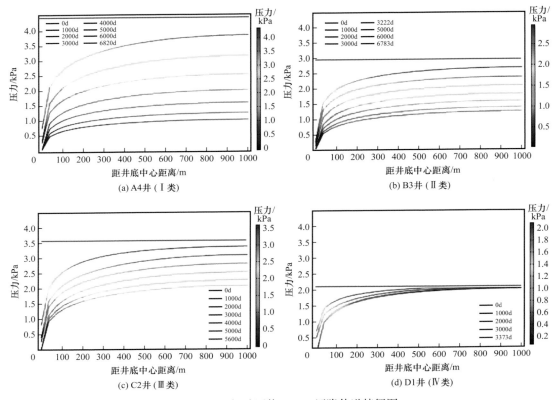

图 4-2-7 目标动压值 13kPa 压降传递特征图

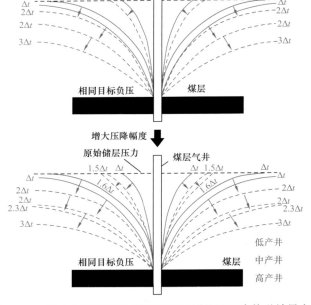

图 4-2-8 增大压降幅度时不同产能级别井的压降传递效果变化

Δt—降压的相对时间

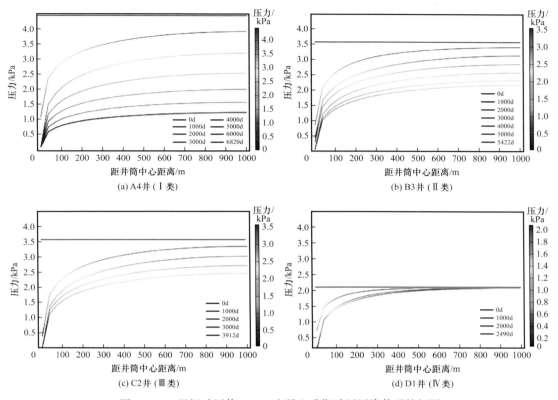

(a) A4井（Ⅰ类）

(b) B3井（Ⅱ类）

(c) C2井（Ⅲ类）

(d) D1井（Ⅳ类）

图 4-2-9　目标动压值 50kPa 产量上升期动压压降传递特征图

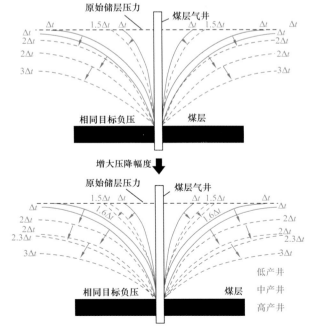

图 4-2-10　改变压降阶段时不同产能级别井的压降传递效果变化

第三节 动压调节方式

一、上产期的动压调节方式

煤层气井合理的排采制度本质是通过控制井底流压来控制产水、产气速度以保障泄压面积内渗流通道有效（刘羽欣，2019）。综合前文的研究成果，煤层气井在上产期内应该采取的动压调节原则为：见气后缓慢降低生产压差，合理控放套压，保证连续产水和泄压，尽可能扩大泄压半径。

二、衰减期的动压调节方式

通过模拟不同阶段上升期和衰减期动压模拟特征，建立了产量上升期动压模板（图4-3-1）与产量衰减期动压模板（图4-3-2）。

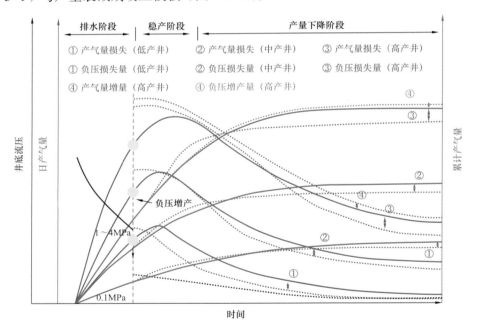

图 4-3-1　上升期动压模拟（0.05MPa）

产量上升期采用负压抽采的动压调节方法会提高上升期的峰值产量（李娜等，2019），但总体产能会衰减，且衰减幅度排序为③＞②＞①，高产井在递减期内的掉产幅度大，经济性差；而衰减期采用负压抽采的动压调节方法则会导致总体产能增加，增产幅度排序为②＞③＞①，中产井具有较大的增产潜力。

衰减期增压可以增产；上升期增压可以调峰，保证区域产气稳定性；压力增长模式降到100kPa与50kPa效果相似，但产气量的上升幅度均明显低于50kPa；压力增长模式降到25kPa，13kPa效果不明显，产气量的上升幅度明显降低。

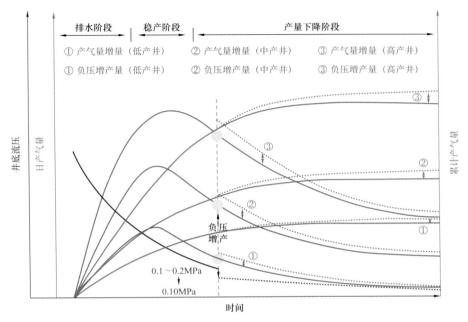

图 4-3-2　衰减期动压模拟（0.1MPa）

第四节　动压调节的应用与效果

一、研究区动压选井结果

依据本章第一节的动压选井原则，在研究区选出 22 口井，分别为：8 口 I 类高潜力区　井（A5、A6、A7、A8、A9、A10、B2、C1、A1）；11 口（B1、B10、C2、B3、B4、B5、A2、B6、B7、B8、B9）II 类较高潜力区；3 口（C4、C5、C3）III 类中潜力区。根据剩余储量和递减类型的排序如图 4-4-1 所示，结合储层压力维持程度图（图 4-4-2），最终确定动压调节优先级（表 4-4-1）。

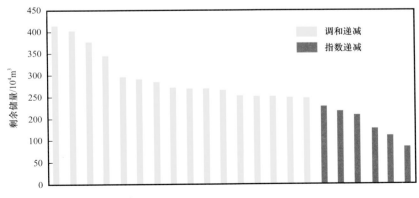

图 4-4-1　剩余储量以及递减类型优先级

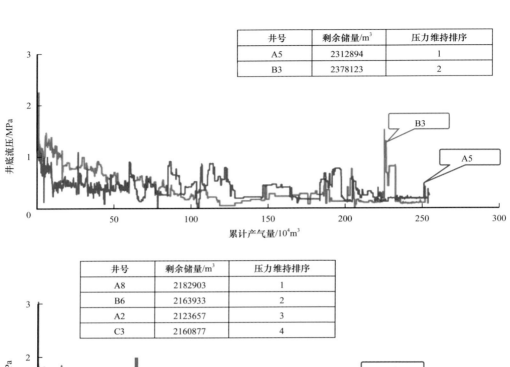

井号	剩余储量/m³	压力维持排序
A5	2312894	1
B3	2378123	2

井号	剩余储量/m³	压力维持排序
A8	2182903	1
B6	2163933	2
A2	2123657	3
C3	2160877	4

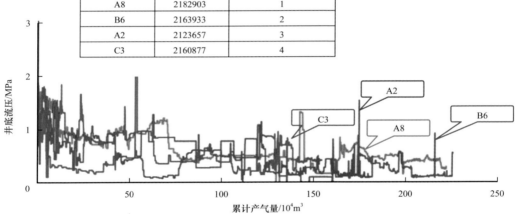

井号	剩余储量/m³	压力维持排序
A6	1961313	1
C2	1975468	2
B5	1948793	3
B7	1974687	4
A7	2009786	5

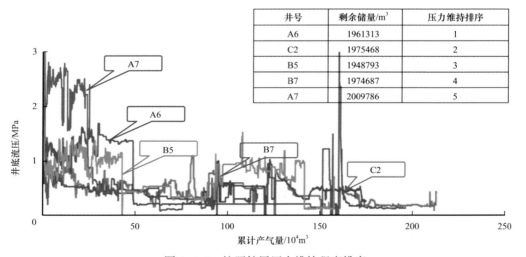

图 4-4-2　按照储层压力维持程度排序

表 4-4-1　优选井动压优先级别排序

井号	递减类型	剩余储量/m³	优先级	井号	递减类型	剩余储量/m³	优先级
C1	调和递减	3624324	1-1	A6	调和递减	1961313	1-12
A10	调和递减	3503804	1-2	C2	调和递减	1975468	1-13
B2	调和递减	3229465	1-3	B5	调和递减	1948793	1-14
B4	调和递减	2924143	1-4	B7	调和递减	1974687	1-15
A9	调和递减	2431815	1-5	A7	调和递减	2009786	1-16
A5	调和递减	2312894	1-6	B2	调和递减	1734595	2-1
B3	调和递减	2378123	1-7	C6	调和递减	1648592	2-2
A8	调和递减	2182903	1-8	B1	调和递减	1557523	2-3
B6	调和递减	2163933	1-9	C5	调和递减	1254114	2-4
A2	调和递减	2123657	1-10	B8	调和递减	1088963	2-5
C3	调和递减	2160877	1-11	B9	调和递减	825346	2-6

二、研究区动压调节方式优选

在 50kPa 动压目标值的条件下，分别计算不同产能级别井在产量上升期以及产量衰减期实施负压的产能差异，结果如图 4-4-3 所示。

分析可知，动压调节模式的效果呈现出在衰减期实施负压时产能最高，无动压措施的产能次之，在产量上升期实施负压时产能最低的特点。从采收率上来看，Ⅰ类井产能受动压措施影响最大，即产量增幅最大，产量损失也较高；Ⅳ类井产量增幅最小，产量损失最大；Ⅱ类井与Ⅲ类井产能受动压措施的影响相近，处于中等水平。因此，4 类井在产量衰减期实施负压可获取更高的产能。

三、研究区动压幅度优选

通过模拟不同动压幅度（100kPa、50kPa、25kPa、13kPa）的开发效果，分析增产气量，发现大部分井动态降压到 50kPa 以下时，增量变得非常小，有时还会出现下降的情况（图 4-4-4）。

根据图 4-4-5 的分析，所有优选井均具有如下特点：

（1）负压值增大，可采储量增加，负压为 13kPa 时可采储量有最大值。

（2）负压值增大，可采储量增量减少，动压增产率（$\Delta Q/p$）减小。

因此，研究区优选的动压调节井应选取 13kPa 的动压幅度。

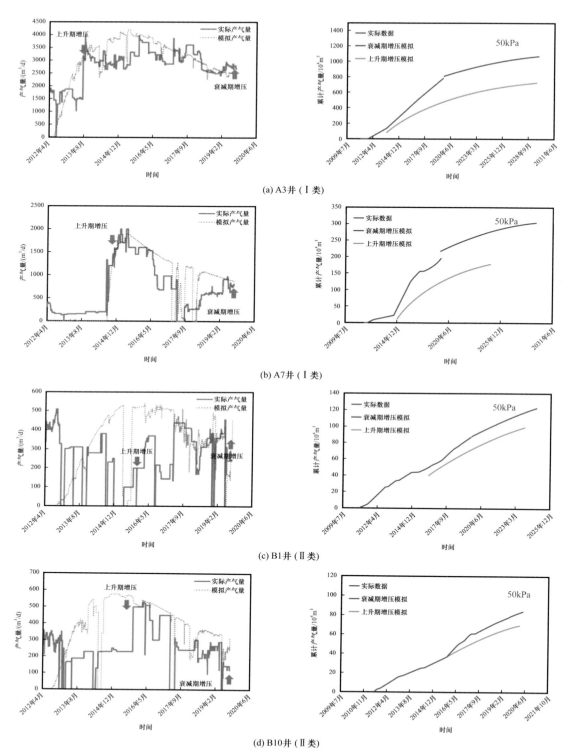

(a) A3井（Ⅰ类）

(b) A7井（Ⅰ类）

(c) B1井（Ⅱ类）

(d) B10井（Ⅱ类）

图4-4-3　不同动压阶段产能差异

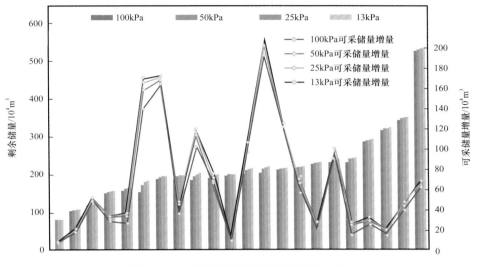

图 4-4-4　不同动压幅度的产能增量对比

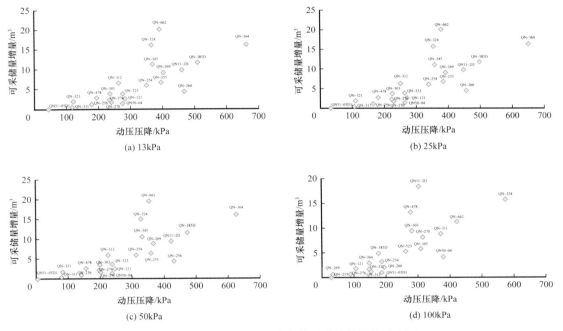

(a) 13kPa

(b) 25kPa

(c) 50kPa

(d) 100kPa

图 4-4-5　优选井不同压降条件可采储量增量示意图

四、研究区动压井组产能分析

根据前文的剩余储量计算结果界定动压调节井的产能级别，并针对先期动压调节的 1 号、2 号、3 号与 4 号阀组的动压调节井进行历史拟合与产能预测，结合对上述优选井应用负压抽采动压调节技术进行生产的实际效果，绘制了各动压井组预测及实际生产曲线，如图 4-4-6 至图 4-4-9 所示。

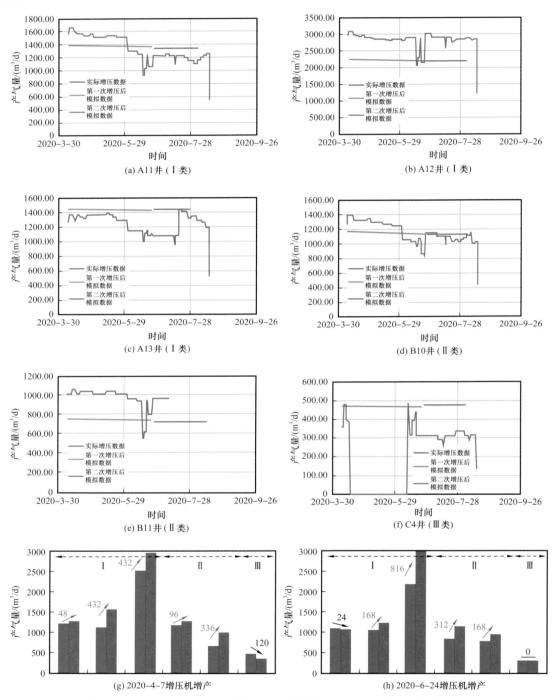

图 4-4-6　1 号阀组实施动压增产井的模拟增产效果与实际增产效果对比

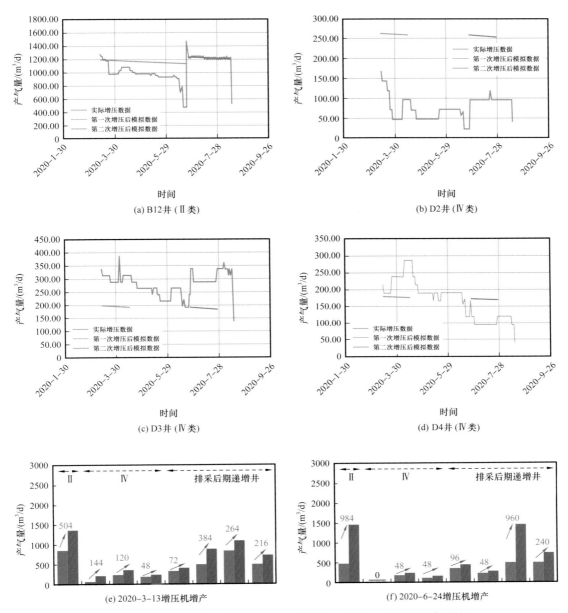

图 4-4-7　2 号阀组实施动压增产井的模拟增产效果与实际增产效果对比

经统计，Ⅰ类、Ⅱ类井增产 144～504m³/d；Ⅲ类井增产 98～168m³/d；Ⅳ类井增产 96m³/d。Ⅰ类、Ⅱ类井在保持高产的条件下，当前套压大都仍能维持在 0.1MPa 以上；Ⅲ类、Ⅳ类井大部分套压已降到 0.1MPa 以下，产量低，动压生产潜力小。总体上来说，Ⅰ类井增产效果显著，增产后产气量快速下降至增产措施前；Ⅱ类井增产效果显著，增产后产气量保持相对稳定；Ⅲ类井增产效果较好，增产后快速下降至增产措施前，部分Ⅲ类井增产效果差；Ⅳ类井增产效果差，而排采后期递增井效果较好，增产后产气量快速下降。

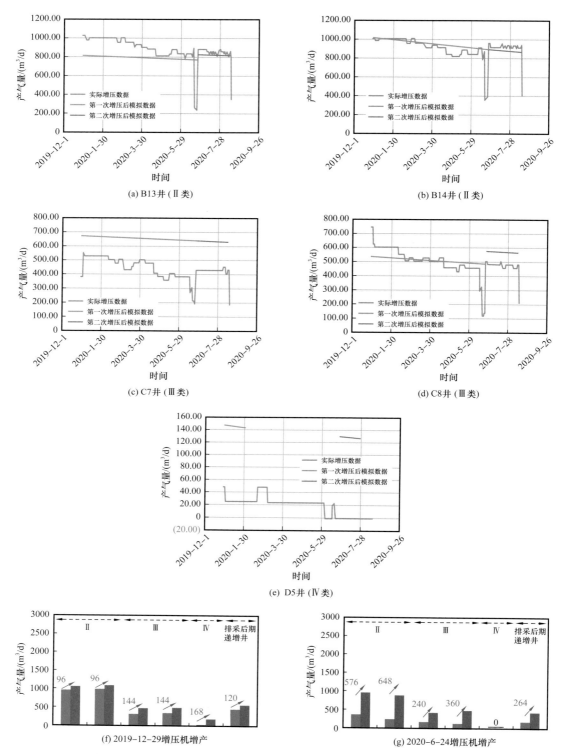

图 4-4-8 　3号阀组实施动压增产井的模拟增产效果与实际增产效果对比

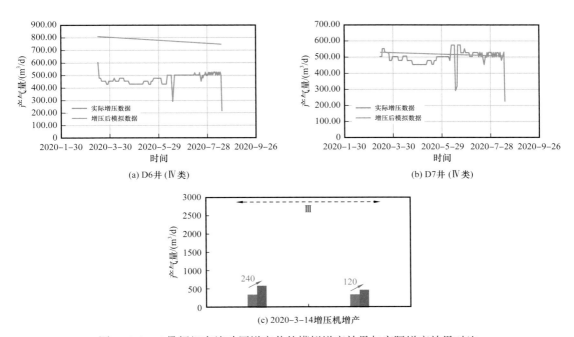

(a) D6井（Ⅳ类）　　　　　　　　　　　　　　　(b) D7井（Ⅳ类）

(c) 2020-3-14增压机增产

图 4-4-9　4 号阀组实施动压增产井的模拟增产效果与实际增产效果对比

第五章　煤层气排采工艺技术

煤层气排水降压、解吸产气的产气机理决定了气井需下入排采设备进行生产。煤层气井较常规油气不同：前期水量大，后期水量小；前期所需举升高度低，后期所需举升高度大。目前，排采设备主要移植于常规油气，需针对性进行优化。井底流压是煤层气生产过程中的核心指标，为了精确获取该参数，进行了无井下压力传感器获得井底流压的排采管控技术的研发。同时，煤层属压敏储层，排采速度过快易导致储层伤害，过慢则会降低经济效益，只有合理的排采速度才能实现煤层气的经济开发。

第一节　排采设备优化技术

一、常用排采设备的特点及适应性

煤层气属非常规天然气，排水降压、解吸产气是主要的产气机理，降低井筒内等效动液面高度形成的生产压差，是维持煤层气稳产、高产的关键。这样，通常采用的排水采气工艺为油管内产水降低井筒内等效动液面高度，油套环空产气的生产模式。为了获得给定的生产压差，并使之逐渐达到最大值，一般需要不断降低等效动液面的高度，并最终将液面降到储层或储层以下。同时，由于煤层气储层特性决定其骨架强度较低，黏结性不好，游离的煤粉和固性颗粒较多，导致其产出液中携带有煤粉（泥）、砂等固性颗粒。由此可见，煤层气的排采设备需要满足产液量变化大、动液面变化、产出液中有固性颗粒的要求，较常规油田的排采系统在恒产液量、稳定动液面、产出液中固相颗粒较少、润滑性好的生产条件更为苛刻。目前，煤层气开发采用低成本开发战略，对设备选择要求就更高。可见，选择适合煤层气井的排采设备，是一个较常规油田选择排采设备更为困难的工作。

目前，煤层气开发使用的排采设备，主要是从常规油气田排采设备中移植过来的，下面就常见设备的特点，初步分析选型与优化的技术。

1. 常用排采设备的特点

煤层气井目前常用的排采设备主要有由游梁式抽油机、抽油杆、抽油泵组成的"三抽"系统以及螺杆泵和电动潜油泵（以下简称电潜泵）。这3种设备各有其特点和适应性。

"三抽"泵排采设备产液量、载荷适应性强，操作简单，性能可靠，几乎不需保养（张琪，2000），它的工作深度和排量都能适应煤层气开采的要求。煤层气用抽油机的特点主要有悬点最大负荷较小、上下冲程载荷差变化较小、振动负荷影响较小、气体载荷影响小、井液轨迹等井况较差、多数情况下为缺液工况等特点。主要适用于垂直井、煤粉（砂）含量较少、产液量较低的煤层气井。

螺杆泵排水采气具有地面设备相对结构简单、操作方便、占地面积小、地面设备维护相对简单、运行稳定、不易气锁的优点（乔康，2016），但也具有投资较大、不能缺液运行等缺点。螺杆泵在防砂、排粉、平稳降液及产气控制井底压力方面更具优越性，因此在煤层气开发的某些特殊场合将有一定的应用。此外，丛式井、水平井、大斜度井中，合理使用螺杆泵进行排采，有时较"三抽"系统具有更大的优势。

电潜泵在油田大排量井上使用较为成熟，但是在煤层气排采中，由于工作环境和使用要求不一样，导致从油田移植过来的电潜泵出现一些技术问题，例如，煤层气排液量较小且不稳定、泵对气体的适应性差、容易产生气蚀或气锁、水中煤粉含量较多等容易导致泵的过热损坏。

2. 常用排采设备的适应性

煤层气排采设备的设计与选型不能只是对采油采气举升方式进行简单"移植"，而应该根据煤层气井的地质特点与实际生产情况，做大量适应性改进、创新和配套完善工作。目前，用于排水采气的设备主要有"三抽"系统、螺杆泵系统和电潜泵系统（表5-1-1）。

表 5-1-1　常用煤层气排采设备的适应性对比

项目		"三抽"有杆泵	螺杆泵	电潜泵
生产参数	最大排量 /（m³/d）	160（下泵深度 1500m）	100（下泵深度 1500m）	640（下泵深度 1200m）
	最小排量 /（m³/d）	1~20	5~15	>20
	井深 /m	<2000	<1500	<1200
地层参数	温度 /℃	≤300	≤120	≤200
	地层压力	不限	不限	不限
	最小流压	不限	不限	不限
开采条件	固性颗粒 /%	<3	<5	<2
	气水体积比 /%	<2	<10	<5
	腐蚀限制	适宜	适宜	较差
井场环境		装置较大且较重 适宜	装置小 适宜	装置小，高压电源 较好
井下状况	小井眼	偏磨较重	偏磨相对较轻	不适宜
	分层措施	一般	不适宜	不适宜
	井斜限制	<35°	斜井、弯曲井不适用	<60°
	总效率（水功率 / 输入功率）/%	25~45	30~50	<40

续表

项目		"三抽"有杆泵	螺杆泵	电潜泵
维修管理	检泵	较简单	较麻烦	麻烦
	免修期	平均 2 年	平均 1 年	平均 1.5 年
	生产管理	较方便	方便	方便
	自动控制	适宜	一般	适宜
	生产测试	较好	较好	较好
	灵活性	适宜	一般	适宜
其他条件	可靠性	生产时效 95%	对温度、杆柱故障敏感	对温度、电故障敏感
	设计维护难易	简便	较易	复杂
	系统灵活性	灵活	不灵活	较灵活
	投资成本	较低	一般	较高
	适应性	适用范围广	适用范围较广	产液量大

通过分析，对煤层气排采设备选择有如下认识：

（1）排水量在 30～40m³/d 以下、水量变化较大、井眼轨迹较好、井斜小于 5°的排采井，建议首选"三抽"排采设备进行排采。

（2）排水量在 20～60m³/d 范围内、煤粉含量在 3%（质量比）以上、井斜小于 3°且井身轨迹较好的煤层气井，可推荐采用螺杆泵排采方式，可综合比较"三抽"系统与螺杆泵排采的经济性和区块管理的方便性。

（3）排水量大于 60～100m³/d、水量充足、维持时间较长、产量稳定、出煤粉较少的斜井或水平井，建议选用电潜泵排采方式。

二、研究区排采设备现状分析

研究区煤层气的地面抽排采用降压（排水降压）采气工艺技术，主要是结合研究区的开采现状，参照在油气田开发中相对成熟的技术和经验，选用开发工艺和排采设备，尚未形成适合煤层气开发独有的工艺与设备体系，主要存在以下两个问题：

（1）设备选型的适应性差、配套不合理。

如抽油机、抽油泵选型偏大，抽油杆杆径偏粗，杆柱设计不合理等。据不完全统计，示范区抽油机负载利用率小于 60% 的井占 73%，泵效不足 20% 的井占 58%，抽油杆应力利用率为 64%，如图 5-1-1 和图 5-1-2 所示。设备无故障运行时间相对较短，造成设备投资大，修井频繁，导致气井高产、稳产时间短，整体排采效率低等问题，且能耗高，不符合低成本开发煤层气的要求。

（2）排采过程中杆管偏磨现象较为严重。

由于部分煤层气井的井眼轨迹较差，如图 5-1-3 所示，排水降压阶段的排采设备应用于稳定生产阶段存在无故障运行时间短、杆管偏磨、进入井筒的固性颗粒不能排出等问题。

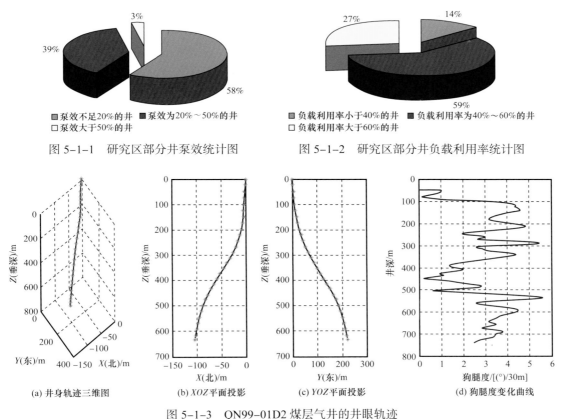

图 5-1-1　研究区部分井泵效统计图　　　　图 5-1-2　研究区部分井负载利用率统计图

图 5-1-3　QN99-01D2 煤层气井的井眼轨迹

要解决煤层气井偏磨的问题，应从两方面做工作：一方面是提升钻井质量，规范井眼轨迹；另一方面是选择高质量、适应性强的排采工艺与设备，提升设备的无故障运行时间。

三、排采设备优化技术研究

针对山西沁水盆地南部煤层气直井开发的特点，分析沁南示范区煤层气井排采的特征，从提升排采连续性和低成本开发为目标，对示范区煤层气井高效排采工艺设备进行了优化设计研究，提升排采设备的可靠性，为实现煤层气的连续、稳定排采，提升煤层气产量，延长稳产、高产时间服务。

主要围绕进入井筒的煤粉尽量排出、延长排采设备的无故障运行时间这两个煤层气稳产条件，对煤层气排采设备的选型、"三抽"排采设备的优化、抽油杆柱的防偏磨设计进行了研究分析，并编制了煤层气排采设备选型与优化软件。

1. 煤层气排采设备选型

不同排采设备的特点和适应性有所不同，采取不同的排采方案，对后期的地面设备设计、生产管理、排采效果等有着重要的影响。

（1）分析排采设备适应性。

对比分析常用排采设备——"三抽"排采设备、螺杆泵、电潜泵和射流泵等设备在生产参数、地层参数、开采条件、地面环境、井下状况、维修管理等方面的适应性。

（2）建立排采设备评价的多层次分析模型。

根据实验室数据和现场实践经验，结合各个排采设备的特点与实际操作的可行性，剔除次要因素，将影响排采设备最优方案的因素分类整理，得到一级评价指标——动态主控因素、静态主控因素；二级评价指标——生产参数、开采条件、井下状况、地层参数、维修管理及其他条件。再将二级评价指标的各项细化到三级指标，建立指标体系的层次模型，并确定相应的指标体系权重。

（3）建立模糊关系矩阵。

通过现场调研和专家打分确定动态主控因素、静态主控因素的评价函数。

（4）排采设备评价的计算机实现。

根据多层次模糊综合评价的思想，结合排采技术设备评价与优选思路，利用 VB 软件编制出排采设备选型和优化程序，程序的流程如图 5-1-4 所示。

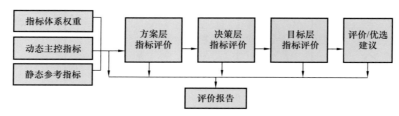

图 5-1-4　排采设备评价与优选流程

运用多层次模糊综合评价方法对优化井排采设备进行了评价优选，程序优化评价如图 5-1-5 和图 5-1-6 所示。

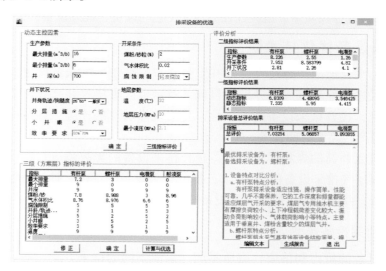

图 5-1-5　QN99-01D1 井排采设备选型评价

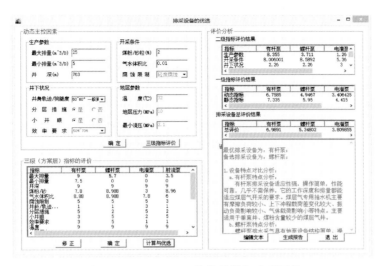

图 5-1-6　QN99-03 井排采设备选型评价

通过优化设计分析，可以得出如下结论：对于示范区大多数煤层气排采井，排水量为 0～30m³/d，下泵深度不大于 1000m，井眼轨迹一般，存在少量煤粉，"三抽"设备的评价均在 7 分左右，高于其他排采设备。建议优先选用"三抽"设备进行排采，可满足其排采要求，且适应性强、维修管理方便。

2."三抽"排采系统优化

"三抽"排采设备排水是由抽水机、抽油杆和抽油泵为主的"三抽"抽汲系统实现的，目前我国煤层气排采应用最广泛的"三抽"排采设备是游梁式抽水机泵装置（图 5-1-7）。

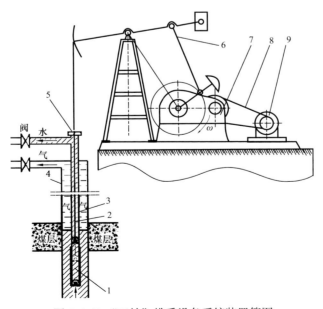

图 5-1-7　"三抽"排采设备系统装置简图

1—抽油泵；2—抽油杆；3—油管；4—套管；5—井口装置；6—抽水机；7—减速装置；8—传动带；9—动力机

1）抽水机系统分析

对抽水机进行运动学和动力学分析，计算抽水机的位移、速度、加速度与悬点载荷、曲柄扭矩等参数，便于完成"三抽"系统的优化设计和计算。

2）建立机杆泵系统的优化模型

选择"三抽"排采设备主要是确定抽水机、抽油杆、抽油泵和电动机，确定工作参数主要是确定悬点载荷、冲程和冲次间的配合关系，其中抽水机仍然是以游梁式抽水机为例展开研究。以设备无故障运行时间最长为优化目标进行优化设计，通过研究可以建立其优化的数学模型，令自变量为：

$$X = \left[\left[p_{max}\right],\ S_{max},\ \left[T_{max}\right],\ S_{min},\ D_p,\ d_g\right] = \left[x_1,\ x_2,\ x_3,\ x_4,\ x_5,\ x_6\right]$$

则目标函数可以表示为：

$$
\begin{cases}
Y_1 = \min\left[p_{max}\right] = \min x_1 \\
Y_2 = \min S_{max} = \min x_2 \\
Y_3 = \min\left[T_{max}\right] = \min x_3 \\
Y_4 = \min D_p = \min x_4 \\
Y_5 = \min d_g = \min x_5
\end{cases}
$$

约束条件可表示为：

$$
\begin{cases}
g_1(X) = \left[Q_{max}\right] - \dfrac{1440\pi}{4} x_5^2 x_2 n_{max}\eta_{max} \leqslant 0 \\[2mm]
g_2(X) = \dfrac{1440\pi}{4} x_5^2 x_2 n_{min}\eta_{min} - \left[Q_{min}\right] \leqslant 0 \\[2mm]
g_3(X) = \left[\rho_1 g\dfrac{\pi}{4}\left(D_g^2 - x_6^2\right)H + \rho_{\text{杆}} g\dfrac{\pi}{4} x_6^2 H\right]\left(1 + \dfrac{x_2 n_{max}^2}{1790}\right) - x_1 \leqslant 0 \\[2mm]
g_4(X) = n_{max} - \sqrt{179/x_2} \leqslant 0 \\[2mm]
g_5(X) = 0.5 - n_{min} \leqslant 0 \\[2mm]
g_6(X) = \sqrt{\dfrac{\left(P_{max} + P_{min}\right)P_{max}}{2\left(\pi x_6^2/4\right)^2}} - \dfrac{\left[\sigma_{-1}\right]}{K_n} \leqslant 0 \\[2mm]
g_7(X) = \dfrac{P_{max}}{\pi x_6^2/4} - \left(0.25\sigma_b + 0.5625\dfrac{P_{min}}{\pi x_6^2/4}\right)K_F \leqslant 0 \\[2mm]
g_8(X) = H - \left(\dfrac{1-K^2}{2K_{n2}}\sigma_S - p_B\right)/\left(9.8\rho_1 \times 10^{-6}\right) \leqslant 0
\end{cases}
$$

式中　$\left[P_{max}\right]$——悬点最大载荷，N；

　　　S_{max}——悬点最大冲程，m；

　　　$\left[T_{max}\right]$——减速箱力矩，N·m；

　　　S_{min}——悬点最小冲程，m；

D_p——泵径，m；

d_g——等效杆径，m；

Q_{max}——最大希望排量，m^3/min；

n_{max}——抽油机最大冲次，min^{-1}；

η_{max}——最大泵效；

Q_{min}——最小希望排量，m^3/min；

n_{min}——抽油机最小冲次，min^{-1}；

η_{min}——最小泵效；

ρ_l——采出液的密度，kg/m^3；

g——重力加速度，$9.8m/s^2$；

D_g——泵的内径，m；

H——下泵深度，m；

$\rho_{杆}$——杆密度，kg/m^3；

$[P_{min}]$——最小悬点载荷，N；

$[\sigma_{-1}]$——许用折算应力，Pa；

K_n——疲劳系数；

σ_b——杆的拉伸强度，Pa；

K_F——弯曲计算系数；

K——载荷计算系数；

K_{n2}——拉伸计算系数；

σ_s——屈服强度，Pa；

p_B——井口回压，Pa。

说明：寻优变量1为最大载荷；2为最大冲程；3为最大减速箱力矩；4为最小冲程；5为泵径；6为平均杆径。

目标1为最大悬点载荷；目标2为最大冲程；目标3为减速箱力矩；目标4为泵径；目标5为杆径。

约束条件1为最大产液量约束；2为最小产液量约束；3为最大载荷约束；4为最高冲次约束；5为最低冲次约束；6为杆柱疲劳强度约束；7为杆柱拉伸强度约束；8为杆柱弯曲强度约束。

综上所述，"三抽"系统优化设计的数学模型可表示为：

$$\left.\begin{array}{l} V-\min F(X)=\min\left[f_1(X)\,f_2(X)\,f_3(X)\,f_4(X)\,f_5(X)\right]^T \\ X\in D\subset R \\ D:g_u(X)\leqslant 0\quad(u=1,2,3,\cdots,8) \end{array}\right\}$$

需要说明的是，x_1，x_2，x_3，x_4，x_5，x_6为变量，S_{min}，D_g，K，n_{max}，n_{min}为间接变量，其他均为已知量，可以在实际的设计条件中确定。

3）杆柱设计计算

对抽油杆柱的设计，结合了 API 杆柱设计方法和威尔诺夫斯基杆柱设计方法。对于多级杆柱，按照等强度的设计理论，计算抽油杆柱的级数、杆径以及各级抽油杆柱占总长度的百分数；并根据计算泵效及产液量，最大、最小载荷等参数进行调整再优化。

4）抽水机拖动装置设计

抽水机拖动装置的设计目标是根据实际工程状况选择最优的电动机类型。对于游梁式抽油机拖动电动机的选择除功率、转速外，主要考虑电动机的启动性能和过载能力。在考虑电动机启动性能时，尽量考虑抽水机运行效率，尽可能减少"大马拉小车"的现象；依据煤层气井工作状况的不同，电动机的过载系数一般为 1.8～2.2。

5）基于煤粉排出条件的杆管组合设计

依据杆管环空固液两相流动规律和煤粉排出条件分析，可知煤粉排出量与排液量以及环空尺寸有密切关系，根据分析，杆管组合设计就是在杆柱强度约束、最大悬点载荷约束、管径强度约束、泵径对管径的约束条件下，求出使煤粉排出浓度最大的杆管组合在煤层气井排采中，常用的杆柱有 13mm、16mm、19mm 和 22mm，常用的油管内径为 38.1mm、50.66mm、59mm 和 74.22mm。

依据杆管环空煤粉沉降规律，可以计算出煤粉运移速度正负分界点和煤粉排量，然后根据煤粉排出条件的分析结果，得到给定排液量和机杆泵组合时，煤粉排出量随排采管管径的变化情况。依据杆柱疲劳强度和杆管匹配初步设计的杆管规格尺寸进一步进行优选。在考虑杆管环空煤粉完全排出和箍管环空大小对煤粉排出的影响因素后，煤层气井在较小定产液量 5.0m³/d 时，常用机型、泵径和冲程的有杆泵设备所配置的杆管组合优化尺寸见表 5-1-2。

表 5-1-2 煤层气井有杆泵排采设备所用杆柱和管柱规格组合优选

参数	不同抽水机（GB/T 29021—2012）杆管直径							泵径 d_h/mm
	CYJ2 S=0.6m	CYJ3 S=1.2m	CYJ3 S=1.5m	CYJ3 S=2.1m	CYJ5 S=1.8m	CYJ5 S=2.1m	CYJ5 S=2.5m	
d_r/mm	13	13	13	13	19×16 （0.31×0.6）	19×16 （0.30×0.7）	19×16 （0.30×0.7）	28
d_t/mm	33.4	33.4	33.4	33.4	52.4	52.4	52.4	
d_r/mm	13	13	13	13	19×16 （0.34×0.6）	19×16 （0.33×0.6）	19×16 （0.32×0.6）	32
d_t/mm	33.4	33.4	42.16	42.16	52.4	52.4	52.4	
d_r/mm	16	16	16	16	19×16 （0.40×0.6）	19×16 （0.38×0.6）	19×16 （0.37×0.6）	38
d_t/mm	52.4	52.4	52.4	52.4	60.32	60.32	60.32	

参数	不同抽水机（GB/T 29021—2012）杆管直径							泵径 d_w/mm
	CYJ2	CYJ3	CYJ3	CYJ3	CYJ5	CYJ5	CYJ5	
	S=0.6m	S=1.2m	S=1.5m	S=2.1m	S=1.8m	S=2.1m	S=2.5m	
d_r/mm	16	19	19	19	19×16 （0.45×0.5）	19×16 （0.43×0.5）	19×16 （0.41×0.5）	44
d_t/mm	52.4	52.4	52.4	52.4	60.32	60.32	60.32	
d_r/mm	16	19	19	19	22×19 （0.39×0.6）	22×19 （0.37×0.6）	22×19 （0.36×0.6）	51
d_t/mm	60.32	60.32	60.32	60.32	60.32	60.32	60.32	
d_r/mm	19	19	19	19	22×19 （0.42×0.5）	22×19 （0.40×0.6）	22×19 （0.38×0.6）	57
d_t/mm	60.32	60.32	60.32	60.32	60.32	60.32	60.32	
d_r/mm	19	19	19	19	22×19 （0.45×0.5）	22×19 （0.43×0.57）	22×19 （0.40×0.60）	63
d_t/mm	60.32	60.32	60.32	60.32	60.32	60.32	60.32	
d_r/mm	22	22	22	22	22	22	22×19 （0.46×0.54）	70
d_t/mm	73.02	73.02	73.02	73.02	73.02	73.02	73.02	

注：d_r 为抽油杆直径，d_t 为油管内直径。CYJ5 抽水机杆管直径单位为 mm×mm，括号中数据指两级抽油杆的长度比例。

煤层气井进入稳定生产后，煤层产液量较小且相对稳定，此时需要减小井下排采管径，来确保进入杆管环空中的煤粉及时排出至地面，所确定的排采管径大小较油气井用油管普遍降低一个至两个规格尺寸。优选后，有杆泵设备所用的排采管柱为小型管，其规格尺寸以 52.4mm 和 60.32mm 为主；采用 2 型机和 3 型机的小泵径时，可选用 33.4mm 和 42.16 mm 管柱；泵径大于 70mm 时，需选用 73.02mm 的油管柱。

3. "三抽"排采系统抽油杆柱防偏磨技术

抽油杆是"三抽"排采系统中承受载荷、传递运动的重要部件。然而，煤层气排采的地质条件、施工条件、井液条件比油田工况差得多，使得杆柱偏磨现象在煤层气排采中显得更加严重。杆管偏磨缩短了煤层气井的免修期，使大量的杆管材料早期报废，增加了额外的油井作业工作量及作业费用，降低了煤层气井的产量和系统效率。

（1）"三抽"系统杆管偏磨原因分析。研究表明，杆管磨损速度受到井身结构、杆管组合、生产参数、采出液物性等诸多因素的影响，是各种因素共同作用的结果。

（2）井眼轨迹的三维描述。利用 Matlab 软件对排采井的狗腿度、井斜角、方位角等参数进行插值拟合，绘制其井身轨迹。

（3）杆柱偏磨点计算与防偏磨设计。对抽油杆柱进行受力分析，计算其中和点和临界轴向压力，对失稳偏磨点、几何偏磨点和弯曲偏磨点安装扶正器。

（4）杆柱防偏磨优化系统的计算机实现，其流程如图 5-1-8 所示。

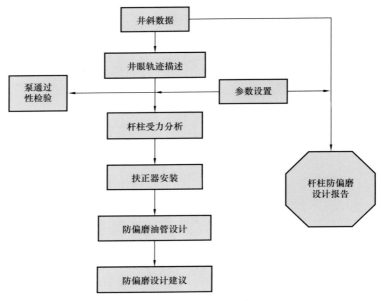

图 5-1-8　杆柱防偏磨设计流程

4. 煤层气排采设备优化软件的研发

利用 VB 软件对以上优化理论方法进行软件化集成，形成一套系统的煤层气排采设备选型与优化软件。其框架及主要界面如图 5-1-9 至图 5-1-13 所示。

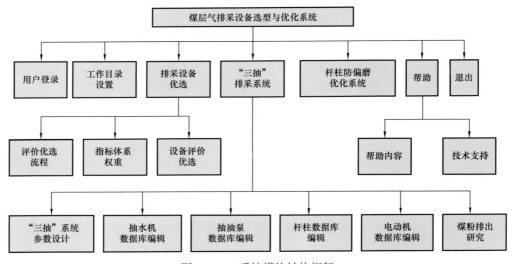

图 5-1-9　系统模块结构框架

图 5-1-10　软件欢迎界面

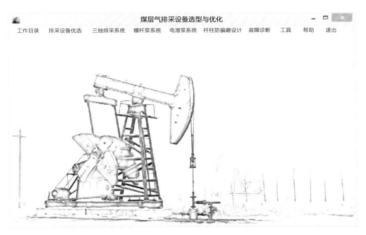

图 5-1-11　软件主界面

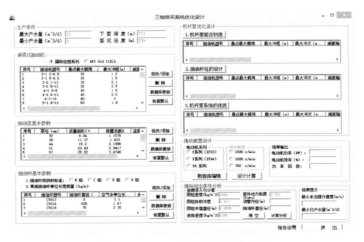

图 5-1-12　"三抽"设备优化界面

图 5-1-13　杆柱防偏磨优化界面

通过排采设备的优选选型和排采设备参数的优化选择，可以有效地提升设备的适应性，针对优化结果，采用相应的防偏磨技术、排煤粉（砂）技术可对提升设备的无故障运行时间起到显著作用。

四、小结

煤层气井排采工艺的特点要求排采设备具有产液量变化范围大、载荷变化大、固性颗粒排出井筒能力、井眼轨迹适应性强等特点，可见，煤层气的排采设备属于小而精的设备范畴。合理选择煤层气井的排水工艺，可以有效地提升设备的适应性。按照对排采井产水量的预测，考虑煤层气排采井的特点，对排采设备进行优选，可以有效地提升排采设备的无故障运行时间，提升煤层气井的综合经济效益。

第二节　无井下压力传感器自动化排采技术

准确、有效、快速、低成本地获得煤层气井的井底流压，对于实现煤层气井的精确排采管控意义重大，在排采井中下入井下压力传感器是最为直接的方法。但由于井下压力传感器成本高、长期使用会产生漂移、更换需要作业等问题，影响了其推广使用。如果能在无井下压力传感器的条件下获得井底流压，将大大提升煤层气井的运行管控质量和降低排采成本，本节将介绍煤层气井无井下压力传感器获得井底流压的排采管控技术。

一、利用抽油机驱动电动机的电参数获取井底流压的技术原理与实现

利用抽油机驱动电动机的电参数获取井底流压的无井下压力传感器自动化排采技术（CMPC）主要是利用抽油机电动机的电流和电压等参数（张浩亮等，2019），通过示功图计算获取井底流压或动液面，再辅助利用变频控制和无线网络传输技术而实现自动化排采的一种技术。其技术核心点无井下压力传感器测量技术，即在无井下压力传感器的情

况下，通过对抽油机驱动电动机电参数的测量，利用机器动力学原理，获取抽油机的悬点示功图，通过对示功图的分析，获得井底流压（等效动液面）、泵的填充率及机械传动系统运行状况。

以电动机为动力源的抽油机全部运行工况必然直接或间接地映射到电动机的运行参数上。因此，实时采集电动机的运行数据并加以整理、判断，便可获得与之相对应的抽油机工况。抽油机工况的变化反映到电动机，体现了电动机轴输出扭矩的变化，而电动机的输出扭矩与其定子电流呈正相关关系。因此，可以通过研究抽油机电动机电流的变化情况，通过对有杆抽油系统运动规律的分析，抽油机系统的动力学系统建模，同时对拖动抽油机负载的电动机运行状态进行特征分析、杆柱系统的简化和建模分析，求出井底流压（等效动液面），达到无传感器测量井底流压的目的。

1. 电动机运行状态特征分析

通常，与抽油机有关的电动机运行状态有电动负载状态、空载运行状态和发电状态。这3种状态分别对应着电动机电流的变化及变化梯度、电流与电压之间相位的变化，以及电流与电压之相位变化的梯度。

当电动机运行在不同状态时，电动机电压和电流之间的相位差不同。当相位差小于90°时为电动状态；而当相位差大于90°时，为发电状态。相位差的变化速率反映了负载的突变情况。这也是判断抽油机运行状态的部分依据。

图 5-2-1 显示了对于一个过配重的抽油机系统，在抽油机上升过程中的某个时刻，电动机扭矩将从正扭矩逐渐向负扭矩（发电状态）过渡。在驴头运行到接近上止点的某个时刻，电动机的扭矩又从负扭矩转变为正扭矩（电动状态）。

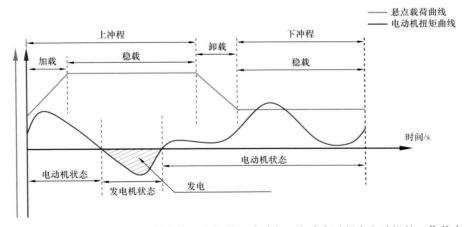

图 5-2-1 过配重有杆泵系统中普通变频器驱动时在一个冲次过程中电动机的工作状态

图 5-2-1 中红色阴影部分代表的是配重机构中储存的机械势能的多余部分（配重机构总储能减去转换到杆泵系统势能后的剩余部分）。该部分也是当电动机处于发电状态时所释放的电能总和。在柴电机组与抽油机一拖一配置时，每个冲次当中的这部分能量全部变为热能消耗在柴油机的气缸里。而使用 CMPC 后，这部分能量基本全部（约98%）

转换为抽油机系统的动能后储存在抽油机系统里，在下一个冲次里被转变为有效消耗，从而减少了抽油机每个冲次过程中不必要的能源消耗。这是因为，在 CMPC 中专门设置了一个发电抑制功能。该功能是一个无须人工干预的自动运行程序。在 CMPC 的运行过程中，该发电抑制功能始终在监测电动机的运行状态，一旦发现电动机进入发电状态，该功能将自动平抑电动机的发电深度，使其始终处于发电的临界状态，从而最大限度地减少电能回馈带来的损耗，如图 5-2-2 所示发电状态的红色阴影部分面积显著减小（显示了 CMPC 的节能效果）。

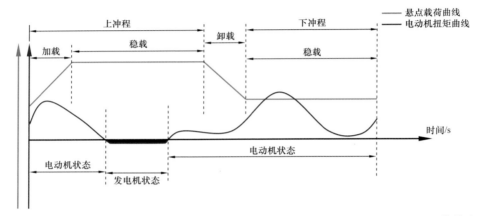

图 5-2-2　过配重有杆泵系统中 CMPC 节能控制工作时一个冲次过程中电动机的工作状态

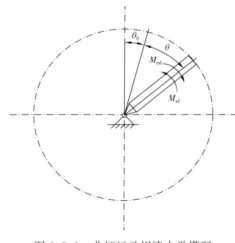

图 5-2-3　曲柄运动规律力学模型

2. 有杆抽油系统主要模块的数学模型

（1）曲柄运动规律模型。

由机械系统动力学理论及抽油机曲柄运动规律物理模型（图 5-2-3），可得曲柄运动规律微分方程：

$$\begin{cases} J_e\ddot{\theta} + \dfrac{1}{2}\dot{\theta}^2\dfrac{dJ_e}{d\theta} = M_{ed} - M_{ef} \\ \theta\big|_{t=0} = 0,\ \dot{\theta}\big|_{t=0} = \omega_0 \end{cases} \qquad (5\text{-}2\text{-}1)$$

式中　M_{ed}——转化到曲柄轴处的系统等效驱动力矩，N·m；

M_{ef}——转化到曲柄轴处的系统等效阻力矩，N·m；

J_e——转化到系统轴处的系统等效转动惯量，kg·m^2；

θ——任意时刻 t 曲柄相对于悬点下死点时曲柄所在位置的转角，rad；

$\dot{\theta}$——抽油机曲柄角速度，rad/s；

$\ddot{\theta}$——抽油机曲柄角加速度，rad/s^2；

ω_0——曲柄转动的角速度，rad/s。

（2）抽油机数学模型简化。

多数抽油机由异步电动机驱动，由于电动机滑差的影响，曲柄速度在不同的负载时存在波动。CMPC设备采用无传感器矢量控制型变频器控制电动机，则可保证曲柄速度基本恒定。在此条件下，式（5-2-1）可近似为：

$$M_{ed} \approx M_{ef} \qquad (5-2-2)$$

（3）在检测过程中保持一个比较低的冲次。

使用变频器可以很容易地实现这一要求。在冲次比较低的条件下，抽油杆的负荷波动将大为降低。因此，悬点载荷在加载和卸载之后可以表示为：

上冲程：

$$P_{RL} = W_r + W_1 - P_s + f_F \qquad (5-2-3)$$

式中　W_r——抽油杆在空气中的重量，N；

　　　W_1——抽油管中液体重量，N；

　　　f_F——杆泵系统综合摩擦力，N；

　　　P_s——沉没压力，N。

下冲程：

$$P_{RL} = W_r' - f_F \qquad (5-2-4)$$

式中　W_r'——抽油杆在水中的重量，N。

（4）皮带传动系统处于良好状态。

皮带传动系统要求不打滑或很少打滑，这样可以保证泵体有效负荷传递到电动机轴上。

（5）在一些固定点多次采样。

在固定点多次采样，得到比较大的样本空间，然后进行数字滤波，从而避免随机干扰。

（6）抽油机数学模型中常数的获取。

为了进一步通过模型计算井底流压或动液面，需要通过计算或实验获取数学模型中的一些常数，如减速比、系统效率、平衡块重、杆泵摩擦力、抽油杆重等。其中，抽油杆重可以直接通过计算获得。而其他一些数据则不易通过计算获得。因此，设计了一些自动测量方法，自动检测这些数据。减速比、平衡块重、杆泵摩擦力、抽油杆重等在安装或机械进行调整以后基本就是常量了，而系统效率则会随运行时间的增加而变化。观察式（5-2-4）可以发现，抽油泵卸载后的负荷基本为常数，通过这个特征，计算时会动态计算和修正系统效率，使得计算结果基本不受系统一些参数变化的影响。

（7）井下参数计算流程。

井底流压或动液面的计算流程如图5-2-4所示。

3. 煤采气井排采特征分析

图5-2-5为煤层气排采模型示意图，在确定抽油机冲次时需要考虑诸多因素，例如井下来液量、泵效高低、填充率的大小、动液面绝对偏差、动液面斜率偏差等。

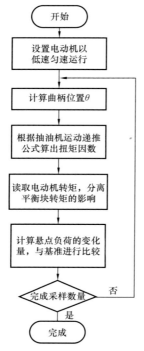

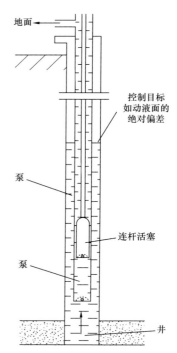

图 5-2-4　井底流压或动液面测量基本流程图　　图 5-2-5　煤层气排采模型示意图

假设井下来液非常稳定，因为泵效和填充率在一定时间段内可视作不变，则当控制目标确定后，冲次与泵效、填充率呈明确的线性关系，即

$$F_1(x, y) = K_1 x + K_2 y \qquad (5-2-5)$$

式中　x——泵效；

　　　y——填充率；

　　　K_1——泵效的影响系数；

　　　K_2——填充率的影响系数。

但实际上抽油机在固定冲次下运行时，控制目标往往不会按照预期变化，被控目标的绝对偏差和斜率值偏差会出现无规律波动。这主要是因为井下来液情况难以确定，这是一种源于内在的不确定性，很不稳定，因此难以建立准确的数学模型。由于模糊性起源于事物的发展变化性，变化性造就了不确定性，因此两类偏差的一个共性特征就是状态的不确定性、类属的不清晰性，当这两个因素密切联系且纵横交错时，冲次的确定会非常困难，这也是抽油机控制智能化的难点。针对这种特征，CMPC 引入了模糊数学的概念，来更广泛和深入地模拟人的思维过程，同时采用实时调整的策略，以提高抽油机控制的实用性。

4. 智能控制的构架和模型

CMPC 控制器接收 CMPC 专用测控模块获得的动液面实际值与动液面设定值进行比较，同时，控制器考虑采集来的抽油系统泵效以及井下泵的填充率数值和冲次，得出一段时间的产水量估算值，经模糊推理运算，获得根据动液面实际值所需要的抽水机冲次值，按照这一冲次值，通过变频器调整电动机转速，实现排采系统按照设定动液面要求的产液量排采，实现了排采系统的闭环自动排采。CMPC 自动排采架构如图 5-2-6 所示。

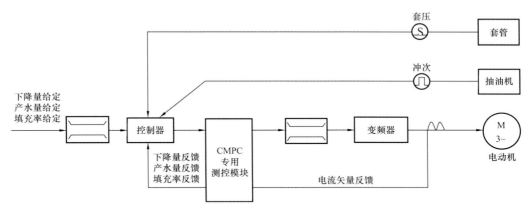

图 5-2-6　CMPC 自动排采架构图

根据煤层气排采的实际情况可知，井下来液不稳定，CMPC 使用模糊控制来实现智能化排采（图 5-2-7）。

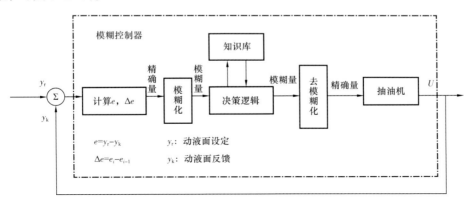

图 5-2-7　CMPC 模糊控制流程图

首先，建立模糊模型。模糊控制器中最重要的输入变量就是被控过程的输出变量及其变化率，因此动液面的给定与反馈的偏差 e 与偏差 e 的变化率 Δe 作为模糊控制器的二维输入，U 为模糊控制器的输出语言变量，从关系上看为 $U=f(e,\Delta e)$，实质上体现为模糊控制器是一种非线性的比例微分 PD 控制关系。

其次，确立模糊实现的过程。此处用到了 Matlab 的模糊控制工具箱，简化了模糊化、模糊推理及反模糊化运算，只需要设定相应参数，就可以很快得到所需控制器，而且修改也很方便，具体包括确定模糊控制器的结构、输入输出的模糊化和模糊推理决策算法设计 3 步。

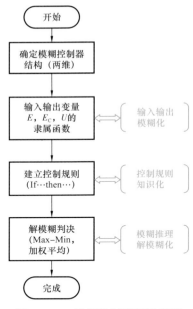

图 5-2-8 模糊控制流程示意图

5. 智能控制流程与实现

CMPC 控制器中，实现模糊控制的程序流程如图 5-2-8 所示。

（1）确定模糊控制器的结构。

即根据具体的系统确定输入、输出量。选取标准的二维控制结构，即输入为误差 E 和误差变化 E_C，输出为控制量 U 来实现双输入单输出结构。

（2）输入输出模糊化。

要确定描述输入输出变量语言值的模糊子集，即确定动液面误差 E；动液面误差变化 E_C 及控制量 U 语言变量的语言值模糊子集及其论域定义如下：

E_C 和 U 的模糊集均为：

$$\{NB，NS，O，PS，PB\}$$

E 的模糊集为：

$$\{NB，NM，NS，O，PS，PM，PB\}$$

其中：NB 表示负大；NM 表示负中；NS 表示负小；O 表示零；PS 表示正小；PM 表示正中；PB 表示正大。

E 和 E_C 的论域均为：

$$\{0.1，0.6，0.3，0，3，6，10\}$$

U 的论域为：

$$\{0.1，0.8，0.6，0.4，0.2，0，2，4，6，8，10\}$$

在选择各变量隶属函数时，不同形状隶属函数所代表的控制含义不同。模糊子集的隶属函数形状较尖时，反映模糊集合具有高分辨率特性，其控制的灵敏度较高；模糊子集的隶属函数形状较宽，反映模糊集合具有较低分辨率特性，其控制的灵敏度较低，控制特性比较平缓。

（3）控制规则（知识化）。

模糊控制器的控制规则一般是基于专家的专业知识和实际操作者的经验总结归纳出来的。根据现场操作人员手动调节动液面的经验，以及输出和输入的隶属函数得出控制规则表，见表 5-2-1。

例如 R_1 if （E is NB） and （E_C is NB） then （U is PB）表示如果偏差为负大，偏差变化为负大时，输出为正大。

建立的 35 条模糊控制规则如下：

R_1: if （E is NB） and （E_C is NB） then （U is PB）

R_2:　　if（E is NB）　and　（E_C is NS）　then　（U is PB）

……

R_{35}:　　if（E is PB）　and　（E_C is PB）　then　（U is NB）

表 5-2-1　模糊控制规则

U 　 E_C E	NB	NS	O	PS	PB
NB	PB	PB	PB	PS	O
NM	PB	PB	PS	PS	O
NS	PS	PS	O	NS	NS
O	PS	PS	O	NS	NS
PS	NS	NS	O	PS	PS
PM	O	O	NS	NB	NB
PB	O	NS	NB	NB	NB

（4）模糊推理及模糊判决。

模糊推理的结论主要取决于模糊蕴含关系 $\tilde{R}(X, Y)$ 及模糊关系与模糊集合之间的合成运算法则。对于确定的模糊推理系统，模糊蕴含关系 $\tilde{R}(X, Y)$ 一般是确定的，而合成运算法则并不唯一。根据合成运算法则的不同，模糊推理方法又可分为 Mamdani 模糊推理法、Larsen 模糊推理法、Zadeh 模糊推理法等。在煤层气控制中，采用了 Mamdani 模糊推理。

Mamdani 模糊推理法是最常用的一种推理方法，其模糊蕴含关系 $\tilde{R}(X, Y)$ 定义简单，可以通过模糊集合 $\tilde{A}$ 和 $\tilde{B}$ 的笛卡儿积（取小）求得，即

$$\mu_{\tilde{R}_M}(x, y) = \mu_{\tilde{A}}(x) \wedge \mu_{\tilde{B}}(y) \tag{5-2-6}$$

Mamdani 模糊推理将经典的极大—极小合成运算方法作为模糊关系与模糊集合的合成运算法则。在此定义下，Mamdani 模糊推理过程易于进行图形解释。下面通过几种具体情况来分析 Mamdani 模糊推理过程。

① 具有单个前件的单一规则。

设 $\tilde{A}^*$ 和 $\tilde{A}$ 是论域 X 上的模糊集合，$\tilde{B}$ 是论域 Y 上的模糊集合，$\tilde{A}$ 和 $\tilde{B}$ 间的模糊关系是 $\tilde{R}_M(X, Y)$，有

大前提（规则）：if x is $\tilde{A}$　　then y is $\tilde{B}$

小前提（事实）：x is $\tilde{A}^*$

结论：y is $\tilde{B}^* = \tilde{A}^* \circ \tilde{R}_M(X, Y)$

当 $\mu_{\tilde{R}_M}(x, y) = \mu_{\tilde{A}}(x) \wedge \mu_{\tilde{B}}(y)$ 时，有

$$\begin{aligned}
\mu_{\tilde{B}^*}(y) &= \bigvee_{x \in X}\left\{\mu_{\tilde{A}^*}(x) \wedge \left[\mu_{\tilde{A}}(x) \wedge \mu_{\tilde{B}}(y)\right]\right\} \\
&= \bigvee_{x \in X}\left\{\left[\mu_{\tilde{A}^*}(x) \wedge \mu_{\tilde{A}}(x)\right] \wedge \mu_{\tilde{B}}(y)\right\} \qquad (5-2-7) \\
&= \omega \wedge \mu_{\tilde{B}}(y)
\end{aligned}$$

其中 $\omega = \bigvee\limits_{x \in X}\left[\mu_{\tilde{A}^*}(x) \wedge \mu_{\tilde{A}}(x)\right]$，称为 $\tilde{A}$ 和 $\tilde{A}^*$ 的适配度。

在给定模糊集合 $\tilde{A}^*$、$\tilde{A}$ 及 $\tilde{B}$ 的情况下，Mamdani 模糊推理的结果 $\tilde{B}^*$。

根据 Mamdani 模糊推理方法可知，欲求 $\tilde{B}^*$，应先求出适配度 ω [即 $\mu_{\tilde{A}^*}(x) \wedge \mu_{\tilde{A}}(x)$ 的最大值]；然后用适配度 ω 去切割 $\tilde{B}$ 的 MF，即可获得推理结果 $\tilde{B}^*$。

对于单前件单规则（即若 x 是 $\tilde{A}$，则 y 是 $\tilde{B}$）的模糊推理，当给定事实 x 是精确量 x_0 时，可以使用基于 Mamdani 模糊推理方法的模糊推理过程。

② 具有多个前件的单一规则。

设 $\tilde{A}^*$、$\tilde{A}$、$\tilde{B}^*$、$\tilde{B}$、$\tilde{C}^*$ 和 $\tilde{C}$ 分别是论域 X、Y 和 Z 上的模糊集合，已知 $\tilde{A}$、$\tilde{B}$ 和 $\tilde{C}$ 间的模糊关系为 $\tilde{R}_M(X,Y,Z)$。根据此模糊关系和论域 X、Y 上的模糊集合 $\tilde{A}^*$、$\tilde{B}^*$，推出论域 Z 上新的模糊集合。即

大前提（规则）：if x is $\tilde{A}$ and y is $\tilde{B}$，then z is $\tilde{C}$

小前提（事实）：x is $\tilde{A}^*$ and y is $\tilde{B}^*$

后件（结论）：z is $\tilde{C}^*$

根据 Mamdani 模糊关系的定义，有

$$\mu_{\tilde{R}_M}(x,\ y,\ z) = \mu_{\tilde{A}}(x) \wedge \mu_{\tilde{B}}(y) \wedge \mu_{\tilde{C}}(y)$$

此时笛卡儿积取小。

$$\begin{aligned}
\mu_{\tilde{C}^*}(z) &= \bigvee_{\substack{x \in X \\ y \in Y}}\left[\mu_{\tilde{A}^*}(x) \wedge \mu_{\tilde{B}^*}(y)\right] \wedge \left[\mu_{\tilde{A}}(x) \wedge \mu_{\tilde{B}}(y) \wedge \mu_{\tilde{C}}(z)\right] \\
&= \bigvee_{\substack{x \in X \\ y \in Y}}\left\{\left[\mu_{\tilde{A}^*}(x) \wedge \mu_{\tilde{B}^*}(y)\right] \wedge \left[\mu_{\tilde{A}}(x) \wedge \mu_{\tilde{B}}(y)\right]\right\} \wedge \mu_{\tilde{C}}(z) \\
&= \left\{\bigvee_{x \in X}\left[\mu_{\tilde{A}^*}(x) \wedge \mu_{\tilde{A}}(y)\right] \wedge \bigvee_{y \in Y}\left[\mu_{\tilde{B}^*}(x) \wedge \mu_{\tilde{B}}(y)\right]\right\} \wedge \mu_{\tilde{C}}(z) \\
&= (\omega_A \wedge \omega_B) \wedge \mu_{\tilde{C}}(z)
\end{aligned}$$

其中 $\omega_A = \bigvee\limits_{x \in X}\left[\mu_{\tilde{A}^*}(x) \wedge \mu_{\tilde{A}}(x)\right]$ 是 $\tilde{A} \cap \tilde{A}^*$ 隶属函数的最大值，表示 $\tilde{A}^*$ 对 $\tilde{A}$ 的适配度；$\omega_B = \bigvee\limits_{y \in Y}\left[\mu_{\tilde{B}^*}(x) \wedge \mu_{\tilde{B}}(y)\right]$ 是 $\tilde{B} \cap \tilde{B}^*$ 隶属函数的最大值，表示 $\tilde{B}^*$ 对 $\tilde{B}$ 的匹配度。

由于模糊规则的前件部分由连词"与"连接而成，因此称 $\omega_A \wedge \omega_B$ 为模糊规则的激励强度或满足度，它表示规则的前件部分被满足的程度。推理结果 $\tilde{C}^*$ 的 MF 是模糊集合 $\tilde{C}$ 的 MF 被激励强度 ω（$\omega = \omega_A \wedge \omega_B$）截切后的结果。这个结论可以直接推广到具有多于两个前件的情况。对于两前件单规则（即若 x 是 $\tilde{A}$ 和 y 是 $\tilde{B}$，那么 z 是 $\tilde{C}$）的模糊推理，当

给定事实为精确量时（即 x 是 x_0，y 是 y_0）的推理过程。

③ 具有多个前件多条规则的模糊推理。

设 $\tilde{A}^*$、$\tilde{A}_1$、$\tilde{A}_2$、$\tilde{B}^*$、$\tilde{B}_1$、$\tilde{B}_2$、$\tilde{C}^*$、$\tilde{C}_1$ 和 $\tilde{C}_2$ 分别是论域 X、Y 和 Z 上的模糊集合，$\tilde{R}_{M1}(X, Y, Z)$ 是 $\tilde{A}_1$、$\tilde{B}_1$ 和 $\tilde{C}_1$ 间的模糊蕴含关系，$\tilde{R}_{M2}(X, Y, Z)$ 是 $\tilde{A}_2$、$\tilde{B}_2$ 和 $\tilde{C}_2$ 间的模糊蕴含关系。已知论域 X、Y 上的模糊集合 $\tilde{A}^*$、$\tilde{B}^*$，推出论域 Z 上新的模糊集合 $\tilde{C}^*$。即

大前提 1（规则 1）：if x is $\tilde{A}_1$ and y is $\tilde{B}_1$，then z is $\tilde{C}_1$

大前提 2（规则 2）：if x is $\tilde{A}_2$ and y is $\tilde{B}_2$，then z is $\tilde{C}_2$

小前提（事实）：x is $\tilde{A}^*$ and y is $\tilde{B}^*$

后件（结论）：z is $\tilde{C}^*$

对于多个前件多条规则的模糊推理问题，通常将多条规则处理为相应于每条模糊规则的模糊关系的并集。上述的模糊推理问题可以表示为：

$$\mu_{\tilde{C}^*}(z) = \bigvee_{\substack{x \in X \\ y \in Y}} \left[\mu_{\tilde{A}^*}(x) \wedge \mu_{\tilde{B}^*}(y) \right] \wedge \left[\mu_{\tilde{R}_{M1}}(x, y, z) \vee \mu_{\tilde{R}_{M2}}(x, y, z) \right]$$

$$= \left\{ \bigvee_{\substack{x \in X \\ y \in Y}} \left[\mu_{\tilde{A}^*}(x) \wedge \mu_{\tilde{B}^*}(y) \right] \wedge \mu_{\tilde{R}_{M1}}(x, y, z) \right\}$$

$$\vee \left\{ \bigvee_{\substack{x \in X \\ y \in Y}} \left[\mu_{\tilde{A}^*}(x) \wedge \mu_{\tilde{B}^*}(y) \right] \wedge \mu_{\tilde{R}_{M2}}(x, y, z) \right\}$$

$$= \mu_{\tilde{C}_1^*}(z) \vee \mu_{\tilde{C}_2^*}(z)$$

其中：$\mu_{\tilde{R}_{M1}}(x, y, z) = \mu_{\tilde{A}_1}(x) \wedge \mu_{\tilde{B}_1}(x) \vee \mu_{\tilde{C}_1}(z)$；

$\mu_{\tilde{R}_{M2}}(x, y, z) = \mu_{\tilde{A}_2}(x) \wedge \mu_{\tilde{B}_2}(x) \vee \mu_{\tilde{C}_2}(z)$

$\mu_{\tilde{C}_1^*}(z)$ 和 $\mu_{\tilde{C}_2^*}(z)$ 分别是在规则 1 和规则 2 下所得到的模糊集合。

对于两个前件两条规则（即 x 是 $\tilde{A}_1$ 和 y 是 $\tilde{B}_1$，则 z 是 $\tilde{C}_1$；x 是 $\tilde{A}_2$ 和 y 是 $\tilde{B}_2$，则 z 是 $\tilde{C}_2$）的模糊推理问题，当已知事实为模糊集合时（即 x 是 $\tilde{A}^*$ 和 y 是 $\tilde{B}^*$），模糊推理过程。

根据制定的煤层气控制状态表采用以下方法得到模糊控制的总模糊关系：

$$R = R_1 \vee R_2 \vee \cdots \vee R_i$$

式中　R——总模糊关系；

R_i——每条规则的模糊关系。

每条规则所代表的模糊关系，可用下面方法得到：

$$R_1 = (NB) \boldsymbol{E} \cdot (NB) \boldsymbol{E}_C \cdot (PB) \boldsymbol{U}$$

$$R_2 = (NB) \boldsymbol{E} \cdot (NS) \boldsymbol{E}_C \cdot (PB) \boldsymbol{U}$$

$$R_{35} = (PB) \boldsymbol{E} \cdot (PS) \boldsymbol{E}_C \cdot (NB) \boldsymbol{U}$$

根据 Mamdani 极大—极小推理合成规则求出输出语言变量论域上的模糊集合 $\overline{U}$：

$$\overline{U} = \left(\overline{E} \cdot \overline{E}_{\mathrm{C}} \right) \cdot \overline{R} \tag{5-2-8}$$

最后对 $\overline{U}$ 采用加权平均法解模糊，将模糊量 $\overline{U}$ 转换成精确量 u。最终输出到抽油机的冲次值为在预估冲次基础上加上精确量 u 代表的 10 挡调整冲次值（-10, -8, -6, -4, -2, 0, 2, 4, 6, 8, 10），这个调整过程是不断实施的，从而达到一个最优冲次，实现了对抽油机冲次的精确调整。

综上所述，在确定了泵效、填充率、绝对偏差、斜率值偏差对冲次的影响关系后，冲次值演算的函数如下：

$$F\left(x, y, e, \Delta e \right) = K_1 x + K_2 y + U \left(e, \Delta e \right) \tag{5-2-9}$$

为使模型更具弹性，简化为：

$$F\left(x, y, e, \Delta e \right) = Q + U \left(e, \Delta e \right) \tag{5-2-10}$$

式中 Q——人工可调的固定值，即 CMPC 人机界面的"预期冲次"。

6. CMPC 技术的不足

CMPC 技术利用驱动抽油机电动机的电参数，通过对抽油机曲柄摇杆机构—减速箱—皮带组成的动力学系统的求解，获取抽油机的悬点示功图。利用该示功图通过对抽油杆（柱）—液柱组成的振动系统的分析，求出井下的井底流压，进而实现了无井下压力传感器的井底流压获得和排采系统的智能控制，降低了排采系统自动控制的难度。但由于动力学系统求解受到系统效率的影响，杆柱振动模型的求解受到阻尼的影响，导致其精度和一致性受限。随着抽油机动态示功图测试成本的下降和连续性的提升，数据融合与跟踪技术的发展，新的无井下传感器技术展现在人们的面前。

二、基于排采自适应的无井下压力计排采控制技术

1. 目的与意义

实现煤层气排采的连续、稳定、实时控制是目前实现煤层气稳产、高产的关键。要实现上述目标，需可靠、稳定地获得煤层气的排采参数，依据井筒流场分析的结果，针对获得的井工作参数和井筒固性颗粒的运动规律、排采设备的特性，进行自适应排采设备的参数调整，以适应排采井排采并提高产量。目前，通过传感器实测获得排采参数，传感器属力学量测量的范畴，不仅成本较高，而且存在零点漂移、测量精度变化的问题，需人工定期进行停产标定，费时费力，不能满足煤层气井连续、实时监测的需要，影响煤层气井生产分析的及时性。

相关文献提出通过测定驱动电动机的输入电参数，间接得到示功图的方法，包括功率转化法和功率损耗转化法，可以解决测量不连续的问题。但功率转化法没有考虑惯性和排采系统效率，功率损耗转化法难以建立统一功率损耗模型，存在较大误差，其精度不能满足现场的需求（胡秋萍等，2019）。本课题针对目前煤层气井排采数据不连续、不稳定问题，旨在研发一种新的排采设备数据获得方法，即通过实测电参数计算得到排采

数据，不需要停产标定，实现生产数据的连续性。构建排采参数自适应控制方法和相应的硬件，实现煤层气排采自适应控制的要求。

为了更好地满足排采现场的使用，需要从理论、实践的角度，对电示功图自适应控制基本原理、使用条件和适用范围等进行深入的分析。本课题就是为这一目标而设计的，其目的是通过对抽水机动力学系统的建模，驱动抽水机电动机特性的分析，建立抽水机驱动电动机的电参数与抽水机悬点载荷示功图的关系；通过对抽油杆、抽油泵振动系统方程的分析，使用已经建立的悬点载荷示功图，求解抽油泵的工作状态，从而判断泵上井底流压参数，设计一套自适应控制系统，从而对该系统的可行性进行机理分析。针对煤层气排采的现场需要，对系统进行优化，提出合理的精度要求与输入（调整）参数的要求，为该技术的推广和现场使用提供服务。

目前，排采井的工作参数是通过示功仪、井下压力传感器、声波动液面仪等获得，数据不连续，操作复杂，需要标定，不满足长期稳定控制的需要。开环控制，测得数据后（胡秋萍等，2019）人工调整排采设备参数，调控复杂，人员占用大。为此，开展煤层气排采参数自动控制生产机理研究工作，基于机器动力学电示功图技术理论研究通过电参数实时获得煤层气排采数据，设计一种不停产高效实时得到悬点示功图、井底流压的方法及软件体系来提高故障诊断的准确性和诊断的能力。要实现可靠、稳定地获得煤层气的排采参数，进行自适应排采参数调整，进而实现煤层气井生产分析的智能化，有利于煤层气井实时优化运行和增效。

2. 井底流压获得的基本原理

煤层气井井底流压直接反映了井下供排关系，是生产管理与评价的重要参数，是调整煤层气抽水机冲次的参照，是煤层气连续稳定排采、实现高产稳产的关键。根据驱动电动机的电参数和示功图，求解煤层气井的井底流压，依据井底流压的变化，连续控制冲次，实现排采的自适应控制（胡秋萍等，2019）。目前，尽管煤层气井排采现场可以利用井下压力传感器和流量计获得煤层气井的井况参数（如井底流压、产液量等），直接有效，但由于是在野外进行，存在成本高、可靠性低的问题。因此，急需研制不使用井下传感器的井底流压获得方法，并建立完整的理论和技术体系。

因此对煤层气井底进行分析，对抽水机工作过程进行受力分析，利用示功图，就可以方便地求出排采系统的井底流压、产液量等参数。根据得到的井底流压数据，分析煤层气井工作状况及进行抽水机参数的调整，进而实现控制排采系统的运行状况，这对于排采系统的自动控制具有重要意义。

1）井底流压分析计算

煤层气井井底流压是排采生产中的重要参数。目前，所采用的动液面测试仪器由于油气井井内压力、气体等因素的影响，造成测试结果有较大误差，并且在测试过程中，仪器需要进行标定，影响测试的连续性。因此，通过上述电参数反演计算得到的示功图，对抽水机悬点载荷及示功图进行分析，建立较精确的悬点载荷受力模型。利用反演的电示功图去计算井底流压及排采参数，可确定一个稳定准确的井底流压数据，实现参数的连续、稳定获得。

（1）从示功图计算井底流压的理论模型。

在抽水机排采工作过程中，对抽水泵中阀开闭前后进行分析，由于在上下冲程中受力方向改变，阀开闭前后油管内液柱发生改变，对悬点载荷进行受力分析，受力分析结构如图5-2-9和图5-2-10所示。

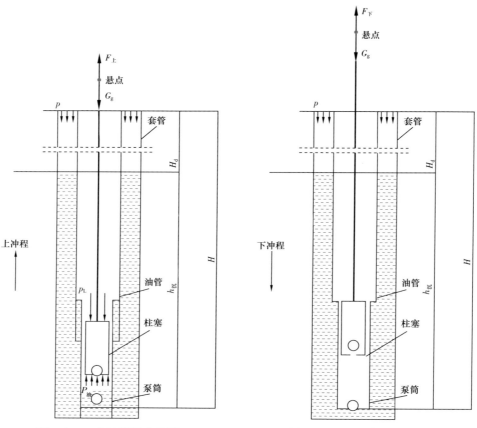

图 5-2-9　上冲程受力分析　　　图 5-2-10　下冲程受力分析

悬点从下死点上移，游动阀关闭，固定阀打开。悬点载荷主要包括抽油杆柱自身重量、油管内柱塞上液柱重、油管外油柱对柱塞下端的压力、摩擦力的作用。悬点从上死点下移过程中，游动阀打开，固定阀关闭，悬点载荷有抽油杆柱自身重量、杆柱受到的浮力和摩擦力的作用。上冲程受力分析则有：

$$F_{上}=G_{g}+F_{L}-P_{油}-F_{f} \tag{5-2-11}$$

式中　　G_{g}——杆柱自重，N；

　　　　F_{L}——油管内柱塞上液柱重，N；

　　　　$P_{油}$——油管外油柱对柱塞下端的压力，N；

　　　　F_{f}——摩擦载荷，N。

下冲程受力分析则有：

$$F_{\text{下}} = G_g - F_p - F_f \qquad (5-2-12)$$

式中　F_p——杆柱受到的浮力，N。

①柱塞上液体向下的力：

$$F_L = \rho_L g H \left(A_p - A_r \right) \qquad (5-2-13)$$

②油管外油柱对柱塞下端的压力：

$$P_{\text{油}} = \left[p_c + \rho_L g \left(H - H_d \right) \right] A_p - p \left(A_p - A_r \right) \qquad (5-2-14)$$

式中　p_c——套管内压力，Pa；

　　　p——井口回压，Pa；

　　　H——泵挂深度，m；

　　　H_d——动液面深度，m。

③摩擦力：

$$F_f = F_{f1} + F_{f2} \qquad (5-2-15)$$

柱塞与泵筒的摩擦力：

$$F_{f2} = 0.94 \frac{d_\rho}{d_e} - 140 \qquad (5-2-16)$$

式中　F_{f1}——抽油杆与液柱摩擦力，大小取 5% 载荷大小，N；

　　　F_{f2}——柱塞与泵筒摩擦力，N；

　　　d_ρ——泵柱塞直径，m；

　　　d_e——柱塞与衬套的间隙，m。

④杆柱受到的浮力：

$$F_p = \rho_L A_r g H \qquad (5-2-17)$$

在现场设计计算中，上下载荷差由电参数反演计算得到，根据测试井已知参数及测试参数可得到较精确、连续稳定的井底流压数据。

$$H_d = H + \frac{p_c}{\rho_L g} - \frac{H \left(A_p - A_r \right)}{A_p} - \frac{\rho_L A_r g H + p \left(A_p - A_r \right)}{\rho_L g A_p} - \frac{2F_f - F_{\text{差}}}{\rho_L g A_p} \qquad (5-2-18)$$

建立基于示功图的动液面计算模型，由示功图的载荷差求出动液面。通过实时、连续获取电示功图，实现动液面的连续监测。其中，电示功图的获取成为煤层气精细排采的关键。

由式（5-2-18）即可求出动液面，然后得到井底流压：

$$p_f = p_c + \rho_L g \left(H - H_d \right) \qquad (5-2-19)$$

式中 p_f——井底流压，Pa。

（2）求解动液面（井底流压）的程序编制实现。

根据计算结果编制软件程序，井底流压的计算流程如图5-2-11中。在实际计算中，必须进一步核算，方可进行现场应用。

在上面的理论分析中，摩擦力的计算对计算误差的影响较大，对于相邻以及结构、水文条件相近的井，其摩擦力的大小也应该是相近的。由于煤层气排采井的示功图特征多为图5-2-12所示，缺液部分的载荷差是由于摩擦载荷引起的，用数学统计的方法可以求出这个载荷值，从而完成对式（5-2-15）和式（5-2-16）计算所得值的修正，从而提升井底流压的计算精度。

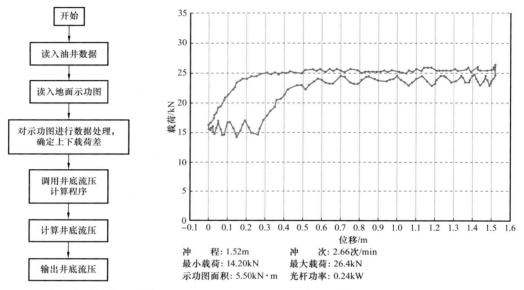

图5-2-11　井底流压计算流程图　　　　图5-2-12　典型的煤层气井悬点示功图

冲　　程：1.52m　　　　　冲　　次：2.66次/min
最小载荷：14.20kN　　　　最大载荷：26.4kN
示功图面积：5.50kN·m　　光杆功率：0.24kW

2）通过示功图计算产液量方法分析

基本假设：如果油管不漏失，泵的游隙合理，则产液量对应井下泵的有效行程。泵日产液量为：

$$Q = \eta_v 1440 S_{PE} N_s A_z \qquad (5-2-20)$$

式中 Q——油井的实际产量，m^3/d；

η_v——混合液体体积系数；

S_{PE}——柱塞有效冲程，m；

N_s——抽水机的冲次，次/min；

A_z——柱塞面积，m^2。

3. 系统的软、硬件构成和基本功能

该系统由软件和硬件两部分组成，其软件的主界面如图5-2-13所示，主要有悬点示功图获得、报警设置与报警信息查询、产液量与产液量查询、电示功图获得、电参数（电功率）查询、井底流压（等效动液面）查询、辅助工况诊断与参数绘图和报表生成、远程冲次调整、系统设置与帮助等模块，可以作为排采井的远程辅助管理软件使用。

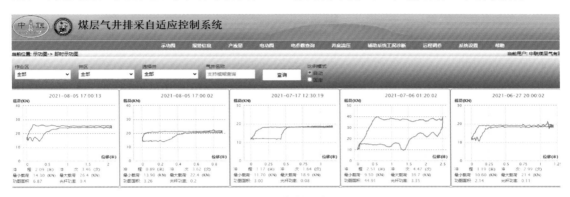

图 5-2-13　软件的主界面

该系统的硬件主要组成如图 5-2-14 所示，包括现场传感器、执行器和信号传输分析系统两部分，现场传感器包括悬点力传感器，抽油机相位传感器，电压、电流传感器和功率测量模块等，执行器包括信号接收调制器、频率执行器等。传输部分包括调制解调器和传输网关等。系统通过公网传输到百度云完成相关分析与计算工作。通过网址寻址的方式在任意终端上，通过授权可以进行排采井运行状况的监控和冲次的调整。为了提高现场运行的可靠性和管理方便性，现场传感器之间的数据，通过无线传输的方式完成数据的传输与调理；系统留有充分的扩展功能，满足客户增加新数据采集的要求。

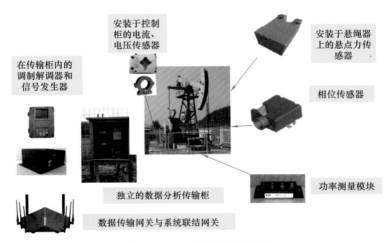

图 5-2-14　系统的硬件组成

4. 系统的现场运行情况

该系统自 2018 年起在中联煤层气有限责任公司晋城分公司先后安装 21 井次，系统运行稳定，可满足煤层气直井排采数据获得、井底流压检测、远程频率调整的需要，可实现排采井按照给定的井底流压规律自适应运行。

三、小结

掌握煤层气井排采过程中的井底流压（等效动液面）变化，根据储层特征对井底流压的要求，调控排采设备的排水能力，实现按需排采，是提升煤层气产能和效益的关键。如何有效、经济、连续地获得井底流压，对煤层气井的排采控制意义重大。运用现代测试技术和数据融合跟踪技术，结合机器动力学、杆柱力学的研究成果，利用对排采井悬点示功图和驱动电动机电参数的连续测试数据，获得井底流压的技术，基本可以满足煤层气"三抽"设备排采的需要，可以显著地降低获得井底流压的费用，提高其连续性和稳定性，这对于提高排采效益意义重大。同时，通过对测试得到的悬点示功图、驱动电动机电参数等"三抽"系统运行参数的分析和处理，可以实现对"三抽"系统运行状况的监控与远程冲次的调整，有助于实现排采井场的自动化。因此，无井下压力传感器自动化排采技术，对于提升煤层气井的整体效益具有重要意义。

第三节　碳纤维连续抽油杆技术

碳纤维连续抽油杆（Carbon Fiber Reinforced Plastic Continuous Sucker Rod），是采用高性能碳纤维作为增强相，以树脂胶液为基体，添加一定配比的固化剂、促进剂和脱模剂，采用拉挤成型工艺复合而成，其外形有圆形和扁带状两种，扁带状碳纤维抽油杆的横截面尺寸为 32mm×4mm 左右，单根最大长度可达 5000m 以上，可缠绕在 ϕ800mm 的滚筒上运输和存储。

一、碳纤维连续抽油杆的特点和性能指标

1. 碳纤维连续抽油杆的特点

（1）抗拉强度高。

碳纤维连续抽油杆的抗拉强度为 1674MPa，大约是普通钢质抽油杆的 3 倍。

（2）重量轻。

碳纤维连续抽油杆的密度为 1.62g/cm^3，大约是普通钢质抽油杆（密度 7.85g/cm^3）的 1/5。抽油机悬点载荷可降低 30%～50%，可降低抽油机结构件受力。

（3）耐疲劳性能好。

实验室表明，某型号的碳纤维连续抽油杆在最大载荷 50kN、最小载荷 30kN 的交变载荷作用下，经 1000 万次的疲劳实验，抽油杆及接头没有发生失效破坏，其剩余强度是原始强度的 90%。

（4）适应环境能力强。

碳纤维连续抽油杆是由耐高温的碳纤维和耐温较高的树脂复合而成的，碳纤维的成型温度高达 1700℃。正常空气环境条件下，使用温度高达 500℃，树脂基体耐温 150℃，

用这两种材料生产的碳纤维连续抽油杆可耐 120℃的高温。把 TXC-2 型碳纤维连续抽油杆加载到 6t，并浸入 120℃的油液中，保持 3 个月，抽油杆和接头没有任何变化，说明抽油杆的耐温高，可以在油温 100℃以内的油井中使用。

碳纤维连续抽油杆是由耐酸、碱的有机物和碳纤维复合而成的（宇文双峰等，2003）。把该杆分别放入常温和 90℃的酸、碱溶液和原油中进行长达 3 个多月的浸泡，碳纤维连续抽油杆的表面无任何变化，重量没有改变。由此表明，碳纤维连续抽油杆具有很强的耐腐蚀性能。

（5）中间无接头、可降低活塞效应，运行阻力小。

碳纤维连续抽油杆呈带状，横截面为矩形，连续长度达 5000m 以上（可缠绕在 ϕ800mm 的滚筒上），中间无接箍，在抽油系统中仅碳纤维连续抽油杆两端有接头，大大降低了抽油杆因接头多而产生的活塞效应，减少了抽油的运行阻力。

（6）减轻了抽油杆对抽油管的磨损破坏。

碳纤维连续抽油杆是柔性的，在偏斜的油井中与油管呈线性接触，消除了在抽油杆弯曲段接箍与油管之间的局部摩擦，延长了油管使用寿命。

（7）抽油杆横截面积小，过油畅通。

现有的几种规格碳纤维连续抽油杆的横截面积为 76mm^2、123mm^2 和 147mm^2，而 6in 的钢质抽油杆（ϕ19mm）的截面积为 283mm^2。前者是后者的 1/2，因此使用碳纤维连续抽油杆，增加了抽油管的有效过油面积，减少了过油阻力，油管过油畅通。

（8）抽油杆起下井作业方便，劳动强度低。

碳纤维连续抽油杆的起下井，可全部采用机械化作业，工人的劳动强度很低，抽油杆的起下速度理论上可达 1000m/h。

（9）适用范围广。

适用于深井、超深井、稀油井、高含水井、高腐蚀井，并可用于大泵强采。

目前，碳纤维抽油杆的成本高（普通钢质抽油杆的 6～10 倍）、不能承受压缩载荷、在水中的疲劳行为不确定、变形大（冲程损失大）、起下井作业需要专门的设备和队伍、接头现场制作质量不稳定等缺点，影响了其进一步的推广使用。

2. 碳纤维连续抽油杆性能指标

某型号的碳纤维连续抽油杆的性能指标参数见表 5-3-1。

表 5-3-1 碳纤维连续抽油杆性能参数

性能指标	碳纤维连续抽油杆
断裂拉力 /tf	32
许用拉力 /tf	10.5
360° 扭转拉力 /tf	32
1000 万次后疲劳拉力 /tf	28

续表

性能指标	碳纤维连续抽油杆
线密度 /（g/m）	262.6
许用井深 /m	≤3000
许用井温 /℃	120
最小盘绕直径 /mm	1200
耐腐蚀寿命 /a	10
摩擦系数（40℃/80℃/120℃）	0.135/0.258/0.261
抗拉强度 /MPa	1674
许用抗拉强度 /MPa	558

二、碳纤维抽油杆防偏磨性能研究

针对煤层气井偏磨严重的情况，在充分发挥碳纤维连续抽油杆截面积小、摩擦系数小、耐偏磨性能好的特点基础上，考虑增加扶正器，进一步提高防偏磨性能，从而提高使用寿命。碳纤维抽油杆扶正器是杆应用过程中必不可少的配套零件，其技术关键集中在材料和结构上。

扶正器材料在具有优良的耐腐蚀性和耐磨性的同时还要求在拆装、运行过程中不能对杆体造成任何损坏。

高密度聚乙烯（HDPE）是一种常用耐磨材料，在油气田生产中多用于金属油管内衬、隔离管杆，解决偏磨问题。以 HDPE 为对比基准，选择了几种材料进行耐磨性能测试。

试验所用材料分别为 HDPE（编号 1），碳纤维增强高强尼龙 PA610（编号 2），玻璃纤维增强环氧树脂黑色色浆（编号 3），碳纤维增强环氧树脂（编号 4），4 种材料的形貌如图 5-3-1 所示。

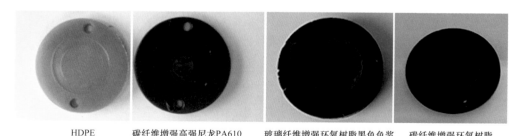

HDPE　　碳纤维增强高强尼龙PA610　　玻璃纤维增强环氧树脂黑色色浆　　碳纤维增强环氧树脂

图 5-3-1　试验前 4 种材料的表面形貌图

本次试验采用的试验参数为：试验力 20N（机器本身原因，实际试验力要大于 20N），试验时间为 30min，转速为 50r/min，摩擦副形式为销盘摩擦。表 5-3-2 是 4 种材料在相同试验条件下摩擦盘的磨损失重。由表 5-3-2 可以看出，3 号试样的磨损最严重，4 号试样的磨损其次，2 号试样的磨损量最少，1 号试样的磨损量次之。

表 5-3-2　4 种材料在相同试验条件下摩擦盘的磨损失重 单位：g

试样编号	称重次数	摩擦实验前	摩擦实验后	差值	差值平均值
1	第一次	4.3893	4.3865	0.0028	0.0031
	第二次	4.3894	4.3860	0.0034	
	第三次	4.3892	4.3861	0.0031	
2	第一次	4.9044	4.9032	0.0012	0.0013
	第二次	4.9044	4.9030	0.0014	
	第三次	4.9044	4.9031	0.0013	
3	第一次	17.0483	17.0053	0.043	0.0428
	第二次	17.0483	17.0056	0.0427	
	第三次	17.0480	17.0054	0.0426	
4	第一次	15.4167	15.3954	0.0213	0.0219
	第二次	15.4170	15.3951	0.0219	
	第三次	15.4173	15.3947	0.0226	

图 5-3-2 是 4 种材料试样摩擦盘的磨损失重对比图，从图 5-3-2 中可以看出，2 号试样和 1 号试样的摩擦磨损量明显小于 3 号试样和 4 号试样的磨损量，说明 2 号试样和 1 号试样的耐磨性优于 3 号试样和 4 号试样，为了证明 1 号试样和 2 号试样的摩擦性，又将 1 号试样和 2 号试样分别在油润滑条件下进行了摩擦实验。1-2 号试样和 2-2 号试样在油润滑条件下，摩擦时间为 30min，转速为 50r/min 时的磨损失重见表 5-3-3。

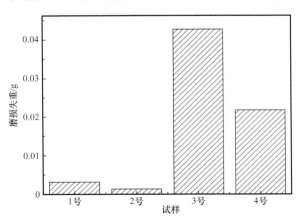

图 5-3-2　4 种材料试样摩擦盘的磨损失重

表 5-3-3　1-2 号试样和 2-2 号试样的磨损失重　　　　　　　　单位：g

试样编号	称重次数	摩擦实验前	摩擦实验后	差值	差值平均值
1-2	第一次	4.1574	4.1551	0.0023	0.0025
	第二次	4.1576	4.1550	0.0026	
	第三次	4.1577	4.1551	0.0026	
2-2	第一次	4.7964	4.7954	0.0010	0.0010
	第二次	4.7962	4.7954	0.0008	
	第三次	4.7964	4.7952	0.0012	

　　将表 5-3-3 中 1-2 号试样和 2-2 号试样的数据作成柱状图的形式，如图 5-3-3 所示，在油润滑条件下，1-2 号试样的平均磨损失重为 0.0025g，占自身质量的 0.06%，2-2 号试样的平均磨损失重为 0.0010g，占自身质量的 0.02%，1-2 号试样的磨损失重为 2-2 号试样磨损失重的 2.5 倍，说明在同样的油润滑条件下，2-2 号试样比 1-2 号试样的耐磨性要好；在干摩擦条件下，1-2 号试样的平均磨损失重为 0.0031g，占自身质量的 0.07%，2-2 号试样的平均磨损失重为 0.0013g，占自身质量的 0.026%，1-2 号试样的磨损失重为 2-2 号试样磨损失重的 2.38 倍，说明在同样的干摩擦条件下，2-2 号试样比 1-2 号试样的耐磨性要好。

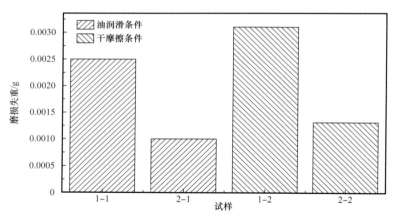

图 5-3-3　1 号试样和 2 号试样不同条件下的磨损失重

　　由此可知，无论在油润滑条件下还是在干摩擦条件下，2 号试样的耐磨性都要好于 1 号试样。

　　由 4 种材料的磨损失重对比可以看出，2 号试样的耐磨性最好，所以选用碳纤维增强高强尼龙 PA610 作为扶正器的材料。该材料采用了 40% 碳纤维短丝、60% 高强尼龙 PA610 和其他辅料，在双螺杆挤出机中混炼造粒后，经高温高压注塑机注射成型，其技术关键为：（1）碳纤维短丝与高分子机体材料结合性能的研究；（2）碳纤维复合材料加工工艺的研究；（3）模具的设计与制造。该扶正器通过下井试验，效果良好。其技术性能指标和耐腐蚀性能分别见表 5-3-4 和表 5-3-5。

表 5-3-4　碳纤维复合材料扶正器性能指标

序号	试验项目	试验结果	试验方法
1	拉伸弹性模量 /MPa	7.83	GB 1040
2	缺口冲击强度 /（kJ/m^2）	34.8	GB 1043
3	洛氏硬度 /HRM	103.6	GB 9342
4	拉伸强度 /MPa	192	GB/T 1040
5	无缺口冲击强度 /（kJ/m^2）	51	GB/T 1043
6	弯曲强度 /MPa	288	GB 1042
7	压缩强度 /MPa	151	GB/T 1041
8	层间剪切强度 /MPa	86.8	GB 3357
9	摩擦系数	0.13～0.15	

表 5-3-5　碳纤维复合材料扶正器耐腐蚀性能指标

介质	HCl（15%）	NaOH（5%）	NaCl（饱和）	煤油
腐蚀前质量 /g	6.1752	5.5986	5.5442	5.1581
腐蚀后质量 /g	6.2253	5.8672	5.5464	5.1673
增重 /%	0.81	4.44	0.04	0.18
介质颜色变化	无变化	变黄	无变化	无变化
试样外观变化	试样原有裂纹处颜色变暗红，无其他变化	表面由黑色变为暗红色，烘干后表面有裂纹	无变化	无变化

　　碳纤维抽油杆的扁平结构和连续性决定了扶正器特有的结构和安装方式，该扶正器要现场拆装，因此要求拆装方便且在保证夹持力的情况下不得对杆造成任何损坏。针对这些特点，将扶正器设计为分体卡箍式结构（图 5-3-4），安装采用液压热装机构，每拆装一次仅需 30～50s，由于采用了热装，保证不会对杆造成损坏。下井试验后证明效果良好。

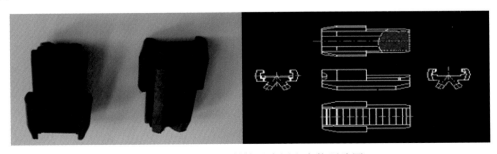

图 5-3-4　扶正器结构示意图和实物照片图

三、碳纤维抽油杆连接接头结构研究

碳纤维抽油杆在使用中上部与光杆连接，下部与加重杆连接，但是碳纤维抽油杆由于其特殊的扁形带状结构及特殊的材质，不能像金属抽油杆一样采用螺纹连接、焊接等形式，必须研制专门的接头。接头的形式和可靠性成为碳纤维抽油杆能否应用的关键因素。对于接头总体性能要求连接可靠，不损害杆体性能，在使用中不能使杆体滑脱。也就是说，接头的连接强度不能小于抽油杆的承载能力，这样才能保证抽油杆的正常使用。基于这些原因，连接接头的设计使用成为一个重要环节。

经过设计研究，接头采用高强度不锈钢制造，以机械锁紧力为主、胶黏力为辅连接。接头与碳纤维抽油杆的接触部分经喷砂处理，然后涂高强结构胶。接头的几何尺寸以 SY/T 5029—2013《抽油杆》的规定为主要依据（图 5-3-5），保证接头的通用性、可靠性、合理性，设计的接头各项力学性能指标均高于杆体指标。

图 5-3-5　连接接头实物照片图

为验证接头性能，对比了粘接接头和内锥式机械夹持接头，在同规格、单端夹持长度均为 220mm 情况下，其拉力对比如图 5-3-6 所示。由图 5-3-6 可见，内锥压接头抗拉脱力达到 350kN，因此选用了特殊结构设计内锥式机械夹持接头。

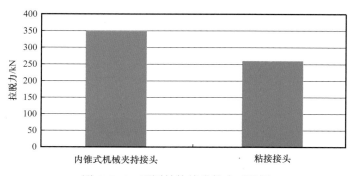

图 5-3-6　不同结构接头拉力对比图

四、碳纤维连续抽油杆排采技术应用试验

碳纤维连续抽油杆在研究区 10 口井进行了现场试验，现场试验情况见表 5-3-6。由 10 口试验井试验前后的排采生产对比数据可见：

表5-3-6 碳纤维连续抽油杆排采应用试验施工情况统计

井号	煤层	射孔井段/m	井斜/(°)	井深/m	施工时间	泵型	泵径/mm	碳杆规格(宽×厚)/mm×mm	碳杆入井长度/m	碳杆扶正器个数	脱断器个数	加重杆直径/mm	加重杆长度/m
QN35-2D	3号	962.30~967.65	17.19	925.0	2014-7-28—2014-7-30	整筒泵	φ44	32×4.6	785.70	85	1	32	139.34
QN35-3D		980.80~987.40	12.61	775.0	2014-7-31—2014-8-2				815.28	78	1		131.18
QN94-03D1		999.50~1006.50	25.95	650.0	2014-7-30—2014-7-31				822.86	85	1		138.58
QN21-2D		1039.60~1045.80	15.28	525.0	2014-8-2—2014-8-9				859.54	87	1		138.64
QN21-3D		1114.00~1121.00	20.67	850.0	2014-8-3—2014-8-10				929.78	84	1		138.48
QN94-04D1		1017.00~1024.40	22.07	775.0	2014-8-26—2014-9-1	长柱塞防砂泵		32×4.2	713.69	110	2	22	272.00
QN94-04D2		1055.20~1062.05	27.86	700.0	2014-8-29—2014-9-2				765.87	120	2		256.00
QN94-04D3		1012.29~1019.18	24.67	900.0	2014-8-28—2014-8-31				710.0	110	2		272.00
QN03-05D1		1138.00~1145.60	35.51	1175.0	2014-9-4—2014-9-5				850.11	130	2		248.00
QN03-05D2		1267.14~1269.50	34.02	1311.0	2014-9-3—2014-9-5				937.27	135	2		288.00

（1）10口试验井采用碳纤维连续抽油杆后，都能平稳连续地生产；防冲距均比试验前有所增加，为了保持给定的产液量，试验前后的冲程均无变化，但冲次需要增加。

（2）10口试验井采用碳纤维连续抽油杆排采生产后，最大光杆载荷和最小光杆载荷均明显减小。QN21-2D井试验前最大光杆载荷为35.61kN，试验后最大光杆载荷为22.81kN，降低幅度达到35.94%；试验前最小光杆载荷为16.52kN，试验后最小光杆载荷为4.56kN，降低幅度达到72.40%。QN21-3D井试验前最大光杆载荷为34.87kN，试验后最大光杆载荷为24.65kN，降低幅度达到29.31%；试验前最小光杆载荷为16.31kN，试验后最小光杆载荷为3.77kN，降低幅度达到76.89%。QN35-2D井试验前最大光杆载荷为31.55kN，试验后最大光杆载荷为18.09kN，降低幅度达到42.66%；试验前最小光杆载荷为16.32kN，试验后最小光杆载荷为5.04kN，降低幅度达到69.12%。QN35-3D井试验前最大光杆载荷为35.69kN，试验后最大光杆载荷为21.24kN，降低幅度达到40.49%；试验前最小光杆载荷为15.94kN，试验后最小光杆载荷为5.52kN，降低幅度达到65.43%。QN94-03D1井试验前最大光杆载荷为33.49kN，试验后最大光杆载荷为19.42kN，降低幅度达到42.01%；试验前最小光杆载荷为15.25kN，试验后最小光杆载荷为4.83kN，降低幅度达到68.33%。

（3）10口试验井的峰值电流明显减小。QN35-2D井试验前上行电流为16.10A，下行电流为8.50A；试验后上行电流为12.51A，下行电流为7.08A。QN35-3D井试验前上行电流为18.05A，下行电流为8.04A；试验后上行电流为12.05A，下行电流为7.08A。QN94-03D1井试验前上行电流为15.71A，下行电流为8.64A；试验后上行电流为12.09A，下行电流为7.34A。

通过10口井的碳纤维连续抽油杆排采试验认为：

（1）碳纤维连续抽油杆可以克服油管和油杆之间的偏磨，延长油管使用寿命，减少因摩擦造成的卡泵事故，延长检泵周期，降低作业费用，但试验周期尚短，其优越性尚需要考验。

（2）碳纤维连续抽油杆可以有效地降低抽油机的悬点载荷，在抽油机选型时降低抽油机的型号（降低悬点载荷），有可能减少设备投资。

五、小结

使用碳纤维连续抽油杆代替常规抽油杆进行煤层气井排采，是一种全新的工艺技术，可以显著降低抽油机的悬点载荷。由于碳纤维抽油杆的生产批量较低、使用时间较短，其在煤层气排采井中使用的优越性需要在扩大生产使用中进一步展现。

第四节　煤层气精细化排采制度建立

不同的排采制度对煤层气井产能和稳产周期的影响不同。井底流压降速过慢使气井达产周期延长，降低了层气生产的经济效应；降速过快会导致应力敏感、煤粉运移、气水流动耦合等问题，不利于煤层气高产稳产。本节将从不同排采阶段所要实现的目标不同，建立相应的数学模型，以实现合理化排采制度的制定。

一、模型建立

1. 单相水流阶段排采制度

在单相水流阶段，由于应力敏感效应，渗透率随储层降压而降低。为了防止应力敏感和速敏效应对储层造成的伤害，并使压力传播半径逐渐扩大到边界，建立了最大井底流压下降速率方程。压力传播速度可以用式（5-4-1）和式（5-4-2）来表示，公式适用于在单相水流阶段均质储层中垂直井的压力传播：

$$t_1 = \frac{r_\mathrm{e}^2 \phi \mu_\mathrm{w} C_\mathrm{f}}{0.3456 K_\mathrm{f}} \tag{5-4-1}$$

$$v_1 = \frac{p_\mathrm{i} - p_\mathrm{cd}}{t_1} \tag{5-4-2}$$

式中　K_f——压裂裂缝的渗透率，mD；

　　　r_e——井控半径，m；

　　　μ_w——地层水的黏度，mPa·s；

　　　C_f——系数；

　　　p_i——初始储层压力，MPa；

　　　p_cd——临界解吸压力，MPa；

　　　v_1——单相水流阶段最大井底流压降速，MPa/d；

　　　t_1——单相水流阶段最短生产时间，d。

2. 两相水流阶段排采制度

当井底流压降至临界解吸压力以下时，煤层气从煤基质中解吸出来，生产进入气水两相流阶段。煤储层的渗透率不仅受到有效应力的伤害作用，也受到基质收缩效应的恢复作用（闫欣璐等，2018）。在两相流初期阶段，应力敏感效应仍然占主导地位，储层渗透率持续下降。此时储层压力的快速下降或产气量的快速增加都会导致应力敏感、速敏和气锁效应，抑制解吸半径的扩展。当有效应力对渗透率的损害等于基质收缩对渗透率的恢复时，储层渗透率降至最低即反弹渗透率，相应的储层压力为反弹压力（图5-4-1）。反弹渗透率和反弹压力可由下式得出：

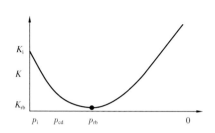

图 5-4-1　煤储层渗透率动态变化示意图

$$K = K_\mathrm{i} \mathrm{e}^{-C_\mathrm{f}\left(\frac{1+v}{1-v}\right)(p_\mathrm{i}-p)} +$$

$$K_\mathrm{i} \mathrm{e}^{-C_\mathrm{f}\left(\frac{1+v}{1-v}\right)(p_\mathrm{i}-p_\mathrm{cd})} \left\{ \frac{\frac{\pi S_\mathrm{v} \rho^3}{162}\left[R(p_\mathrm{cd})^3 - R(p)^3 \right] + \phi_\mathrm{i}}{\phi_\mathrm{i}} \right\}^3 - K_\mathrm{i} \mathrm{e}^{-C_\mathrm{f}\left(\frac{1+v}{1-v}\right)(p_\mathrm{i}-p_\mathrm{cd})} \tag{5-4-3}$$

$$R(p) = \frac{10^{-3} V_{\mathrm{L}} p}{S_{\mathrm{v}}(p_{\mathrm{L}} + p)} + r_{\mathrm{i}} \tag{5-4-4}$$

$$r_{\mathrm{i}} = \frac{3 \times 10^{-3}}{S_{\mathrm{v}} \rho} \tag{5-4-5}$$

$$K_2' = C_{\mathrm{f}} \left(\frac{1+v}{1-v}\right) K_{\mathrm{cd}} \mathrm{e}^{-C_{\mathrm{f}}\left(\frac{1+v}{1-v}\right)(p_{\mathrm{cd}} - p_{\mathrm{rb}})} -$$

$$\frac{9\pi S_{\mathrm{v}}{}^3 \rho^3}{162} K_{\mathrm{cd}} R(p_{\mathrm{rb}})^2 R(p_{\mathrm{rb}})' \left\{ \frac{\frac{\pi S_{\mathrm{v}}{}^3 \rho^3}{162}\left[R(p_{\mathrm{cd}})^3 - R(p_{\mathrm{rb}})^3\right] + \phi_{\mathrm{i}}}{\phi_{\mathrm{i}}} \right\}^2 = 0 \tag{5-4-6}$$

$$K_{\mathrm{rb}} = K \big|_{p = p_{\mathrm{rb}}} \tag{5-4-7}$$

式中　K——气体解吸阶段的储层动态渗透率，mD；

K_{i}——初始渗透率，mD；

K_{cd}——储层压力为临界解吸压力时对应的渗透率，mD；

C_{f}——割理压缩系数，MPa^{-1}；

v——泊松比；

p——储层压力，MPa；

p_{i}——初始储层压力，MPa；

p_{cd}——临界解吸压力，MPa；

ϕ_{i}——初始孔隙度；

$R(p)$——等效基质半径，m；

V_{L}——兰氏体积，m^3/t；

p_{L}——兰氏压力，MPa；

r_{i}——基质半径，m；

S_{v}——基质颗粒的比表面积，m^2/kg；

K_2——储层渗透率动态变化的一阶导数，mD/MPa；

ρ——煤的密度，g/cm^3；

K_{rb}——反弹渗透率，mD。

由于煤层气在气水两相流动阶段生产的主要目的是使解吸半径充分扩展并最终达到边界，确定平均储层压力能否在压力传播过程中降低至反弹压力至关重要。因此，通过结合排采制度与储层动态地质条件，提出了合理指导煤层气生产、防止煤层气储层伤害的安全原则。主要步骤为：

（1）计算气水流动阶段结束时对应的井底流压。解吸范围内储层的压力分布可用压力平方法描述［式（5-4-8）］，其平均压力可用式（5-4-9）描述。煤储层的物性和储层改造效果直接影响储层平均压力在两相流阶段能否达到反弹压力，从而可以进一步计算气水两相流末期的井底流压。具体来说，如果在井底流压下降过程中储层的平均压力可以降至反弹压力，则此时井底流压对应为 p_{rbw}，其值可以通过式（5-4-10）获得。相反，如果在井底流压降至枯竭压力（p_{ab}）期间，储层平均压力始终大于反弹压力，则在气水两相流阶段结束时井底流压降低为枯竭压力。不同情况的井底流压计算结果应代入后续的步骤中。

$$p_{(r)}^2 = p_{wf}^2 + \frac{p_{cd}^2 - p_{wf}^2}{\ln\left(\dfrac{r_e}{r_w e^{-S}}\right)}\ln\left(\frac{r}{r_w e^{-S}}\right) \tag{5-4-8}$$

$$\bar{p} = \frac{\int_{r_w}^{r_e} p_{(r)}\,dA}{A} = \frac{2\pi\int_{r_w}^{r_e}\left[p_{wf}^2 + \dfrac{p_{cd}^2 - p_{wf}^2}{\ln\left(\dfrac{r_e}{r_w e^{-S}}\right)}\ln\left(\dfrac{r}{r_w e^{-S}}\right)\right]^{\frac{1}{2}} r\,dr}{\pi\left(r_e^2 - r_w^2\right)} \tag{5-4-9}$$

$$\frac{2\pi\int_{r_w}^{r_e}\left[p_{rbw}^2 + \dfrac{p_{cd}^2 - p_{rbw}^2}{\ln\left(\dfrac{r_e}{r_w e^{-S}}\right)}\ln\left(\dfrac{r}{r_w e^{-S}}\right)\right]^{\frac{1}{2}} r\,dr}{\pi\left(r_e^2 - r_w^2\right)} = p_{rb} \tag{5-4-10}$$

式中　p_{wf}——井底流压，MPa；

　　　p_{rbw}——当 $\bar{p} = p_{rb}$ 时对应的井底流压，MPa；

　　　S——表皮系数；

　　　A——单井控制面积，m^2；

　　　r_w——井筒半径，m。

（2）计算气水两相流阶段时煤层气井的累计产气量。煤层气井的累计产气量近似等于煤层中煤层气的解吸体积，可通过气相的物质平衡方程求得：

$$Q_{lk1} = 2\pi h\rho\int_{r_w}^{r_e} r\left(\frac{V_L p_{cd}}{p_L + p_{cd}} - \frac{V_L p_{(r)}}{p_L + p_{(r)}}\right)dr \tag{5-4-11}$$

式中　Q_{lk1}——煤层气井在气水两相流阶段的累计产气量，m^3。

（3）计算极限产气速率。煤层气在储层中渗流时，为了防止严重的气锁效应，需要遵循达西定律。因此，根据生产压差可以计算煤层气井的极限产气速率。依据安全原则，将反弹渗透率 K_{rb} 代入方程。

$$q_{lk} = \frac{542.87 K_{rb} h\left(p_{cd}^2 - p_{wf}^2\right)}{B_g p_{wf}\mu_g\ln\left(\dfrac{r_e}{r_w e^{-S}}\right)} \tag{5-4-12}$$

$$B_g = 3.458\times10^{-4} Z\frac{273 + T}{p_{wf}} \tag{5-4-13}$$

式中 K_{rb}——对应于反弹压力 p_{rb} 的反弹渗透率，mD；

q_{lk}——极限气流量，m^3/d；

μ_g——气相黏度，$mPa \cdot s$；

B_g——气体压缩系数；

Z——气体偏差系数，在生产过程中有微小的变化，取近似值1；

T——储层温度，℃。

值得注意的是，根据上述研究，p_{wf} 在两种不同的情况下分别取值为 p_{rbw} 和 p_{ab}。

（4）计算最大井底流压下降率。累计气体产量与极限产气速率的比值是气水两相流阶段最短的生产时间，据此可以进一步计算相应的最大井底流压降速：

$$t_2 = \frac{Q_{lk1}}{q_{lk}} \tag{5-4-14}$$

$$v_2 = \frac{p_{cd} - p_{wf}}{t_2} \tag{5-4-15}$$

式中 t_2——气水两相流阶段最短的生产时间，d；

v_2——气水两相流阶段最大的压降速率，MPa/d。

3. 单相气流阶段排采制度

当解吸半径达到井控边界后，煤层气生产进入单相气体流动阶段。在此阶段，井间干扰使煤层气大量解吸，气体在孔隙中占主导地位，几乎没有产水。由于井底流压在气水两相流阶段结束时已降至较低水平，后期只需依据实际情况稍做调整。因此，这一阶段的关键是分析是否需要人为控制日产气量。

如上文所述，如果在气水两相流动阶段，储层平均压力能够达到反弹压力，则意味着储层渗透率随着产气量的增加而增加。煤层气的大量解吸不仅不会破坏煤储层，反而有助于提高储层的渗透率。反之，如果储层平均压力大于反弹压力，储层渗透率则会随着煤层气的大量解吸而降低。在这种情况下，极易产生"贾敏效应"堵塞孔隙，对煤储层造成伤害。因此，有必要控制套管压力以限制煤层气的大量解吸，直到储层平均压力降低至反弹压力为止。此时压力曲线在井控边界对应的压力由式（5-4-16）和式（5-4-17）求得。此外，还可计算该过程中的累计产气量和所需时间［式（5-4-18）和式（5-4-19）］。

$$\bar{p} = \frac{2\pi \int_{r_w}^{r_e} \left[p_{wf}^2 + \frac{p_x^2 - p_{ab}^2}{\ln\left(\frac{r_e}{r_w e^{-S}}\right)} \ln\left(\frac{r}{r_w e^{-S}}\right) \right]^{\frac{1}{2}} r \, dr}{\pi \left(r_e^2 - r_w^2\right)} = p_{rb} \tag{5-4-16}$$

$$p_{(r2)}^2 = p_{wf}^2 + \frac{p_x^2 - p_{wf}^2}{\ln\left(\frac{r_e}{r_w e^{-S}}\right)} \ln\left(\frac{r}{r_w e^{-S}}\right) \tag{5-4-17}$$

$$Q_{lk2} = 2\pi h\rho \int_{r_w}^{r_e} r\left(\frac{V_L p_{cd}}{p_L + p_{cd}} - \frac{V_L p_{(r2)}}{p_L + p_{(r2)}}\right)dr - Q_{lk1} \quad（5-4-18）$$

$$t_3 = \frac{Q_{lk2}}{q_{lk}} \quad（5-4-19）$$

式中　p_x——储层平均压力降低至反弹压力时储层边界对应的压力，MPa；

$\quad\quad\quad Q_{lk2}$——单相气流阶段储层平均压力降低至反弹压力时煤层气井的累计产气量，m³；

$\quad\quad\quad t_3$——储层平均压力降低至反弹压力时对应的时间，d。

二、排采制度优化流程

首先，依据压力传播公式计算单相流阶段储层的压降速度。其次，在两相流阶段判断解吸半径达到边界时储层平均压力能否降至反弹压力，并计算相应的井底流压。依据安全原则计算极限产气速率和井底流压降速。最后，分析单相气流阶段是否需要通过憋压限制日产气量，并计算对应的时间（图5-4-2）。

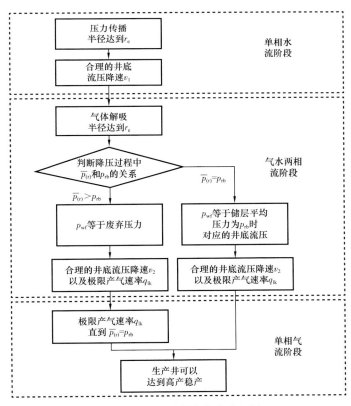

图 5-4-2　排采制度优化流程图

r_e—井控半径，m；v_1—单相水流阶段最大井底流压降速，MPa/d；$\bar{p}_{(r)}$—储层平均压力，MPa；p_{rb}—当有效应力对渗透率的损害等于基质收缩对渗透率的恢复时，储层渗透率降至最低（即反弹渗透率），相应的储层压力为反弹压力，MPa；p_{wf}—井底流压，MPa；v_2—气水两相流阶段最大的压降速率，MPa/d；q_{lk}—极限气流量，m³/d

三、排采制度优化应用试验

1. 案例井选取

先前的工作已详细描述了沁水盆地的区域地质条件。本研究以 5 口煤层气井为例，定量优化目标井的排采制度。在这些井中，ZL-248、ZL-249、ZL-253 和 ZL-254 互为邻井，井距约为 300m。根据测井和实验资料，邻井的地质构造、储层条件和改造程度相似，不受自然断层和陷落柱的影响，且符合典型的高阶无烟煤储层特征，即储层压力低、渗透率低、含气量高。相比之下，ZL-276 井的煤储层埋藏较浅，含气量相对较低，但储层裂缝发育，初始渗透率和孔隙度较高。

2. 排采制度优化应用验证

1）合理排采制度分析

根据上述建立的模型可以定量优化煤层气井的排采制度（表 5-4-1）。经过计算可得 ZL-276 井的最大井底流压降速在单相水流动阶段为 30.6Pa/d，持续 50 天；在气水流动阶段为 4.1Pa/d，持续 292 天。值得注意的是，当井底流压下降到枯竭压力时，储层平均压力仍大于反弹压力，说明需要进一步控制套管压力，以抑制井的日产气量，直到储层平均压力达到反弹压力。根据实际储层条件，计算得到极限气体流量为 510 m³/d，在气水两相流阶段和单相流阶段分别持续 292 天和 502 天（图 5-4-3）。

表 5-4-1　ZL-276 井排采制度定量优化结果

参数	计算结果	参数	计算结果
$\bar{p}$ /MPa	1.34	q_{lk}/（m³/d）	510（540）
p_{rb}/MPa	1.24	v_1/（Pa/d）	30.6（27.8）
p_x/MPa	1.3	t_1/d	50（55）
K_{rb}/mD	0.7	v_2/（Pa/d）	4.1（2.9）
Q_{lk1}/m³	148950	t_2/d	292（343）
Q_{lk2}/m³	255876	t_3/d	502（497）

注：括号内数值为实际值。

实际排采制度与计算结果相似：实际的井底流压下降率与最大井底流压下降速率基本一致，且该井在前期的日产气量略小于极限气流量。因此，即使 ZL-276 井的含气量较低（12.6m³/t），通过后期合理地排采也可以达到高产稳产。此外，该井的产水主要集中在单相水流阶段和气水两相流阶段，而在单相气流阶段基本上没有产水。

2）不合理排采制度分析

邻井的计算结果与 ZL-276 井有明显差异（表 5-4-2）。优化结果表明，在单相水流动阶段，邻井的最大井底流压井降速为 21.41Pa/d，持续 79 天；在气水流动阶段为

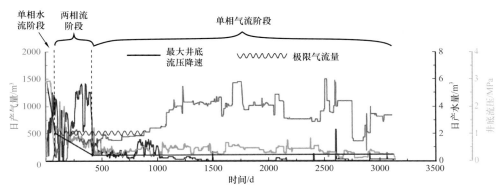

图 5-4-3　ZL-276 井产能特征及排采制度定量优化结果

3.20Pa/d，持续 577 天。极限气体流量为 580m³/d。当井底流压降至 0.5MPa 时，解吸半径扩展至边界，储层平均压力等于反弹压力，表明不必对井底流压进行大规模调整，也不必在单相气流阶段限制煤层气井的日产气量。

表 5-4-2　邻井排采制度优化计算结果

参数	计算结果	实际值			
		ZL-249	ZL-248	ZL-254	ZL-253
p_{rb}/MPa	2.35				
p_{rbw}/MPa	0.5				
K_{rb}/mD	0.15				
Q_{lk1}/m³	334241				
q_{lk}/（m³/d）	580	570	530	2650	510
v_1/（Pa/d）	30.3	17	28.3	31.5	60.7
t_1/d	56	83	60	54	28
v_2/（Pa/d）	3.2	8.47	2.35	2.36	13.6
t_2/d	577	177	640	636	110

　　优化结果与 4 口井实际排采制度进行对比（图 5-4-4）。在单相水流动阶段，ZL-253 井的实际井底流压降速比计算的最大井底流压降速大得多，但其他煤层气井的情况与合理值相似。而在气水两相流阶段，这 4 口井的实际排采制度存在显著差异：ZL-249 井和 ZL-253 井的井底流压下降速率远大于最大井底流压降速，而 ZL-248 的井底流压降速比最大井底流压降速略慢。这 3 口井的日产气量均小于极限产气量。然而，ZL-254 井的井底流压下降速率与最大井底流压下降速率相似，但日产气量远远大于极限气流阶段。

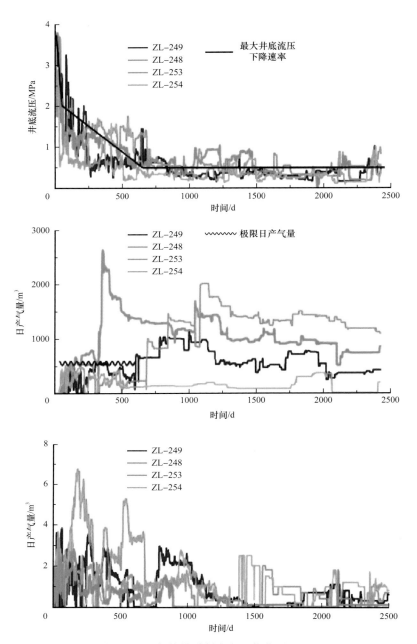

图 5-4-4　邻井排采制度定量优化对比图

　　不同的排采制度最终导致这些井之间的煤层气产量存在明显差异。ZL-248 井在气水两相流阶段日产气量保持在 500m³/t 以下，但在单相流阶段逐渐增加并保持高产。该井的产水量主要集中在单相水流阶段和气水两相流阶段。相反，ZL-249 井和 ZL-253 井日产气量普遍较低，平均日产气量分别为 510m³ 和 161m³，且产水具有间断性的特点。ZL-254 井初期日产气量迅速增加，在 350 天左右达到峰值日产气量 2500m³，但此后日产气量快速下降，且该井累计产水量低，800 天后基本不产水。

3. 不合理压降漏斗特征

为了分析邻井在生产过程中不合理的压降漏斗特征，将实际地质和生产数据代入煤储层压力预测模型计算储层压力动态变化。该模型基于煤储层物质平衡方程，并考虑了煤储层的自调节作用和等效排采面积的动态变化。从计算结果可以得到，ZL-248 井排采半径扩展至井控边界并实现了井间干扰，储层压力充分下降，而其他井尚未形成压力干扰（图 5-4-5）。虽然 ZL-254 井的储层压力明显下降，但压降范围小，降压范围内控制的资源量少，这也是其后期产气量迅速下降的原因。

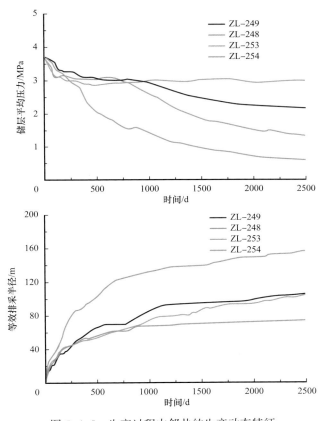

图 5-4-5　生产过程中邻井的生产动态特征

以上分析表明，不同的排采制度会导致储层解吸半径和降压程度存在显著差异：在单相水流阶段，如果井底流压的实际降速比最大井底流压降速快，那么严重的应力敏感和速敏效应会对煤储层造成不可逆转的伤害，抑制压力传播到达井控边界［图 5-4-6（a）］。同样，在气水两相流阶段，如果井底流压的实际降速大于最大降速，或初始日产气量大于极限流量，煤储层不仅受应力敏感和速度敏感效应的影响，还受气锁效应的影响，抑制解吸半径的扩展［图 5-4-6（b）］。这两种情况都不利于井间干扰，最终导致煤层气井具有低产气、间歇产水的生产特点。相反，如果井底流压的降速比最大井底流压降速慢，并且前期日产气量小于极限气体流量，则压力降漏斗可以充分扩展，煤层气井可以达到高产。但井底流压下降过慢会导致经济性降低。

为了解决不合理的排采制度对煤层气产量的影响，一些人工措施至关重要，如二次压裂和加密井网。二次压裂的目的是解决煤储层受到的不可逆伤害，并在后期的排采过程中逐步扩大解吸半径，降低储层压力。然而，加密井网的目的是通过钻新井来缩短井控边界［图5-4-6（c）］。这两种方法都有利于形成井间干扰。

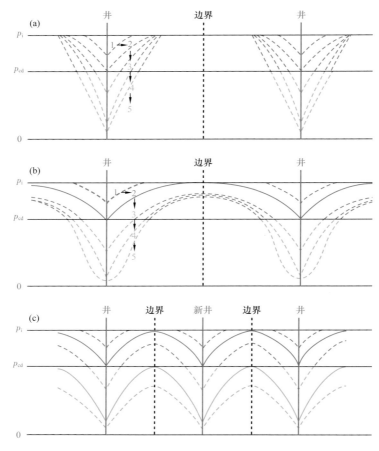

图5-4-6　不同情况下压降漏斗扩展示意图

四、小结

在不同的排采阶段，所要实现的目标不同。在单相水流阶段要防止应力敏感和速敏效应对储层造成的伤害，并使压力传播半径逐渐扩大到边界；在两相水流阶段要使解吸半径充分扩展并最终达到边界；在单相气流阶段要使储层平均压力降至反弹压力；针对不同目标，建立了相应的数学模型，实现了排采制度的定量化，经过现场试验，取得了良好的效果。因此，所建立的数学模型对于排采制度的制定有着重要的指导作用。

第六章　煤层气地面低压集输工程

地面集输是煤层气田综合开发中比较重要的环节，也是成本较高的一项工艺。由于地质条件复杂，煤层气的集输必须解决多井、低压、低产、井间压力干扰大等问题。目前，煤层气田地面集输过程中需增加集输的灵活性以满足不同生产条件的需要，尤其在大规模集输系统中，离集气站较远的井会因为集输距离比较大而导致井口压力高，甚至影响产气。基于以上原因，以沁水盆地南部的大型煤层气田为研究对象，开发了适宜煤层气田集输的"多点接入，柔性集输"工艺技术及相关技术和设备（陈仕林，2008）。

第一节　煤层气田地面集输工艺

一、煤层气田地面集输方式

我国的煤层气田大多具有低压、低渗透、低产的"三低"特点，与国外的中压、中产气田相比有很大区别（刘烨等，2008）。根据示范区煤层气气井间距小、单井产量低、井口压力低等特点，煤层气集输采用"多点接入，柔性集输"方式，即"井口—采气管线—集气阀组—集气支线—集气增压站—集气干线—柿庄集气站—外输管线—中央处理厂及潘河增压站"的集输工艺流程。图6-1-1为研究区地面集输总体设计图。

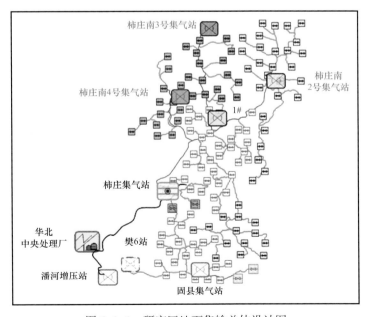

图 6-1-1　研究区地面集输总体设计图

二、煤层气地面集输管材和增压设备优选

1. 管材的优选研究

煤层气田井多、低压和低产的特点降低了对地面集输系统管材的要求，常规气田采用的钢质管道的承压能力远远超过了前者的系统压力，造价偏高，经济效果不是很好，因此需要重点在管材的选择、敷设的要求等方面进行研究，对当前各种管材进行全面的经济比较，筛选出满足煤层气集输需要且工程造价低的管材。

首先从经济、性能方面对非金属管材进行比较，然后将从非金属管材中优选出的聚乙烯管和钢质管道进行比较。从管材性能方面考虑，PE100聚乙烯管很好地解决了金属管道耐压不耐腐、非金属管道耐腐不耐压的缺点，刚度和柔度好，抗蠕变性强，耐磨，内壁光滑且不结垢，节能节材效果好，且压力损失小，无污染，施工维修方便，使用寿命长，适用于煤层气田的开发。

采气、集气系统的最大操作压力为0.5MPa，设计压力为0.6MPa。因此，合理地选用采气、集气管道的材料对降低工程造价、提高施工速度起着关键的作用，根据目前生产的实际情况，采用聚乙烯管道和钢质管道在技术上都是可行的（孟凡华等，2016）。在经济上对两种管材进行了对比，详见管径与主材费关联曲线、管径与安装费关联曲线和管径与管道总投资关联曲线（图6-1-2至图6-1-4）

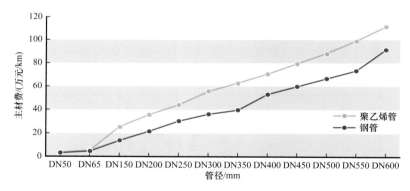

图6-1-2　管径与主材费用关系曲线

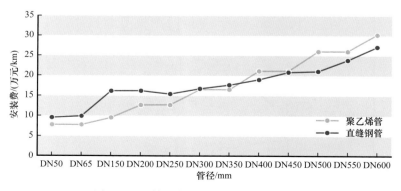

图6-1-3　管径与管线安装费用关系曲线

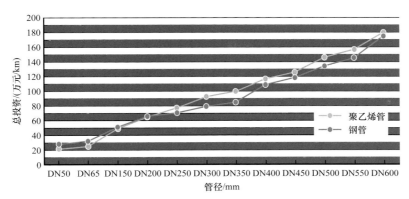

图 6-1-4　管径与管线施工总投资关系曲线
总投资 = 安装费 + 建筑费 + 主材费 + 预制费

由管径与管线总投资关联曲线看出，当采气、集气管道的公称直径不大于 250mm 时，采用聚乙烯管道投资低。当采气、集气管道的公称直径大于 250mm 时，采用钢制管道投资低。因此，建议根据具体情况对煤层气田的采、集气管线采用钢管与 PE 管相结合方法。

2. 煤层气增压设备的优选

压缩机是集气站的核心设备，选择压缩机时应充分考虑适应工程边开发边投产的特点（李晓平等，2013）及操作的灵活性和日后设备检修维护的方便，选用相同类型的压缩机。同时，考虑与已建项目压缩机类型相一致的原则进行压缩机的选型。

压缩机按工作原理的不同可分为容积式压缩机和速度式压缩机，一般采用容积型的往复式压缩机或速度型的离心式压缩机。往复式压缩机与离心式压缩机相比，其具有压力适用范围广、效率高、适应性强等优点。压缩机的驱动方式主要分为燃气发动机和电动机。燃气发动机可以就地取得燃料，不需要设置专门的供电线路，缺点是机组较笨重，安装费用较高，辅助设备多，振动较大，工作可靠性不如电动机高。电动机的缺点是需要敷设供电线路，采用变速调节，一次投资大，经营管理费用高，只适宜在距离电源比较近、电源可靠，电费低廉的地区使用。

因此，煤层气地面集输建议采用往复式压缩机，其驱动方式可根据现场条件选用燃气发动机和电动机驱动，研究区采用的压缩机参数见表 6-1-1。

表 6-1-1　各集气站往复式压缩机参数

项目	1 号集气站	2 号、3 号、4 号集气站
单台机组正常工况排量 /（m³/d）	20	25
单台机组排量范围 /%	80～115	80～105
压缩机组进气压力 /MPa	0.05～0.15（正常工况 0.05）	0.05～0.15（正常工况 0.05）

续表

项目		1号集气站	2号、3号、4号集气站
压缩机组进气温度 /℃		5～20 （正常工况20）	5～20 （正常工况20）
压缩机组排气压力 /MPa		2.63	2.75
冷却后的排气温度 /℃		≤54	≤54
转速 /（r/min）		800～1000	800～1200
压缩级数		3	3
一级气缸	数量 / 个	2	
	缸径 /mm（in）	584（23）	（24.125）
二级气缸	数量 / 个	1	
	缸径 /mm（in）	444（17.5）	（17.875）
三级气缸	数量（个）	1	
	缸径 /mm（in）	292（11.5）	（11）
活塞行程 /mm（in）		152.4（6）	（5.5）
发动机型号		G3606	ARIEL JGK/4
发动机额定功率（1000r/min）/kW		1324	1316
数量 / 台		1号集气站 5（4开1备）	2号集气站4（3开1备） 3号集气站3（2开1备） 4号集气站3（2开1备）

三、煤层气田地面集输工艺技术

针对煤层气低压集输的特点，结合多年实践经验，形成了一套适合煤层气低压集输的"多点接入、柔性集输"工艺技术，该技术已在研究区应用。

1. 井口工艺

煤层气田井口压力较低且随开采年限变化不大，较稳定（一般为0.2～1MPa），井口气节流至0.2MPa，优化采气管道管材，采用排水降压采气工艺，单井水排量计量。煤层气井口工艺流程包括排水流程和采气流程两方面，其中排水流程为"采气树→油管接口→集水池"，采气流程为"采气树→套管接口（节流阀后）→采气管道"。

2. 集气阀组工艺

集气阀组是联系井口与增压站的中心纽带，是日常生产管理的重点单元。对集气阀组的要求为：位置离乡村公路较近，交通便利；离村庄较远，周围环境比较安全，适合无人值守；地势平坦，避开山洪、滑坡等不良地质地段；满足最大供气半径要求。以集气阀组代替集气站时，可扩大集输半径，减少气体中间转接，降低集输能耗。

集气阀组流程如图 6-1-5 所示。

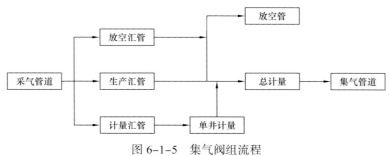

图 6-1-5　集气阀组流程

3.集气增压站工艺

压缩机是集气增压站的核心设备，选择压缩机时应充分考虑工程开发的特点、操作的灵活性和日后设备检修维护的方便，尽可能选用相同的类型。一般的煤层气田属于滚动勘探开发，气源不稳定，初期产量小，压比较大，随着井数的增多，气量逐渐增大，选用的压缩机要适应这种流量变化大的特点。取消过滤阀及其阀组，用高效分离容器保证增压设施的安全运行。

进站汇管上设有紧急关断和紧急放空阀，当出现事故时立即关闭紧急关断阀，同时打开紧急放空阀，进入火炬系统。此外，在压缩机入口汇管上设有调压放空流程，当部分压缩机故障停机时，可通过调压放空以保证该机组正常运行。

进、出站煤层气管道上设有温度、压力等参数以及压缩机的运行等参数进入仪表间的过程控制系统，进行检测、显示。

集气站的集气干线或外输管道上设有流量计量装置，煤层气的外输气量进入仪表间的过程控制系统，进行检测、显示。

生产流程如图 6-1-6 所示。

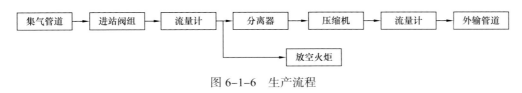

图 6-1-6　生产流程

四、主动增压技术

在煤层气大规模集输时，受现场地形条件复杂及征地困难等因素影响，距离集气站较远的井集输管道压力较高，在一定程度上影响了采气初期的产气能力。为此，提出了主动增压工艺技术，研制了环道递进式分离增压器，很好地解决了集输压力高与井口压力低的矛盾。

1. 主动增压设备数值模拟及分析

1）建模

由于风机原理涉及三维问题，因此用 ProE 软件建立三维模型，根据数值模拟的需要，将计算域进行了处理，图 6-1-7 所示为流场区域划分示意图，整个旋涡鼓风机流道分为两部分，其中叶轮内部区域定义为转动区域，其他区域为静止区域。

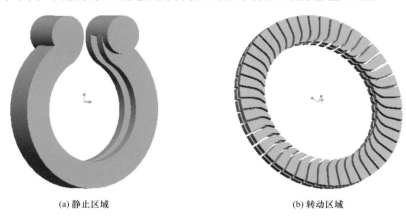

(a) 静止区域   (b) 转动区域

图 6-1-7   流场区域划分示意图

将 ProE 软件建立的三维模型导入 Gambit，进行网格划分，设置转动区域，将转动区域与静止区域接触的面设为 interface，进出口条件设为压力进出口，利用非结构化网格生成技术进行网格划分，划分完网格如图 6-1-8 所示。

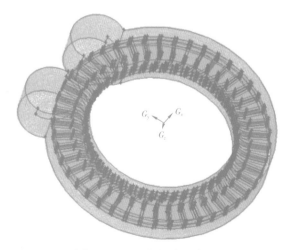

图 6-1-8   网格划分示意图

将 Gambit 生成的 mesh 文件导入 FLUENT，材料选择甲烷理想气体，由于是可压缩气体，故数值求解采用基于密度的显式时间推进法，湍流模型采用基于 Boussinesq 涡黏系数假设的标准 k-ε 湍流模型，近壁区的处理采用壁面函数法。压力入口设为 175kPa，压力出口设为 190kPa，转动区域采用 MRF 模型，给转动区域绕 Z 轴 2950r/min 的转速，经初始化后进行迭代计算。

2）压力分布结果分析

图 6-1-9 为旋涡增压器在设计工况下运行时经 FLUNET 模拟后不同位置上的静压分布云图，可以看出从进口到出口压力逐渐增大，呈现出明显的压力梯度。在进口区域压力低于甲烷进口压力 175kPa，符合旋涡增压器既具有吹气，又具有吸气的功能。图 6-1-9 中，小部分拐角区域局部静压分布不均匀，这是由于建立模型时为简化模型，易于生成网格，故将所有圆角略去，用棱角代替，造成局部流动损失，以致压力分布不均匀。

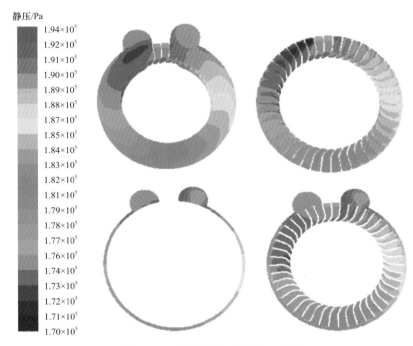

图 6-1-9 整体及各截面分布云图

图 6-1-10 为旋涡增压器的截面速度云图，在转动区域（即叶道内部流体）随着半径的增加，速度逐渐增大，环形流道内流体的速度明显小于叶片最外沿的速度，但大于入口速度，可见满足动量交换原理，即叶道内的气体在离心力的作用下以较大的动量进入环形流道，与流道中的气体发生碰撞，以进行动量交换，从而保持流道内的压力梯度。图 6-1-10 中转动区域与静止区域交接的局部区域出现滞止速度，是由叶片外沿的尖角造成的，加工过程中会进行打磨，避免这个问题。

图 6-1-11（a）为叶片所在截面的流道速度矢量图，叶片采用根部前弯、外沿径向、中间圆弧过渡的形式，所以该图底部是流体区域，可看出较为明显的纵向旋涡。图 6-1-11（b）为筋板所在截面的流道速度矢量图，可明显看出较强的纵向旋涡；图 6-1-11（b）中的角落部分存在流动损失，这是由于建立模型时为简化模型，将筋板简化成矩形，流道边角没有倒圆角，便于划分规则网格，实际筋板应该是圆弧过渡，而且壳体内部倒圆角，会大大减少流动损失，纵向旋涡会进一步增强，增压效果更明显一些。

速度/(m/s)

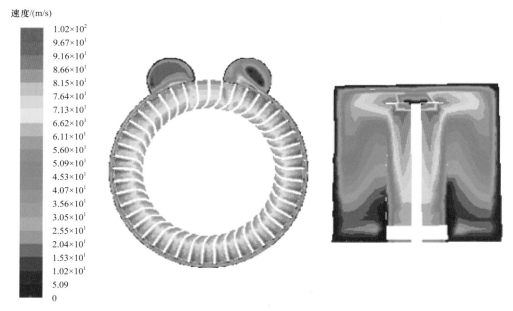

图 6-1-10　横截面和叶轮筋板所在截面速度云图

速度/(m/s)

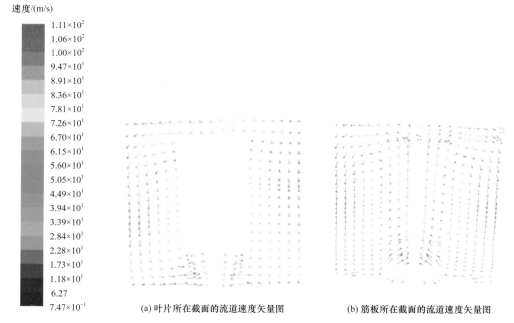

(a) 叶片所在截面的流道速度矢量图　　　　　　　(b) 筋板所在截面的流道速度矢量图

图 6-1-11　叶片和筋板所在截面的流道速度矢量图

　　图 6-1-12 为截面温度分布图，温度分布明显，呈现逐渐增高的温度梯度，出口温度大约升高了 15℃，可见能量损失大多转换成热能，由于旋涡增压器的叶轮为机械，且叶片数较大，会造成较大的流动损失，转化成热能，造成较大的温升，故机壳外布置散热翅片用于散热，降低出口气体温度，以提高多变效率。

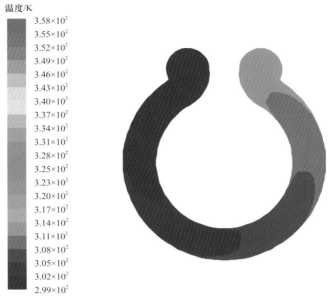

图 6-1-12　截面温度分布图

由图 6-1-13 可明显看出，气体以螺旋线的形式在流道中穿梭，与原理图对应。影响气体进入叶道次数的主要因素为流量，流量越小，进入叶道次数越多，增压越高；反之，越小。

图 6-1-13　旋涡增压装置迹线图

2. 环道递进式分离增压器特点

该设备具有结构简单、体积小、重量轻、噪声低、易损件少、价格相对低廉和便于拆装维修等特点，在一定流量、压力范围内可取代压缩机，大大减少设备的投资。该设备采用机械密封、密封圈密封和防爆电动机，并通过调节转速具有较大的操作空间，因而可广泛应用于天然气、煤层气采集。设备在现场已经安装完毕。

环道递进式分离增压器的成功研制与应用，解决了边远煤层气井无法进入集输系统管网的问题，解决了小压升如果采用传统设备（压缩机）造成的投资高、能耗大的技术难题，充分适应了煤层气田"低压、低产、低效益"的特点，扩大了集输半径。

3. 主动增加集气阀组工艺流程

井口来的煤层气到达集气阀组后压力为 0.13MPa，进入集气阀组的生产汇管，经总计量后进入增压分离器增压至 0.15MPa，煤层气压力增大后进入集气管道；在集气阀组设置单井轮换计量，可以根据需要轮换计量每口井的产气量。每口井的采气管道在集气阀组都有放空流程，当采气管道检修时，打开放空阀，进入放空汇管，经放空管排入大气。阀组的总流量以及温度、压力参数通过 RTU 利用无线传输系统传输至增压站。

生产阀组汇管上设有安全阀，当采气、集气管道压力达到 0.58MPa 时安全阀起跳，将超压部分气体排放至放空管；增压分离器出口汇管上设有安全阀，当采气、集气管道压力达到 0.58MPa 时安全阀起跳，将超压部分气体排放至放空管。流程如图 6-1-14 所示。

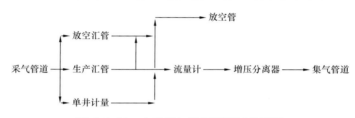

图 6-1-14　主动增加集气阀组工艺流程

五、旋流分离技术

1. 静态旋流分离技术

设计了两种静态旋流分离器——顺流型静态旋流分离器和逆流型静态旋流分离器，结构如图 6-1-15 所示。利用数值模型得到两种旋流分离器内部压力分布云图，如图 6-1-16 所示。由图 6-1-16 可以看出，两种旋流分离器内部均形成了较为合理的旋转流场。对比装置前后的压差可知，顺流型旋流分离器压差较小，证明该旋流分离器内部压力损失较小。对分离器性能进行测试，新型的顺流型静态旋流分离器效率较高，一定压差下，出口气体中颗粒粒径 d_{50} 可达 3μm。

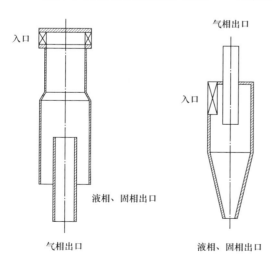

图 6-1-15　顺流型静态旋流分离器和逆流型静态旋流分离器

2. 动态旋流分离技术研究及试验

由于煤层气井井口压力较低，而旋流分离器需要较大的动能才能实现较高的分离效率，由此提出了动态旋流分离技术，并对分离器性能进行了模拟分析。动态旋流分离器结构如图6-1-17所示，使用流体分析软件FLUENT对动态旋流分离器进行三维整机数值模拟，以从微观的角度分析其内部流场流动规律。建立了动态旋流分离器实验测试流程（图6-1-18），实验测试了分离性能，设备的实测分离效率随转速的提高略有下降，各转速下分离效率均可达到99.8%以上，分离效率很高。

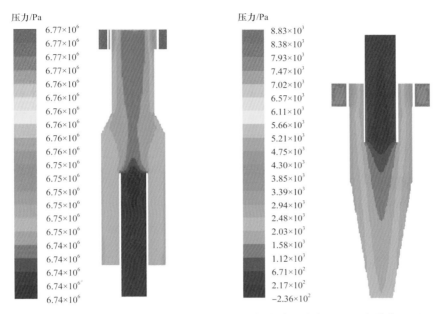

图6-1-16　顺流型静态旋流分离器和逆流型静态旋流分离器的压力分布云图

图6-1-17　动态旋流分离器结构

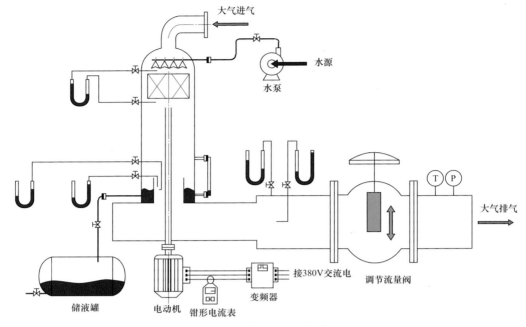

图 6-1-18　动态旋流分离器实验测试流程

六、"多点接入、柔性集输"技术现场规模化应用

在"十一五"研究成果"多点接入、柔性集输"工艺技术基础上，经研究分析，在阀组进行技术创新，研究提出了旋流分离增压器和远程选井装置设计方案。旋流分离增压器可以在实现分离作用的同时提高系统压力，从而有效增加了系统集输半径，增大了集气站管辖范围，减小了集气站所需的永久征地数量。远程选井装置可以显著提高目前单井轮换计量的工艺流程的自动化程度，实现计量流程远程自动切换，减小了人员管理工作。

旋流分离增压器主要的工作部件为旋流发生叶轮、离心式增压叶轮及蜗板式扩压器（岑可法等，1999）（图 6-1-19）。旋流分离增压器整体的转子部分集合了旋流发生叶轮和离心式增压叶轮，若将旋流发生叶轮卸除，该设备也可当作单体离心式风机使用。腔体分为两部分，上部细长段为旋流分离段，下部扁平段为增压段，增压段腔体采用蜗板结构。旋流发生叶轮采用径向直叶片的形式；离心式增压叶轮采用后向直叶片的形式；蜗板式扩压器由 4 个半径递增的 1/4 圆弧形板焊接而成，下缘与下腔体底板焊接，上部与旋流段外筒的底板保持一定的间隙，此举可以保持蜗板内外壁面连通，以减小蜗板内外的压差，降低了蜗板的强度要求。旋流段与增压段的连接通过风机集风口来实现。

根据旋流分离增压器设计方案，完成了装置的详细设计。

煤层气远程选井装置是为煤层气开发而设计的多井选通装置，该装置由太阳能供电系统提供电源，通过 GPRS 通信链路实现远程无线通信，远程计算机或现场控制箱发出控制指令可实现多进单出的选通功能，同时配合计算机系统还可实现关键数据的存储、查询等功能。煤层气远程选井装置包括电动选井阀、现场控制器、无线通信模块、太阳能电源、维修流程阀门、上位机监控系统及软件等（图6-1-20）。

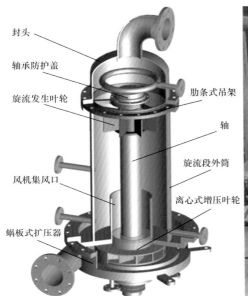

封头
轴承防护盖
旋流发生叶轮
肋条式吊架
轴
旋流段外筒
风机集风口
离心式增压叶轮
蜗板式扩压器

图 6-1-19　旋流分离增压器

图 6-1-20　远程选井试验装置

在远程选井装置方案设计的基础上，完成了远程选井装置在煤层气阀组上应用的详细设计。远程自动选井装置由流程切换单元、执行机构、控制单元、无线传输系统、维修流程及上位机监控系统组成。

采用旋流分离增压器后阀组工艺流程如图6-1-21所示。

远程选井装置设计流程如图6-1-22所示。

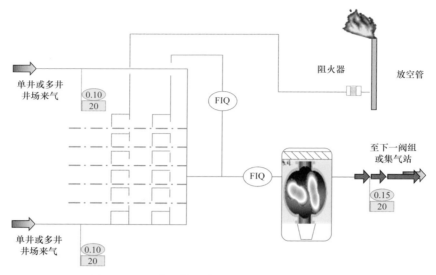

图 6-1-21　采用旋流分离增压器后阀组工艺流程
FIQ—流量计

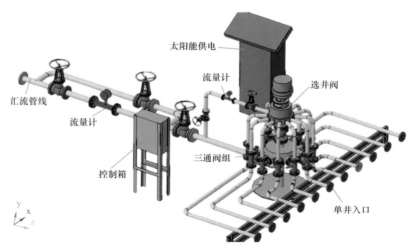

图 6-1-22　远程选井装置设计

第二节　煤层气田地面低压集输生产数据采集及监控

一、检测设备的优选

1. 压力测量仪表

由于煤层气的主要成分为甲烷，设备安装在室外 / 室内，就地指示压力表一般常用弹簧管压力表，远传压力仪表选择智能压力变送器。

2. 温度测量仪表

根据对多种温度测量仪表的比较，煤层气地面集输工艺的就地指示温度仪表常选用双金属温度计，远传显示温度仪表常选用一体化热电阻变送器。

3. 液位测量仪表

由于被测介质一般为低凝、低黏度的液体，设备安装在室外／室内，同时从性价比的角度出发，分离器液位指示仪表选用侧装磁翻板液位计，配套液位开关及液位变送器实现数据远传。

4. 流量测量仪表

考虑到被测介质煤层气的主要成分为甲烷，其为洁净、含水量低的气体，再根据流量计的精度要求、价格及井场供电情况等因素，气计量采用涡轮流量计、智能旋进旋涡流量计和高级孔板阀。而水计量常采用电磁流量计。

5. 仪表设备的防爆、防护等级

井口和集气阀组的工艺设施露天布置无人值守，且生产场所主要位于山区，因此井口和集气阀组选用的远程终端单元（RTU）应能满足露天环境，设备工作温度适用范围要宽，防护等级要高，防尘、防水、防爆。确定仪表防护等级应不低于 IP65，仪表防爆等级应不低于 d Ⅱ BT4。

二、煤层气集输系统生产数据库

煤层气田地面集输数据库管理子系统由 3 个子数据库组成，每个子数据库又由若干数据表组成。下面将对各个子数据库的数据库表的设计进行介绍。

1. 数据库

1）生产数据库

生产数据库是煤层气田管理数据库系统中数据来源的一部分，主要通过安装在气井（单井、阀组和增压站）上的无线传输设备传送仪表上参数（温度、流量、流速、压力）数值，时间分辨率为 6s，即 6s 产生一条数据记录，这样的数据称为自动产生的数据，利用这些数据，可以为生成生产报表、生产曲线提供基础数据。生产数据库包含的表、视图的名称及其作用见表 6-2-1。

2）仪表数据库

仪表数据库用于存储煤层气田地面集输系统中所有的仪表信息。仪表信息包括仪表分类信息、仪表分布信息、仪表参数信息等。在该数据库中只包括一个数据库表——仪表表（MeterTab）。

煤层气田地面集输系统中的仪表可以分为机械仪表和电子仪表两类。机械仪表是指常见的压力表、温度表和流量表。这种仪表在各个井口、阀组、增压站都有分布，需要人工读数。电子仪表是指可无线传输数据的流量计，这种仪表成本高，主要布置于阀组和增压站，在柿庄区块将有部分井配置电子仪表。电子仪表用于测量煤层气在管线中的瞬时流量和累计流量，可以将测得的实时数据无线传输到数据中心，这些数据可以用于计算日产气量、生成各项报表和生产曲线（图 6-2-1）。

表 6-2-1　生产数据库库表信息一览

数据库类型（表/视图）	中文名称	英文名称	作用
表	6s 数据表	MeterValue_6s	记录每个仪表（流速表、流量表、压力表和温度表）每隔 6s 的值
表	分钟数据表	MeterValue_1m	记录每个仪表（流速表、流量表、压力表和温度表）每隔 1min 的值
表	一小时数据	MeterValue_1h	记录每个仪表（流速表、流量表、压力表和温度表）每隔 1h 的值
表	一天的数据	MeterValueToday	存放每个仪表（流速表、流量表、压力表和温度表）1d 的数据
表	Metervalue 的小时统计数据	metervalueStat_H	用于存储仪表值的小时统计数据
表	Metervalue 的天统计数据	metervalueStat_D	用于存储仪表值的天统计数据
视图	井口的小时统计数据	WELLHACCUM	用于存储井口的小时统计数据
视图	井口的天统计数据	WELLDACCUM	用于存储井口的天统计数据
视图	阀组的小时统计数据	VALVEBANKHACCUM	用于存储阀组的小时统计数据
视图	阀组的天统计数据	VALVEBANKDACCUM	用于存储阀组的天统计数据
视图	增压站的小时统计数据	COMPSTATIONHACUUM	用于存储增压站的小时统计数据
视图	增压站的天统计数据	COMPSTATIONDACCUM	用于存储增压站的天统计数据

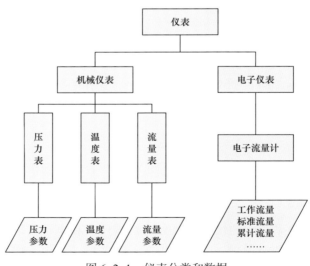

图 6-2-1　仪表分类和数据

仪表数据库见表6-2-2，包括了整个煤层气田地面集输系统的所有仪表，每个仪表的相关信息都存储在该库表中。仪表的信息包括仪表编号、仪表类型、仪表名称、仪表参数单位和仪表所属节点。仪表与场站的所属关系在仪表表中有记录，在各个站场的辅助表中也有记录，具体情况详见场地数据库表介绍。

表6-2-2　仪表数据库一览

数据库类型 （表/视图）	中文名称	英文名称	作用
表	仪表表	MeterTab	存储所有的仪表参数信息（仪表编号、仪表类型、仪表参数单位、仪表所属站点）

3）场地数据库

场地数据库用于存储煤层气田地面集输系统中所有的场地信息。在煤层气田地面集输系统中，所有的站场都可以划分为区域、井口、阀组和增压站。场地数据库共包括区域表（RegionTab）、场地表（PlaceTab）、场地辅助表（PlaceTabAux）、井口表（WellTab）、井口辅助表（WellTabAux）、阀组表（ValveBankTab）、阀组辅助表（ValveBankTabAux）、增压站表（CompStationTab）和增压站辅助表（CompStationTabAux）9个库表，如图6-2-2所示。

在煤层气田地面集输系统中，所有的场地都是按区块划分的，例如柿庄区块、潘河区块等。区块表中记录了区块编号和区块名称。场地与区块的关系记录在场地表中，场地表中记录了各个场地编号、场地名称以及所属区块信息。至于场地辅助表，则是将场地与井口、阀组、增压站之间联系起来。场地辅助表中记录了场地信息、节点类型以及节点编号信息。

在井口表中，记录了各个井口的井口编号、所属场地编号以及井口的坐标位置信息。在井口辅助表中，记录了井口与管线、井口与仪表的关系，包括管线编号、管线类型、各类仪表编号等。

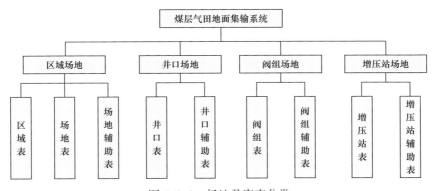

图6-2-2　场地及库表分类

在阀组表中，记录了各个阀组编号、阀组名称、所属场地编号以及阀组类型信息。其中，阀组类型是判断阀组是否为轮循阀组的依据：当FLAG＝1时，该阀组是非轮循阀组；当 FLAG=2 时，该阀组为轮循阀组。轮循阀组可以对各口单井进行轮换计量，而非轮循阀组则只起到集气传输的作用。在阀组辅助表中，记录了阀组与管线、阀组与仪表的关系，包括管线编号、管线类型、各类仪表编号等。

在增压站表（表6-2-3）中，记录了增压站编号、增压站名称、所属场地编号等信息。在增压站辅助表中，记录了增压站与管线、增压站与仪表的关系，以及增压站的气体来源信息，包括增压站编号、管线编号、管线类型、来气类型、各类仪表编号等信息。其中，来气类型是判断气体来源的依据：当 SouceType=1 时，说明气体来自阀组；当 SouceType=2 时，说明气体来自 CNG；当 SouceType=3 时，说明气体来自站外其他地方。

表 6-2-3　增压站数据库库表一览

数据库类型（表/视图）	中文名称	英文名称	作用
表	区域表	RegionTab	存储区域信息（区域编号、区域名称）
表	场地表	PlaceTab	存储场地信息（场地编号、场地名称、场地所属区域）
表	场地辅助表	PlaceTabAux	存储场地辅助信息（场地编号、节点类型、节点编号、节点名称）
表	井口表	WellTab	存储井口信息（井口编号、井口名称、所属场地编号、井口坐标）
表	井口辅助表	WellTabAux	存储井口辅助信息（连接管线、管线类型、仪表编号等）
表	阀组表	ValveBankTab	存储阀组信息（阀组编号、阀组名称、所属场地编号、阀组类型）
表	阀组辅助表	ValveBankTabAux	存储阀组辅助信息（连接管线、管线类型、仪表编号、阀组类型等）
表	增压站表	CompStationTab	存储增压站信息（增压站编号、增压站名称、增压站场地编号）
表	增压站辅助表	CompStationTabAux	存储增压站辅助信息（连接管线、管线类型、仪表编号、来气类型等）

2. 多元化传输方式的数据采集及监控系统

系统对数据传输方式进行了优化，结构如图6-2-3所示，主要包括：

（1）为防止 GPRS 模块与移动网络因各种原因断开链接而丢失数据的现象发生，增加了网络断线自动监测与自动重拨功能。当 GPRS 模块监测到与 GPRS 网络断开时，自动启动重拨功能，重新建立链接。这样，极大地增加了系统连续运行的稳定性和可靠性。

（2）RTU 采集的数据通过自报的方式定期上传。当出现报警数据时，RTU 会采用加报的方式向上位机发出报警。如果中控室想查看现场数据，可以向 RTU 发送指令，RTU 会响应指令，即时向中控室返回其所需要数据。

（3）为保证数据传输的可靠性，对 RUT 数据存储结构进行改进，当通信正常时，RTU 将采集的数据直接上传至中控室，此时不进行数据存储。当出现通信异常时，RTU 会将采集的数据存到内存中，当通信恢复正常时，再将存储的数据上传至中控室。现场试验过程中，RTU 配置 8M 的内存容量。

（4）定义了不同的业务，如点对点无线链接业务、点对点面向链接业务和点对点多播业务。

（5）定义了新的 GPRS 无线信道，分配方式灵活。每 TDMA 帧可分配 1～8 个无线接口时隙，时隙能为动态用户共享，且向上链路和向下链路的分配是独立的。

（6）能够支持间歇的突发式数据传送，又能支持偶尔的大量数据传输；支持 4 种不同的 QOS 级别，能在 0.5～1s 内恢复数据的重新传输。

（7）采用分组交换技术，核心层采用 IP 技术，提供了与现有网络的无缝链接。

（8）井口和集气阀组 RTU 的电源模块供电方式采用太阳能配合蓄电池供电。

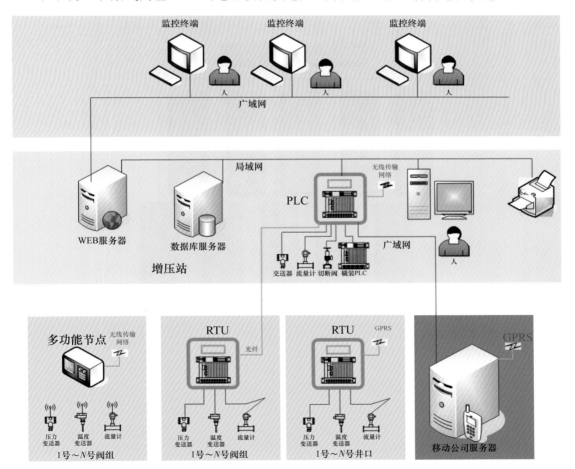

图 6-2-3　数据采集与监控系统的结构

第三节　煤层气田地面低压集输网络化管理

结合"多点接入、柔性集输"新型地面集输工艺特点和地面集输网络化管理技术流程，围绕着在井场与设备管理、系统自动监测、人工巡检调度、事务管理等核心管理工作，采用软件工程思想中的自顶向下、逐层分解的方法对软件系统结构进行划分，建立软件系统结构图。采用地理信息系统、数据库、嵌入式技术和网络技术，进行软件研发工作。设计建成了空间数据库与生产数据库等数据库系列，构成了煤层气地面集输网络化管理系统的基础，完成了集输地理信息系统（桌面版）和综合管理信息系统（WEB 版本）两套软件的设计、编码与测试工作，包括设计文档、软件和使用文档。

一、集输地理信息系统（C/S 架构）

地面集输系统主要由十大功能模块组成（图6-3-1），分别是 GIS 基本功能模块、生产数据报表模块、生产排采管理模块、生产设备管理模块、生产实时监控模块、绩效考核评定模块、三维场景显示模块、图层符号管理模块、集输资料管理模块和平台系统配置模块。

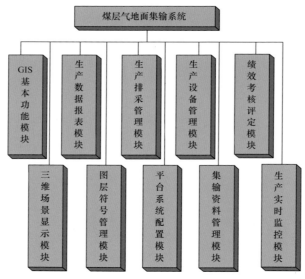

图 6-3-1　煤层气地面集输系统地理信息系统总体框架

1. GIS 基本功能

GIS 基本功能模块中（图6-3-2），GIS 基本操作功能包括地图的缩放、平移等基本操作；图层管理是对图层在程序中如何显示的设置；属性编辑是对某一特定图层的属性值进行增加、修改操作的管理；地图打印是对当前地图进行打印设置（增加图例、指北针、比例尺等）；空间信息查询是对感兴趣要素的空间位置进行查询的管理；要素选择与编辑是选择图层的感兴趣要素，并进行编辑的管理；CAD 格式转化是将 CAD 文件转化为程序能读取的 shp 地图格式；地图数据同步更新是对设备的空间位置进行数据库和空间数据同步更新的管理。

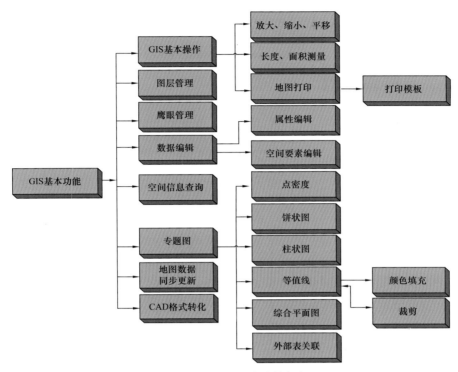

图 6-3-2 GIS 基本功能框架

2. 生产数据报表

生产数据表中的数据查询是当用户设置了查询条件（查询时间、单井编号等）给出符号查询条件的报表；导出数据是用户导出 .xls、.pdf 格式的报表；产量绘图是让用户对生成的报表进行设置并绘制相应曲线图的管理，如图 6-3-3 所示。

3. 生产排采管理

排采管理是煤层气排采工作中非常重要的部分，是无纸化办公的核心。它的业务主要包括由煤层气数据信息管理、报表管理、排采曲线管理等方面内容。排采管理子系统是煤层气开采与集输的基础数据，对它的分析与监控可以对目前开采现状得到很好的表现，如图 6-3-4 所示。

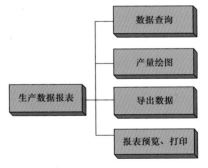

图 6-3-3 设备增压站数据库

4. 生产设备管理

生产设备管理中的查询主要是对井场设备（抽油机、气动机、电动机、配电柜等）、线路设备（管线、高压线等）、计量仪表等的管理与维护，如图 6-3-5 所示。

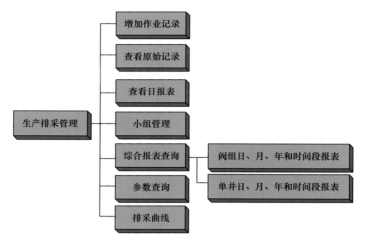

图 6-3-4 排采作业管理

5. 生产实时监控

生产实时监控主要是对仪表 6s 内的数据进行监控与管理的过程，在地图中实时显示监控的数据，当有异常情况时将以显著红色闪烁，给工作人员示警，工作人员从地图中找到故障点与故障信息，利用巡检路径功能，找到与故障点的最短路径进行处理，处理完成进行归档和记录日志的工作。其中的拓扑管理是对阀组、井口的拓扑关系进行管理，如图 6-3-6 所示。

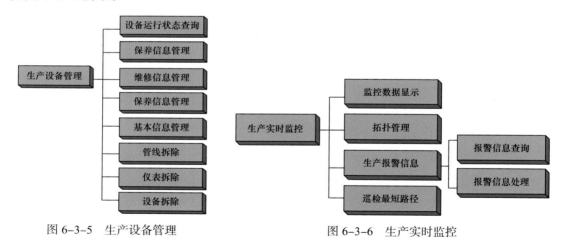

图 6-3-5 生产设备管理　　　　　　　　　图 6-3-6 生产实时监控

6. 三维场景显示

开发"煤层气地面集输系统的三维模拟环境"的目标是：基于三维 GIS 技术，实现对遥感影像、矢量等空间数据的管理，三维可视化渲染，三维目标的漫游、缩放、查询、浏览及三维空间分析；通过建立煤层气地面集输的三维场景，将地面集输的相关元素绘制在三维场景中，用户可以从不同角度浏览集输生产设备，并且可以通过不同角度的剖切查看管网内部情况。

7. 图层符号管理

图层符号管理是对在地图中显示要素（井、阀组、管线等）的符号进行管理。符号制作是用户自己制作生成符号并导入数据库中的过程；符号导入导出是用户对现有库中的符号进行导入导出操作；符号管理是对库中的符号进行更新、删除、查看等的操作，如图 6-3-7 所示。

8. 集输资料管理

集输资料管理主要将对井或阀组在勘察、申请、报批等环节需要的文件或相关法规进行数据库管理的过程。用户可以根据需要选择和查询感兴趣的图像或资料进行预览、编辑（查询、增加、更新、删除）、打印的操作，如图 6-3-8 所示。

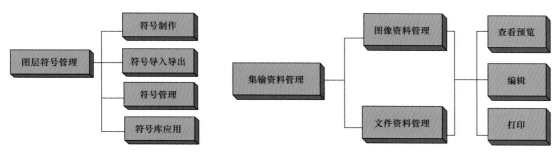

图 6-3-7　图层符号管理

图 6-3-8　集输资料管理

9. 平台系统配置

平台系统配置主要是对地面集输系统的平台进行配置与管理，主要包括系统安全和数据模型两方面内容。系统安全主要是对用户的登录与密码管理、角色设置、权限管理、报警阈值设置、目前用户在线状态等以及与系统安全相关的属性进行管理与控制；数据模型是对数据来源、数据库名与登录密码、数据字典等进行查询与管理，如图 6-3-9 所示。

二、煤层气田地面集输网络综合管理信息系统（B/S 架构）

集输网络综合管理信息系统主要通过WEB 方式对集输生产进行管理。如图 6-3-10所示，该系统主要包括 6 个子系统。

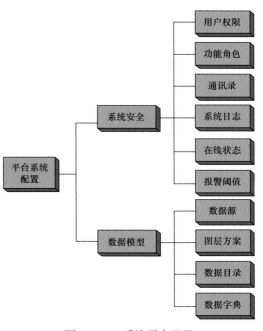

图 6-3-9　系统平台配置

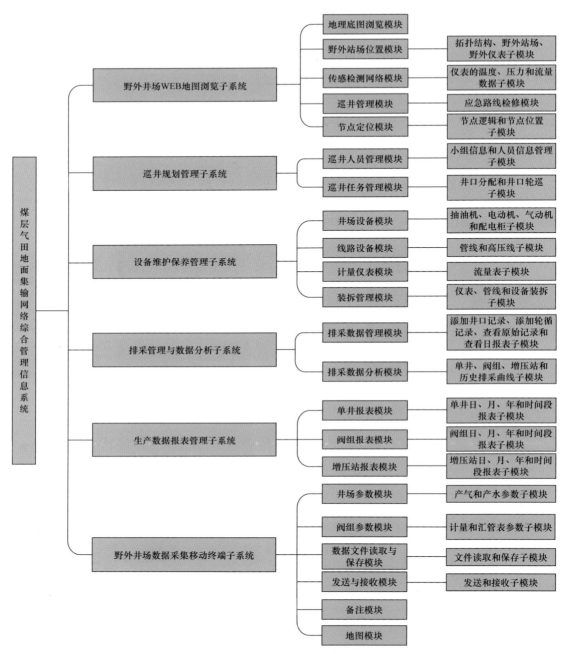

图 6-3-10 煤层气田地面集输网络综合管理信息系统功能模块

1. 野外井场 WEB 地图浏览子系统

根据野外井场 WEB 地图浏览子系统的主要业务功能，将其划分为地理底图浏览、野外站场位置、传感监测网络、巡井管理、节点定位 5 个模块，软件组成如图 6-3-11 所示。

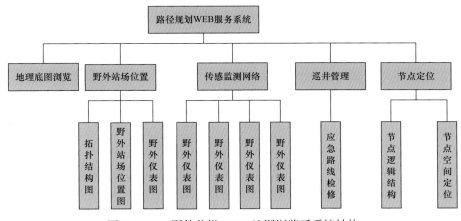

图 6-3-11　野外井场 WEB 地图浏览子系统结构

2.巡井规划管理子系统

根据对用户需求的分析，巡井规划管理子系统应该解决的问题包括人员管理、任务分配、作业规划等问题。因此，系统被划分为巡井人员管理模块和巡井任务管理模块两部分。

3.设备维护保养管理子系统

站点与设备管理模块又分为井场设备模块、线路设备模块、计量仪表模块和装拆管理模块 4 个子模块，是管理整个煤层气集气输管理系统站点和设备的操作模块。站点与设备管理模块实现了对所有站场关系的管理，同时也为用户提供了设备管理、维护、保养等多项功能。

4.排采管理与数据分析子系统

排采作业与数据处理是煤层气排采工作中最重要的部分，因此，排采管理与数据分析子系统也是整个系统中的核心部分，它主要涉及了煤层气排采作业记录的信息管理、排采作业日报表管理、排采曲线管理等方面内容。

排采管理与数据分析子系统设计的目的是解决目前存在的实际问题，系统、高效地处理排采数据，减少排采人员的工作量，优化排采曲线的制作过程，减少人力、物力的投入，通过 WEB 平台的信息发布，实现排采数据和排采曲线的实时监控。

5.生产数据报表管理子系统

生产数据报表管理系统是煤层气地面集输网络综合管理信息系统中重要的一个子系统，该模块的作用就是通过获取数据库数据，通过模块界面的完美设计，结合相应的程序代码实现功能，为现场的工作人员或者用户查看报表信息进行分析和调度。

生产数据报表能够直观、快速地获得井口、阀组以及增压站在不同时间分辨率（日、月、年）下的报表信息，获取到气井类型（单井、阀组、增压站），生成报表时间，累计流量，流量最大、最小和平均值，温度最大、最小和平均值，压力最大、最小和平均值以及流速最大、最小和平均值的数据信息。

通过实时生成报表信息，不仅给现场人员提供可视化的数据信息，更是通过对报表信息的分析，可以很直接地分析出该气井的生产情况、是否正常工作等非直观信息，可以通过 PDF 和 EXCEL 两种形式导出报表信息，实现打印等功能。

6. 野外井场数据采集移动终端子系统

井场数据采集移动终端子系统是为井场巡井人员提供的简单便捷的数据采集程序，巡井人员手持手机或 PDA 简单终端设备就可以将井场设备的管理与维护信息、井场参数数据进行记录、存储在相关的文件中，并可以将井口或阀组的排采数据传送到信息控制中心，实现数据采集传送自动化，减轻工作人员的工作量，改变以往人工记录数据的传统模式，提高工作效率和生产效率。结合实际生产，系统划分为井场参数、阀组参数、备注、地图、发送与接收几个功能模块。

三、三维 GIS 大规模场景的多通道渲染算法

在大规模显示三维场景时，需要提高三维 GIS 系统的视口分辨率。由于三维 GIS 显示区域广、空间分辨率大、空间对象多，提高视口分辨率会引起显示帧率下降，需要升级系统硬件配置以保持系统显示流畅。

采用分布式的三维 GIS 场景多通道渲染算法（GMCR），支持提高三维 GIS 系统的视口分辨率，却不升级硬件配置。具体原理如下：GMCR 对高分辨率视口进行分割，将每个子视口分配给一个渲染通道进行渲染，每个渲染通道由一台低端 PC 构成。如此，通过协调多台低端 PC 同步工作，就可以将各通道渲染结果合成，达到甚至超过单台高端设备的渲染性能。

三维 GIS 场景多通道渲染技术的分布式系统的体系结构，包括控制终端、渲染节点和显示终端三部分，如图 6-3-12 所示。

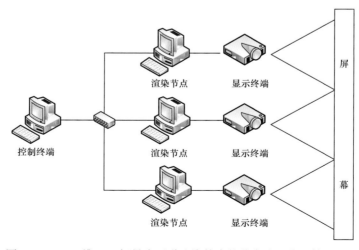

图 6-3-12　三维 GIS 场景多通道渲染技术的分布式系统的体系结构

采用传输控制协议 TCP 进行信息传输。TCP 是 TCP/IP 协议栈中的传输层协议，它通过序列确认以及包重发机制，提供可靠的数据流发送和到应用程序的虚拟连接服务。控制终端基于 TCP/IP 协议，向各渲染通道发送绘制命令保证状态同步，发送显示命令保证显示同步。每个渲染通道同样基于 TCP/IP 协议，向控制终端发送反馈信息，以利于控制终端计算与确定向各通道发送命令的类型和时间。

第四节　煤层气液化设备橇装现场应用技术

集成多个创新成果的煤层气液化项目已建立了一系列橇装液化装置的低成本批量制造技术工艺，成功研制了两套橇装煤层气液化装置，已建立一座具有日液化量 25000m³ 的柔性橇装液化中心。

一、现场条件

煤层气液化装置在山西晋城生产示范区域内应用，如图 6-4-1 所示。

图 6-4-1　煤层气橇装液化现场试验中心

二、现场试验数据及分析

1. 现场试验数据

对研制的全风冷橇装液化装置进行调试和性能测试，发现其具有机动灵活、降温速度快的特点，图 6-4-2 给出了调试过程中液化装置的降温曲线（陈仕林等，2016）。由图 6-4-2 可以看出，在初始温度 23℃ 左右 40min 后出液体，此时主冷节流后温度降到 −148.6℃，对应甲烷饱和压力为 0.16MPa。

日处理能力 15000m³ 液化设备在原料气压力为 1.4MPa 时的日处理量约为 15600m³，该压力下装置运行功率为 346kW，原料气液化比功耗（液化单位体积甲烷所消耗的电功）

为 0.53kW·h/m³，折合耗气量（以燃烧 1m³ 甲烷发出 3kW·h 电计算）为消耗 14.9% 的甲烷即可液化剩余 85.1% 的甲烷气体。这两套设备的液化功耗已完全满足指标要求。如可将原料气压力增压提高，则液化比功耗将进一步显著下降，在降低能耗的同时也拓展了液化装置使用气源的范围。

1）测试条件

（1）环境温度：以实测环境温度为准，测试期间环境温度 10～25℃。

（2）测试场地周围无可影响测试用仪器设备正常工作的电磁干扰。

（3）电源：三相 380V，50Hz。

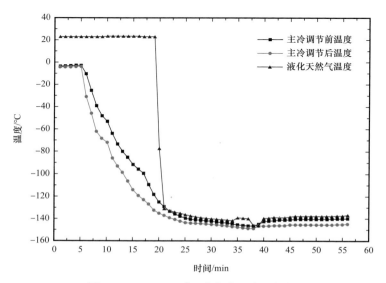

图 6-4-2　15000m³/d 液化装置降温数据

2）测试仪器

（1）温度传感器。所有系统的温度参数均采用 PT100 铂电阻温度传感器，共 24 测点。核心位置温度计在安装使用前均经过中国科学院低温计量站实施标定，标定后温度测量不确定度为 ±0.1K。其余温度传感器为工业 A 级精度。15000m³/d 液化装置运行过程的温度数据如图 6-4-3 所示。

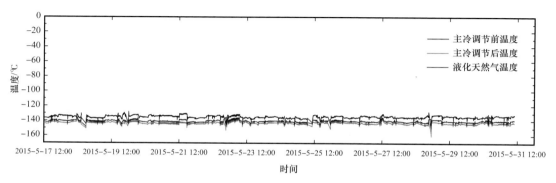

图 6-4-3　15000m³/d 液化装置运行过程数据

（2）压力变送器。所有压力测点均采用压力传感器测量压力，并且在关键位置安装相应压力表作为对比参照。压力测点计 12 个，传感器由湖南宇航科技有限公司生产，型号为 ZQ-BZ-1/ZX/M20，精度为 0.25 级，量程为 0～3.0MPa。

（3）流量计。在原料气循环系统装了流量计，用于测量原料气的流量。流量计为气体涡街流量计，由北京传感星空自控技术有限公司生产，规格型号为 LUGB2301，流量范围为 0～1250m³/h，精度为 1.0 级。

（4）功率计。三相功率采用三相钳形数字功率表进行测量，由台湾泰仕生产，型号为 TES-3600，量程范围为 0.1～600.0kW，经北京市计量检测科学研究院校准，测量精度为 ±3%。

（5）采集仪表。系统中的温度和压力传感器分别使用 I-7015P 和 I-7017C 模块进行采集。两种模块均由台湾泓格生产，测量精度分别为 ±0.05% 和 ±0.1%。

中控室内各部件设备的检测画面如图 6-4-4 所示。

(a) 前处理监控界面　　　　　　(b) 冷剂压缩机监控界面　　　　　　(c) 冷箱系统控制界面

图 6-4-4　中控室内各部件设备的检测画面

2. 试验数据对比

选取了近期部分国内外固定式 100000m³/d 液化装置，性能指标见表 6-4-1。可以看出，"十二五"期间研制成功的 15000m³/d 和 20000m³/d 的液化装置与国际上 100000m³/d 液化装置的性能指标相当，具有相当优势。

表 6-4-1　"十二五"期间研制的部分液化装置的液化性能与国内外比较

序号	机构	液化技术	规模 / 原料气压力	效率	备注
1	美国 GE 公司	氮气膨胀流程	200000m³/d 高压天然气	0.51kW·h/m³	
2	挪威 Wärtsilä 公司	混合制冷剂流程	67000m³/d 高压天然气	0.50kW·h/m³	
3	阿根廷 Galileo 公司	—	20000m³/d 高压天然气	0.65kW·h/m³	
4	昆仑能源	氨预冷制冷—混合冷剂制冷循环	100000m³/d 高压天然气	0.48kW·h/m³	

续表

序号	机构	液化技术	规模 / 原料气压力	效率	备注
5	中原绿能	三段混合冷剂制冷	920000m³/d 高压天然气	0.48kW·h/m³	
6	山东科瑞	混合制冷剂流程	50000m³/d 高压天然气	1.87kW·h/m³	
7	银川天佳	氮气膨胀流程	100000m³/d 高压天然气	0.65kW·h/m³	
8	中国寰球工程有限公司	双循环混合制冷剂流程	2500000m³/d	4842MJ/t，折合 0.9kW·h/m³，即消耗 24%，液化 76%（全厂能耗）	
9	中国科学院理化技术研究所	低压混合制冷剂液化流程，车载橇装，全风冷	10000m³/d 0.7~1.3MPa	0.61kW·h/m³，消耗 16.9%，液化 83.1%	本项目研制
			15000m³/d 1.4MPa	0.53kW·h/m³，消耗 15%，液化 85%	

从表 6-4-1 可以看出，已公布的研究数据中，煤层气气源的相关项目较少。国内外大部分的液化装置都针对高压天然气气源条件设计，甲烷含量约为 90%。本项目研制装置的液化效率主要针对低压条件下的煤层气气源测量，甲烷含量超过 95%。同样的液化装置原料气压力越低，甲烷含量越高，液化能耗越高。因此，部分项目宣称的较低比功耗并不能完全说明其技术先进性。

"十二五"期间研制的全风冷结构的小型橇装式液化装置与"十一五"期间研制的装置相比，能耗下降 14%。在低压气源条件下，与国际上部分 100000m³/d 高压气源条件调峰装置的效率相当（美国 GE 公司、挪威 Wärtsilä 公司），与国际同类小规模装置水平比较，能耗已经大大超过其最好水平（阿根廷 Galileo 公司）；而在高压气源条件下的能耗水平，已经大大超过国内外相关项目的最好水平。

本项目研制的橇装式液化装置在核心混合制冷剂制冷技术以及相关设备研制技术方面均有发展，这一方面可发展成系列的橇装式液化装置技术，为煤层气以及常规天然气的采收发展提供核心技术，另外也促使相关混合制冷剂制冷技术更加成熟，有望再衍生出其他应用技术，显著提高核心技术的发展和创新能力，促进经济增长。

参 考 文 献

曹艳，龙胜祥，李辛子，等，2014.国内外煤层气开发状况对比研究的启示［J］.新疆石油地质，35（1）：109–113.

曹宝格，2015.鄂尔多斯盆地致密油藏水平井体积压裂开采方法探讨［J］.油气藏评价与开发，5（5）：62–68.

常宏，庄登登，邓志宇，等，2020.柿庄南3#煤煤体结构对水力压裂的影响［J］.内蒙古石油化工，46（8）：1–5，23.

常大海，王善珂，肖尉，1997.国外管道仿真技术发展状况［J］.油气储运，16（10）：9–13.

陈勉，庞飞，金衍，2000.大尺寸真三轴水力压裂模拟与分析［J］.岩石力学与工程学报，19（增刊）：868–872.

陈仕林，2008.煤层气田地面集输工艺发展现状［C］//中国煤炭学会煤层气专业委员会，中国石油学会石油地质专业委员会.2008年煤层气学术研讨会论文集.北京：地质出版社：413–417.

陈仕林，孙兆虎，宫敬，2016.煤层气小型撬装液化装置的优化［J］.油气储运，35（5）：542–546.

陈贞龙，郭涛，李鑫，等，2019.延川南煤层气田深部煤层气成藏规律与开发技术［J］.煤炭科学技术，47（9）：112–118.

邓志宇，刘羽欣，2016.柿庄北地区3#煤层构造煤发育特征及对煤层气开发影响［C］//中国煤炭学会煤层气专业委员会，中国石油学会石油地质专业委员会，煤层气产业技术创新战略联盟.2016年煤层气学术研讨会论文集.北京：地质出版社：27–32.

董正远，1996.长距离输气管道设计优化经济模型［J］.油气储运，15（1）：16–19.

段品佳，王芝银，翟雨阳，等，2011.煤层气排采初期阶段合理降压速率的研究［J］.煤炭学报，36（10）：1689–1692.

冯茜，李明忠，王成文，2013.高强低密度水泥浆体系及性能研究［J］.钻采工艺，36（2）：93–96，11–12.

郭同政，闫萍，李超玮，等，2007.测井资料在井壁稳定性研究中的应用［J］.内蒙古石油化工（3）：232–234.

胡秋萍，韩帅，张芬娜，等，2020.低效井产能主控因素下的排采设备适应性分析［J］.石油机械，48（7）：104–110.

胡秋萍，贾文强，慕耀光，等，2019.应用正交试验分析电示功图影响因子显著性［J］.石油矿场机械，48（1）：1–7.

胡秋萍，贾文强，王力，等，2019.基于电示功图计算煤层气井动液面的方法［J］.石油机械，47（6）：85–90.

黄勇，2008.煤层气录井技术在多工艺、新技术钻井条件下的应用［J］.中国煤炭地质，20（1）：65–69.

惠峰，2019.灰色关联法在老井重复压裂选井中的应用［J］.中国石油和化工标准与质量，39（14）：115–116.

冀涛，杨德义，2007.沁水盆地煤与煤层气地质条件［J］.中国煤炭地质，19（5）：28–30，61.

李灿，唐书恒，张松航，等，2013.沁水盆地柿庄南煤层气井产出水的化学特征及意义［J］.中国煤炭地质，25（9）：25–29.

李娜，冯汝勇，柳迎红，等，2019.沁水盆地潘河区块煤层气井负压抽采增产效果［J］.天然气勘探与开发，42（2）：118–122.

李瑞，2017.煤层气排采中储层压降传递特征及其对煤层气产出的影响［D］.武汉：中国地质大学（武汉）.

李瑞，王生维，吕帅锋，等，2017.煤层气排采过程中储层压降动态变化影响因素［J］.煤炭科学技术，45（7）：93–99.

李登华，高媛，刘卓亚，等，2018.中美煤层气资源分布特征和开发现状对比及启示［J］.煤炭科学技术，46（1）：252–256.

李东骏，2019.非常规油气勘探开发技术研究——以鄂尔多斯盆地为例［J］.中国石油和化工标准与质量，39（22）：221–222.

李书文，倪宏伟，1991.气田集输管网最优管径组合［J］.天然气工业，11（5）：67–69.

李晓平，李天成，吕勃蓬，等，2013.天然气管道离心压缩机的运行特性研究［J］.压缩机技术（3）：33–37.

李长俊，汪玉春，1999.输气管道系统仿真技术发展状况［J］.管道技术与设备（5）：32–35.

林洪德，刑立杰，2009.煤层气井空气钻井条件下地质录井面临的新问题及解决方法［J］.中国煤炭地质，21（增刊1）：44–48.

刘扬，关晓晶，1993.油气集输系统优化设计研究［J］.石油学报，14（3）：110–117.

刘烨，巴玺立，刘忠付，等，2008.煤层气地面工程工艺技术及优化分析［J］.石油规划设计，19（4）：34–37.

刘羽欣，2019.柿庄北区块煤层气井排采制度研究［J］.特种油气藏，26（5）：118–123.

刘羽欣，邓志宇，2020.沁水盆地南部煤层气井产能影响地质分析［J］.石化技术，27（1）：101，167.

柳迎红，吕玉民，郭广山，等，2018.柿庄南区块煤层气储层精细评价及其应用［J］.中国海上油气，30（4）：113–119.

门相勇，韩征，宫厚健，等，2018.新形势下中国煤层气勘探开发面临的挑战与机遇［J］.天然气工业，38（9）：16–22.

孟凡华，马文峰，陈巨标，等，2016.煤层气田采气管网管材优化研究与应用［J］.石油规划设计，27（5）：48–50.

乔康，2016.高家堡井田煤层气井产水分析及设备选型［J］.中国煤炭地质，28（1）：48–52.

时伟，唐书恒，李忠城，等，2017.沁水盆地南部山西组煤储层产出水氢氧同位素特征［J］.煤田地质与勘探，45（2）：62–68.

孙强，孙建平，张健，等，2010.沁水盆地南部柿庄南区块煤层气地质特征［J］.中国煤炭地质，22（6）：9–12.

唐书恒，朱宝存，颜志丰，2011.地应力对煤层气井水力压裂裂缝发育的影响［J］.煤炭学报，36（1）：65–69.

汪玉春，1993.输气管道优化设计新方法［J］.天然气工业（6）：64–69.

王成文，王瑞和，卜继勇，等，2006.深水固井面临的挑战和解决方法［J］.钻采工艺，29（3）：11–14，121.

王楚峰，王瑞和，杨焕强，等，2016.煤层气泡沫水泥浆固井工艺技术及现场应用［J］.煤田地质与勘探，44（2）：116-120.

王存武，柳迎红，梁建设，等，2014.沁水盆地南部柿庄北地区煤层气勘探潜力研究［J］.中国煤层气，11（3）：3-6.

王红岩，张建博，刘洪林，等，2001.沁水盆地南部煤层气藏水文地质特征［J］.煤田地质与勘探，29（5）：33-36.

王升辉，孙婷婷，孟刚，等，2012.我国煤层气产业发展规律研究及趋势预测［J］.中国矿业，21（6）：46-50.

吴建光，李忠城，吴翔，等，2019.煤层气产能变化地质因素研究和地质建模技术［M］//吴建光，张守仁.高阶煤煤层气勘探开发技术丛书.青岛：中国石油大学出版社.

徐凤银，肖芝华，陈东，等，2019.我国煤层气开发技术现状与发展方向［J］.煤炭科学技术，47（10）：205-215.

许茜，薛岗，王红霞，等，2010.沁水盆地煤层气田樊庄区块采气管网的优化［J］.天然气工业，30（6）：91-93.

闫欣璐，唐书恒，张松航，等，2018.沁水盆地柿庄南区块煤层气低效井二次改造研究［J］.煤炭科学技术，46（6）：119-125.

杨帆，2016.沁水盆地南部柿庄南区块煤层气数值模拟［D］.成都：西南石油大学.

杨兆中，杨晨曦，李小刚，等，2020.基于灰色关联的逼近理想解排序法的煤层气井重复压裂选井——以沁水盆地柿庄南区块为例［J］.科学技术与工程，20（12）：4680-4686.

叶建平，杨兆中，夏日桂，等，2017.深煤层水力波及压裂技术及其在沁南地区的应用［J］.天然气工业，37（10）：35-45.

叶建平，张兵，韩学婷，等，2016.深煤层井组 CO_2 注入提高采收率关键参数模拟和试验［J］.煤炭学报，41（1）：2131-2136.

游晓伟，张万春，武宗刚，2018.水力波及缝网压裂技术在沁水盆地南部 3# 煤层的应用研究［J］.中国石油和化工标准与质量，38（1）：104-106，108.

于家盛，范秀波，董鑫，等，2017.四维向量监测技术在煤层气水平井分支动用识别的应用［J］.中国煤层气，14（2）：26-29.

宇文双峰，王肯堂，2003.碳纤维复合柔性连续抽油杆性能及矿场应用［J］.钻采工艺，26（4）：69-71.

曾治平，刘震，马骥，2019.深层致密砂岩储层可压裂性评价新方法［J］.地质力学学报，25（2）：223-232.

张琪，2000.采油工程原理与设计［M］.东营：石油大学出版社.

张浩亮，余焱群，邓志宇，等，2019.基于示功图确定煤层气井井底流压的方法［J］.机械制造，57（8）：37-39.

张金山，薛泽民，董红娟，等，2018.我国煤层气资源产业发展现状及展望［J］.煤炭技术，35（12）：316-318.

张守仁，吴见，叶建平，等，2019.深煤层煤层气开发地质影响因素［M］//吴建光，张守仁.高阶煤煤层气勘探开发技术丛书.青岛：中国石油大学出版社.

张松航，唐书恒，李忠城，等，2015.煤层气井产出水化学特征及变化规律——以沁水盆地柿庄南区块为例［J］.中国矿业大学学报，44（2）：292-299.

张亚飞，李忠城，李千山，2019.沁南某区煤层气低效井增产技术研究［J］.中国煤层气，16（2）：20-23.

张亚飞，王建中，周来诚，等，2017.柿庄南煤层气田管理模式及应用实践［J］.中国煤层气，14（3）：32-36.

赵谦，2016.中国煤层气产业发展影响因素研究［D］.北京：中国石油大学（北京）.

赵金洲，许文俊，李勇明，等，2015.页岩气储层可压性评价新方法［J］.天然气地球科学，26（6）：1165-1172.

赵贤正，杨延辉，孙粉锦，等，2016.沁水盆地南部高阶煤层气成藏规律与勘探开发技术［J］.石油勘探与开发，43（2）：303-309.

郑清高，1995.油气集输管网几何布局的研究［J］.石油学报，15（1）：141-145.